本書に掲載されている会社名・製品名は，一般に各社の登録商標または商標です．

本書を発行するにあたって，内容に誤りのないようできる限りの注意を払いましたが，本書の内容を適用した結果生じたこと，また，適用できなかった結果について，著者，出版社とも一切の責任を負いませんのでご了承ください．

本書は，「著作権法」によって，著作権等の権利が保護されている著作物です．本書の複製権・翻訳権・上映権・譲渡権・公衆送信権（送信可能化権を含む）は著作権者が保有しています．本書の全部または一部につき，無断で転載，複写複製，電子的装置への入力等をされると，著作権等の権利侵害となる場合があります．また，代行業者等の第三者によるスキャンやデジタル化は，たとえ個人や家庭内での利用であっても著作権法上認められておりませんので，ご注意ください．

本書の無断複写は，著作権法上の制限事項を除き，禁じられています．本書の複写複製を希望される場合は，そのつど事前に下記へ連絡して許諾を得てください．

出版者著作権管理機構
（電話 03-5244-5088, FAX 03-5244-5089, e-mail: info@jcopy.or.jp）

JCOPY ＜出版者著作権管理機構 委託出版物＞

まえがき

　本書は経済・経営系の学部に在籍する大学生や企業において統計データ分析に携わる人を対象とした統計学の入門書です．社会におけるデータ量の増大に伴い，企業では，データからの情報抽出が年々重要になってきています．それに伴い，多くの実務家が統計分析に関わるようになりました．また，統計ソフトウェアの進歩により，一昔前までは一部の専門家しか使わなかった高度な分析手法も広く用いられるようになりました．しかしながら，統計分析が身近になった今でも，統計学の理論を正しく理解して分析を行えている人は決して多くはありません．

　統計学の勉強方法は，フリーソフトウェアRの登場により大きく変わりました．教科書の巻末の分布表を見ながら問題を解いていくというスタイルは，今でも非常に有効です．しかしながら，教科書を読みながら，Rを使って確率密度関数を描いたり，乱数を用いたシミュレーションを行うことにより，統計学をより深く理解できるようになります．本書では，統計学を経験的かつ直感的に理解するために，Rを積極的に用います．

　一方，社会科学系の学生は，Rのコマンド入力に対して苦手意識を持ってしまいがちです．この傾向は，ExcelなどのGUIで操作する統計ソフトウェアを用いたことがある人ほど顕著に表れるようです．しかしながら，プログラミングに数学の知識は不要であるため，社会科学系の学生でも段階を追って勉強していけば十分に理解することができます．本書では，読者はプログラミングの初学者であるということを前提として，社会科学系の学生でも容易に読み進めることができるように工夫しました．

　統計手法について理解するためには，実際にデータを分析し，その手法がどのように用いられるかを知る必要があります．本書では，マーケティングの仮想データとRのプログラムを出版社のウェブサイトからダウンロードできるようにしました．仮想データは，マーケティングの分野で扱われる典型的なデータであり，専門外の人でも理解できる内容となっています．Rをインストールすれば，本書で学んだ手法を用いて，容易にデータ分析を行うことが可能です．

　本書を作成するにあたり，勝又壮太郎氏（大阪大学），西本章宏氏（関西学院大学），高橋一樹氏（株式会社電通），石丸小也香氏（株式会社大広），豊澤栄治氏（株式会社ファンコミュニケーションズ）には，原稿を丁寧に読んでいただき数々の貴重なご意見を頂きました．心より感謝申し上げます．また，オーム社ご担当の方には大変お世話になりました．厚く御礼申し上げます．

2015年8月

本　橋　永　至

目次

まえがき iii

●第Ⅰ部　導入編　　　　　　　　　　　　　　　　　　　　　　　1

第1章　はじめに 2
　1.1　本書の特徴 2
　1.2　本書で用いる仮想データ 3
　1.3　本書の構成 7

第2章　Rの使い方 9
　2.1　Rとは 9
　2.2　Rのインストール手順 9
　　　2.2.1　Rの実行ファイルのダウンロード 9
　　　2.2.2　Rのインストール 12
　2.3　Rの基本的な操作 17
　　　2.3.1　起動と終了 17
　　　2.3.2　基本的な計算 19
　　　2.3.3　変数の操作 20
　　　2.3.4　外部データの読み込み 22
　　　2.3.5　便利な機能 23

●第Ⅱ部　記述統計編　　　　　　　　　　　　　　　　　　　　　25

第3章　1つの変数の特徴を記述する 26
　3.1　変数の種類 26
　3.2　度数分布とヒストグラム 26
　3.3　代表値 31
　　　3.3.1　平均値 31
　　　3.3.2　中央値 32
　　　3.3.3　最頻値 33
　　　3.3.4　分布の歪みと代表値の関係 33
　3.4　ばらつきの尺度 34
　　　3.4.1　レンジと平均偏差 34

3.4.2　分散と標準偏差 36
　　3.4.3　標準化 37

第4章　2つの変数間の関係を記述する 39
4.1　2つの変数間の関係 39
4.2　2つの量的変数間の関係 39
　　4.2.1　散布図 39
　　4.2.2　相関係数 42
4.3　2つの質的変数間の関係 44
　　4.3.1　分割表 44
　　4.3.2　ファイ係数 47

● 第 III 部　推測統計編　　　　　　　　　　　　　　49

第5章　確率変数 50
5.1　確率変数とは 50
5.2　確率変数の種類 50
　　5.2.1　離散型の確率変数 50
　　5.2.2　連続型の確率変数 52
5.3　確率変数の期待値と分散 54
　　5.3.1　確率変数の期待値 54
　　5.3.2　確率変数の分散 57
5.4　確率変数間の関係 60
　　5.4.1　確率変数の独立性 60
　　5.4.2　確率変数の共分散と相関係数 62
5.5　確率変数の和 63

第6章　確率分布 67
6.1　代表的な離散型の確率分布 67
　　6.1.1　ベルヌーイ分布 67
　　6.1.2　二項分布 69
　　6.1.3　ポアソン分布 72
6.2　代表的な連続型の確率分布 74
　　6.2.1　一様分布 74
　　6.2.2　正規分布 76
6.3　正規分布から導出される確率分布 82
　　6.3.1　χ^2 分布 82

    6.3.2　t 分布 04
    6.3.3　F 分布 86

第 7 章　大数の法則と中心極限定理 93
7.1　大数の法則 93
    7.1.1　大数の法則とは 93
    7.1.2　大数の法則を証明するシミュレーション 94
7.2　中心極限定理 98
    7.2.1　中心極限定理とは 98
    7.2.2　中心極限定理を証明するシミュレーション 98

第 8 章　標本分布 101
8.1　母集団と標本 101
8.2　標本抽出 102
8.3　母集団分布と母数 103
8.4　統計量 104
    8.4.1　統計量と標本分布 104
    8.4.2　標本平均と不偏分散 104
8.5　正規母集団に関する標本分布 105
    8.5.1　母分散が既知のときの標本平均の標本分布 105
    8.5.2　不偏分散の標本分布 107
    8.5.3　母分散が未知のときの標本平均の標本分布 107
8.6　2 つの正規母集団に関する標本分布 108
    8.6.1　標本平均の差の標本分布 109
    8.6.2　不偏分散の比の標本分布 111
8.7　中心極限定理を用いる標本分布 112

第 9 章　推定 116
9.1　点推定と区間推定 116
9.2　点推定 117
9.3　区間推定とは 118
9.4　正規母集団に関する区間推定 119
    9.4.1　母平均の区間推定 119
    9.4.2　母分散の区間推定 121
    9.4.3　区間推定のシミュレーション 123
9.5　2 つの正規母集団に関する区間推定 126
    9.5.1　母平均の差の区間推定 126

9.5.2 母分散の比の区間推定 130
9.6 中心極限定理を用いる区間推定 131
9.6.1 ベルヌーイ母集団の母比率の区間推定 132
9.6.2 ポアソン母集団の母平均の区間推定 133

第10章 仮説検定 135
10.1 仮説検定とは 135
10.1.1 帰無仮説と対立仮説 135
10.1.2 検定統計量 136
10.1.3 有意水準 136
10.1.4 棄却域と採択域 137
10.1.5 仮説検定の手順のまとめ 137
10.2 正規母集団に対する検定 137
10.2.1 母平均の検定 137
10.2.2 母分散の検定 143
10.3 中心極限定理を用いる検定 145
10.4 χ^2 検定 147
10.4.1 適合度の検定 148
10.4.2 独立性の検定 151

● 第 IV 部　統計分析編　　157

第11章 2標本検定—特別陳列の有無による売上の差を検証する— 158
11.1 2標本検定とは 158
11.2 2つの正規母集団の母平均の差の検定 158
11.3 2つの正規母集団の母分散の比の検定 165

第12章 分散分析—チラシの種類による売上の差を検証する— 170
12.1 分散分析とは 170
12.2 一元配置分散分析 170
12.2.1 一元配置分散分析のモデル 170
12.2.2 一元配置分散分析の検定方法 171
12.3 二元配置分散分析 179
12.3.1 二元配置分散分析のモデル 179
12.3.2 二元配置分散分析の検定方法 180

第13章　回帰分析—価格や特別陳列が売上に与える影響を予測する— 188
13.1　相関と回帰 188
- 13.1.1　2つの量的変数間の関係を検証する 188
- 13.1.2　母相関係数の検定 188

13.2　単回帰分析 192
- 13.2.1　単回帰モデル 192
- 13.2.2　母回帰係数の推定 193
- 13.2.3　回帰残差と決定係数 194
- 13.2.4　母回帰係数の検定 194

13.3　重回帰分析 198
- 13.3.1　重回帰モデル 198
- 13.3.2　母回帰係数の検定 199

第14章　一般化線形モデル—DMへの反応・サイトアクセス回数を予測する— 203
14.1　一般化線形モデルとは 203
- 14.1.1　変量成分 203
- 14.1.2　系統的成分 203
- 14.1.3　リンク関数 204

14.2　ロジスティック回帰モデル 204
- 14.2.1　ロジスティック回帰モデルとは 204
- 14.2.2　パラメータの推定と仮説検定 206

14.3　ポアソン回帰モデル 211
- 14.3.1　ポアソン回帰モデルとは 211
- 14.3.2　パラメータの推定と仮説検定 212

14.4　AICによる変数選択 217

第15章　多項ロジットモデル—ブランド選択行動の要因を探る— 221
15.1　多項ロジットモデルとは 221
15.2　サンプルデータを用いた分析 223

付表 228
練習問題解答 240
参考文献 257
索引 259

第 I 部

導入編

第1章 はじめに

1.1 本書の特徴

　近年，ビジネスの世界では大量多種のいわゆる「ビッグデータ」が蓄積されており，その有効活用が企業における重要な課題の1つとなっています．代表的なビッグデータとして，購買履歴データやインターネットアクセスログデータが挙げられます．購買履歴データとは，顧客がいつ，何を，いくらで，いくつ，購買したかが記録されたデータであり，多くの小売業者において会員カードなどを通して蓄積されます．インターネットアクセスログデータとは，インターネットユーザーがいつ，どのサイトを訪問したか記録されたデータであり，ウェブサイトが管理されているサーバーに自動的に蓄積されます．これらのデータには，企業が顧客や消費者を知るための貴重な情報が眠っていますが，単に所持しているだけでは，保存するためのコストばかりがかかってしまい，利益に結び付けることはできません．また，分析者がデータ分析に関する正しい知識を持っていなければ，せっかくデータを分析しても，データから有益な情報を抽出できないばかりか，分析結果を誤って解釈してしまうことさえあります．

　本書の目的は，読者が統計学の基本的な理論を理解し，実際のデータを用いて，代表的な統計手法による分析ができるようになることです．

　本書では，統計ソフトウェア「R」を積極的に用います．Rは，誰でも無償で自由に使うことができるフリーソフトウェアです．統計ソフトウェアというと，SPSS，SAS，Excelなどの商用のソフトウェアを思い浮かべる人がいるかもしれません．これらのソフトウェアは，日々進化を続け，十数年前までは一部の専門家しか扱うことができなかった統計手法を初学者でも容易に扱えるようにしました．Rはフリーソフトウェアでありながら，商用のソフトウェアと同等かそれ以上に高度な分析を行うことができます．

　本書でRを用いるもう1つの理由として，Rは統計学を理解するために非常に役に立つという点が挙げられます．統計学の初学者にとって，最大の障壁が確率に関する理解です．確率とは，何が起きるか事前にはわからない不確実な現象を定量的に表したものです．統計学では，明日の売上や1週間後の天気などの不確実な現象を確率を使って考えます．そのため，統計分析を理解するには，確率に関する理解が欠かせません．Rは，ランダムな現象を人工的に発生させる関数を豊富に用意しているので，

確率に関する理解を助けてくれます．

近年，Rをより使いやすくするために，RコマンダーやRStudioなどの，Rに追加的にインストールする便利なアプリケーションが登場してきました．しかし，本書ではあえてそれらを用いません．Rのコマンドを自ら入力することで，統計学の理解をより深めることができると考えられるからです．また，本書で扱う統計手法を使う分には，Rさえインストールできていれば十分です．本書により，統計学の理論や統計手法を理解した後，データ分析をより効率的に行うために，必要に応じてRコマンダーやRStudioなどを利用することをお勧めします．

本書で用いる仮想データとRのプログラムは，本書のサポートウェブサイト（後述）からダウンロードすることができます．統計データ分析は，実際に自らデータを分析できて初めて習得できたといえます．本書に書かれているプログラムを実行しながら読み進めていくことで，統計データ分析を単なる理論としてではなく，本当の意味で自分のものにすることができるでしょう．

1.2 本書で用いる仮想データ

本書では，売上データ（sales.txt），顧客データ（customer.txt），ブランド選択データ（brand.txt）という3つのマーケティングに関する仮想データを用意しました．これらのデータは，次のサイトからダウンロードすることができます．

http://www.ohmsha.co.jp/

1つ目のデータは，表1.1の売上データです．このデータは，小売店におけるある商品の日別の売上数量（units），価格（price），特別陳列の有無（disp），チラシの種類（feat），最高気温（temp）が4週間分（28日間）記録されたものです．特別陳列とは，商品を店舗内の通路の目立つところに陳列し，消費者の注目を集めるプロモーション手法の1つであり，実際のデータには，その日に特別陳列が実施されていれば1，実施されていなければ0が記録されています．チラシの種類は，「A」，「B」，「C」，「D」の4種類です．たとえば，1行目のデータは，期間中の1日目において，売上数量は27個，価格は130円，特別陳列はなし，チラシの種類はA，最高気温は24度であったことを意味しています．

売上データを用いた分析では，価格，特別陳列の有無，チラシの種類が売上数量にどのような影響を与えるか，また，売上数量と最高気温の間にはどのような関係があるのかなどを検証することが主な目的となります．

2つ目のデータは，表1.2の顧客データです．このデータは，ある企業のすべての顧客の中からランダムに20人を抽出し，それらの顧客にダイレクトメールを送付し，

表 1.1 売上データ

日付	売上数量	価格	特別陳列	チラシ	最高気温
1	27	130	なし	A	24
2	23	130	なし	A	23
3	41	120	あり	A	27
4	39	120	あり	A	26
5	18	130	なし	A	21
6	24	130	なし	A	21
7	38	100	あり	A	22
8	37	100	あり	B	26
9	29	115	なし	B	26
10	32	115	なし	B	32
11	35	115	なし	B	33
12	37	120	なし	B	34
13	41	110	あり	B	31
14	46	110	あり	B	32
15	49	100	あり	C	30
16	47	100	あり	C	29
17	44	115	なし	C	31
18	39	115	なし	C	30
19	41	105	あり	C	32
20	37	115	あり	C	28
21	36	115	あり	C	30
22	34	125	なし	D	31
23	32	125	なし	D	32
24	25	120	なし	D	29
25	32	120	なし	D	29
26	26	120	なし	D	32
27	34	130	あり	D	31
28	32	130	あり	D	29

それに対する反応の有無と顧客の属性が記録されたものです．具体的には，顧客ごとに，会員番号（ID），性別（gender），年齢（age），過去1か月間の自社サイトへのアクセス回数（freq），ダイレクトメールへの反応の有無（DM）が記録されています．実際のデータには，性別については，女性であれば1，男性であれば0が記録されています．また，ダイレクトメールへの反応については，反応があれば1，なければ0が記録されています．たとえば，会員番号1番の顧客は，36歳の男性で，過去1か月間に自社サイトに2回アクセスし，ダイレクトメールへの反応がなかったことを意

味しています．

　顧客データを用いた分析では，ダイレクトメールへの反応がある顧客やサイトアクセス回数が多い顧客はどのような属性の顧客であるかを検証することが主な目的となります．

表 1.2　顧客データ

ID	性別	年齢	サイトアクセス回数	DM への反応
1	男	36	2	なし
2	女	31	5	あり
3	男	34	1	なし
4	女	26	4	あり
5	男	28	3	なし
6	男	25	1	なし
7	男	26	1	あり
8	男	21	1	なし
9	女	39	2	なし
10	女	22	6	あり
11	女	36	2	あり
12	男	31	1	なし
13	女	29	2	あり
14	男	32	1	なし
15	男	23	0	なし
16	女	34	2	なし
17	女	21	0	あり
18	男	37	2	なし
19	女	25	5	あり
20	女	27	2	なし

　最後のデータは，表 1.3 のブランド選択データです．このデータは，あるカテゴリーにおけるブランド選択に関する情報が，顧客の購買機会ごとに個別に記録されたものです．具体的には，購買機会ごとに，3 つのブランドの価格（price.A, price.B, price.C），3 つのブランドの特別陳列の有無（disp.A, disp.B, disp.C），どのブランドを購買したか（buy）が記録されています．特別陳列の有無については，ブランドごとに，特別陳列が実施されていれば 1，実施されていなければ 0 が記録されています．会員番号（ID）は，顧客ひとりひとりに割り当てられるため，このデータには会員番号 1 番から 10 番までの全部で 10 人の顧客の購買機会が記録されています．つまり，1 行目から 3 行目までのデータは，会員番号 1 番の顧客の 1 回目から 3 回目までの購買機会を示しており，1 行目のデータは，ブランド A の価格が 110 円，ブ

ランド B の価格が 100 円，ブランド C の価格が 120 円で，ブランド C のみ特別陳列が実施されていたという状況において，ブランド A が購買されたということを意味しています．

表 1.3　ブランド選択データ

ID	価格 A	価格 B	価格 C	陳列 A	陳列 B	陳列 C	購買
1	110	100	120	0	0	1	A
1	120	100	120	0	1	0	A
1	120	90	120	1	0	0	A
2	100	110	120	1	0	0	A
2	110	110	120	0	0	1	C
3	120	80	120	0	0	0	B
3	115	90	120	1	1	0	A
3	130	100	120	0	0	1	C
3	130	100	130	1	0	0	A
4	120	80	130	0	1	0	B
4	105	80	120	0	1	0	B
4	125	110	120	1	0	1	A
5	115	80	130	0	0	1	B
5	120	80	120	0	0	1	B
5	125	100	120	1	0	0	A
5	130	100	130	0	0	0	A
6	130	90	130	0	0	1	B
6	120	80	130	0	0	0	B
6	115	80	120	1	0	0	A
6	110	80	120	1	1	0	B
7	115	80	120	1	1	0	B
7	120	80	120	0	0	1	B
7	100	80	120	0	0	1	B
8	120	100	120	0	0	0	A
8	110	90	130	1	0	0	A
9	130	100	120	0	0	0	A
9	125	90	130	0	1	0	A
9	100	80	130	1	1	0	B
10	120	110	120	1	0	0	C
10	130	110	120	1	0	0	A

ブランド選択データを用いた分析では，価格や特別陳列などが顧客のブランド選択に対してどのような影響を与えているかを検証することが主な目的となります．

1.3 本書の構成

本書は，4部構成になっています．第Ⅰ部は導入編，第Ⅱ部は記述統計編，第Ⅲ部は推測統計編，第Ⅳ部は統計分析編です．

第Ⅰ部は本章と次の第2章で構成されており，第2章では，Rのインストール方法とRの基本的な使い方について解説します．

第Ⅱ部は，記述統計編です．統計学は，大きく記述統計と推測統計の2つに分けられます．第Ⅱ部は，第3章と第4章から構成され，記述統計の方法について紹介します．第3章では，1つの変数の特徴を記述する方法について紹介します．ある変数の特徴を把握するには，データを視覚化したり，変数の特徴を表す要約値を求めることが必要になります．統計分析では，1つの変数の特徴だけを知りたいということはほとんどなく，多くの場合，複数の変数間の関係を明らかにすることが課題となります．第4章では，2つの変数間の関係を記述する方法を紹介します．

第Ⅲ部は，推測統計編であり，第5章から第10章までの6つの章から構成されます．ここでは，推測統計の柱である推定と仮説検定を理解することを目標として，確率や統計学における重要な定理について解説します．第5章では，推測統計を理解する上で最初のステップとなる確率変数について解説します．第6章では，統計データ分析においてよく用いられる代表的な確率分布を紹介します．第7章では，統計学において最も有名な定理である大数の法則と中心極限定理を紹介します．これらの定理は，推測統計において重要な役割を果たします．第8章では，標本分布について解説します．推測統計では，分析対象である母集団について推測するために，その一部である標本を用います．標本分布は，標本から得られる統計量の分布です．第9章では，推定について解説します．推定とは，母集団分布の特徴を表す母数について推測することであり，大きく点推定と区間推定に分けられます．第10章では，仮説検定について解説します．仮説検定とは，母数に関する仮説を検定することであり，推測統計において推定と並ぶ重要な概念です．

第Ⅳ部は，統計分析編であり，第11章から第15章までの5つの章から構成されます．ここでは，複数の変数間の関係を検証するための様々な統計手法を紹介します．第11章では，2つの正規母集団を比較するための2標本検定を紹介します．第12章では，3つ以上の正規母集団の平均を比較するための分散分析を紹介します．第13章では，変数間の説明の関係を検証する回帰分析を紹介します．回帰分析は，ある変数に対して，それ以外の変数がどのような影響を与えるかを検証するための統計手法であり，ビジネスの分野はもちろんのこと，様々な分野において用いられます．第14章では，一般化線形モデルを紹介します．一般化線形モデルとは，回帰モデルをさまざまなデータに適用できるように拡張したモデルであり，本書では，ロジスティック回帰モデルとポアソン回帰モデルを紹介します．第15章では，多項ロジッ

トモデルを紹介します．多項ロジットモデルとは，何らかの選択行動に影響を与える要因を明らかにするための統計手法であり，マーケティングや交通工学の分野においてよく用いられます．

第 10 章以降の練習問題では，本書で紹介する統計手法を用いて，仮想データの分析を行います．統計手法と仮想データの分析との関係は，表 1.4 のようにまとめられます．

表 1.4 本書で紹介する統計手法と仮想データの分析との関係

統計手法（括弧内は該当章）	データ	分析目的
独立性の検定（10）	顧客	性別の違いによる DM への反応の差を検証する
2 標本 t 検定（11）	売上	特別陳列の有無による売上数量の差を検証する（等分散）
ウェルチの t 検定（11）	売上	特別陳列の有無による売上数量の差を検証する（不等分散）
等分散性の検定（11）	売上	特別陳列があるときとないときの売上数量のばらつきの差を検証する
一元配置分散分析（12）	売上	チラシの種類による売上数量の差を検証する
二元配置分散分析（12）	売上	チラシの種類と特別陳列の有無による売上数量の差を検証する
無相関検定（13）	売上	価格と売上数量の関係を検証する
回帰モデル（13）	売上	価格や特別陳列が売上数量に与える影響を検証する
ロジスティック回帰モデル（14）	顧客	性別や年齢が DM への反応に与える影響を検証する
ポアソン回帰モデル（14）	顧客	性別や年齢がサイトアクセス回数に与える影響を検証する
多項ロジットモデル（15）	ブランド	価格や特別陳列がブランド選択に与える影響を検証する

第2章
Rの使い方

2.1 Rとは

　本書で用いる統計ソフトウェアRは誰でも無償で自由に使うことができるフリーソフトウェアです．Rは，主に統計解析のソフトウェアとして用いられますが，電卓や一般的なプログラミング言語としても用いることができます．Rの開発には，多くの人が無償で協力しており，現在も日々改良が行われています．そのため，商用のソフトウェアならば高額のライセンス料を支払わないと使えないような高度な分析手法も無料で使うことが可能です．

　Rでは，実行したいコマンドを画面上に直接入力して，計算や統計データ分析を行います．ExcelなどのGUIのソフトウェアに慣れている人は，最初，違和感を感じるかもしれませんが，使っているうちに徐々に慣れてくるはずです．コマンドを直接入力するメリットとして，メモ帳などを用いて，入力したいコマンドをあらかじめ用意しておけば，それをコピーアンドペーストすることにより，実行したいコマンドをまとめて実行できるという点があります．したがって，実行したいコマンドが保存されたテキストファイルかRのエディタで利用できるスクリプトファイルを用意しておくと便利です[*1]．

　Rの特長の1つに，グラフィックス機能が非常に優れているという点が挙げられます．Rは，非常にきれいなグラフを作成することができ，それを様々なファイル形式で保存できます．そのため，Rで作成したグラフをMicrosoft Wordなどの文書ファイルに貼り付けることも可能です．

　本章では，Rのダウンロードからインストールまでの方法と基本的な操作について解説します．

2.2 Rのインストール手順

2.2.1 Rの実行ファイルのダウンロード

　Rは，Windows, Mac OS X, LinuxなどのOSにインストールすることができ

[*1] 本書のサポートウェブサイトから，本書で実行するコマンドが保存されたテキストファイルとRのスクリプトファイルをダウンロードすることができます．

ます．本書では，Windows 版のインストール方法と使い方を紹介します．R の実行ファイルは，次のサイトから入手することができます．

http://cran.ism.ac.jp/

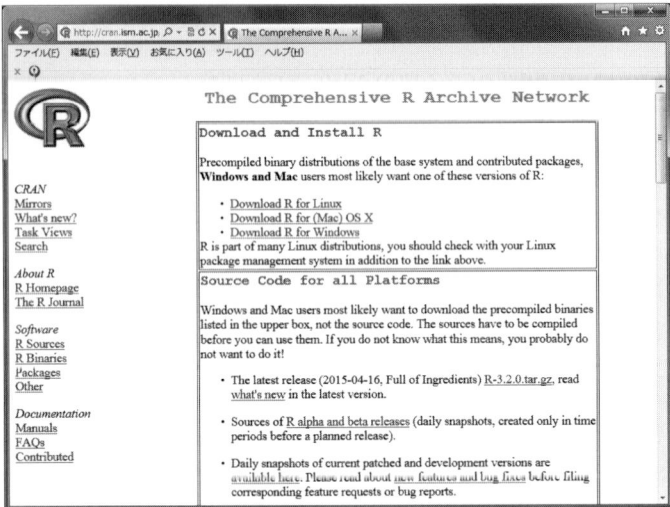

次の手順に沿って，R の実行ファイルをダウンロードします．

1. 「**Download R for Windows**」をクリックする．

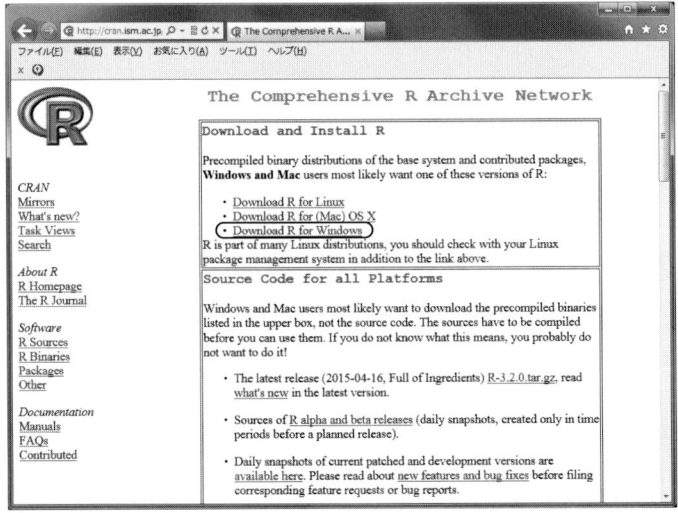

2. 「install R for the first time」をクリックする．

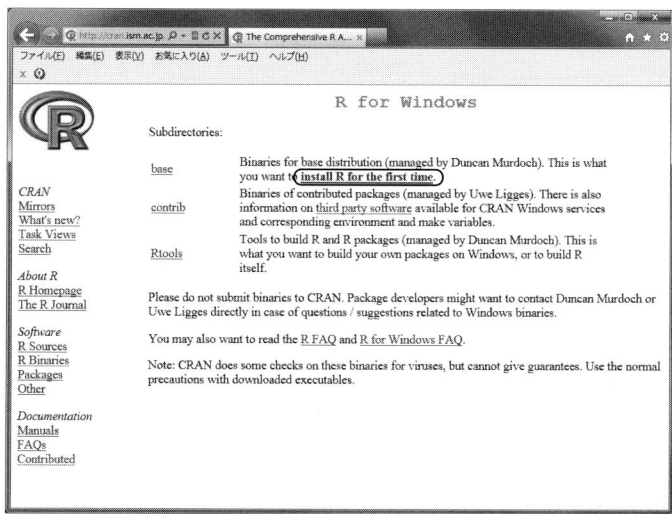

3. 「Download R 3.2.0 for Windows」をクリックする[*2]．

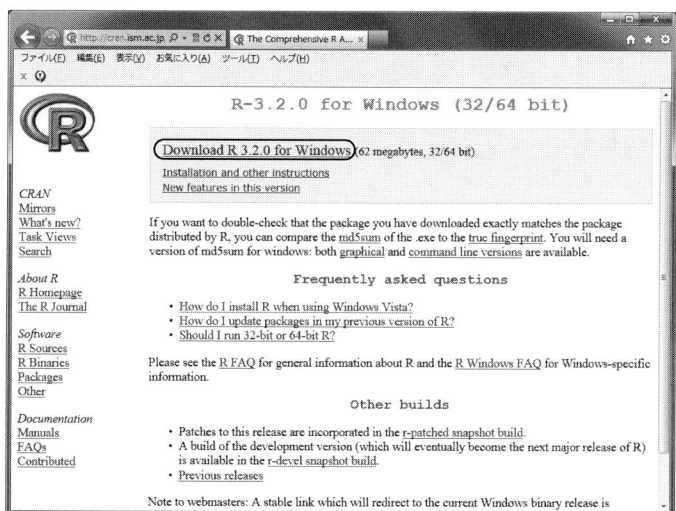

4. Rの実行ファイル（R-3.2.0-win.exe）を保存する．

[*2] 本書執筆時点では，Rのバージョンは 3.2.0 ですが，日々更新されています．

2.2.2 Rのインストール

Rのインストールは，次の手順で行います．

1. Rの実行ファイルを開き，「実行」をクリックする．

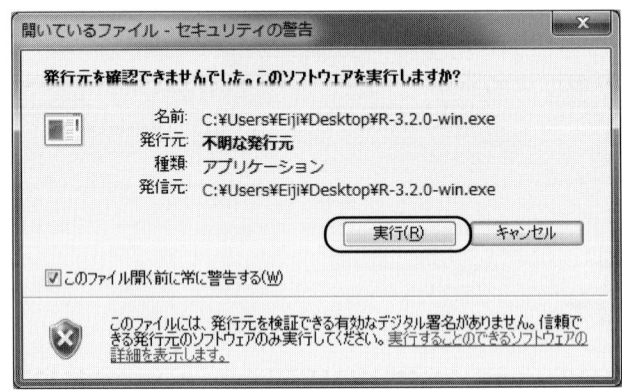

2. 「日本語」を選択し，「OK」をクリックする．

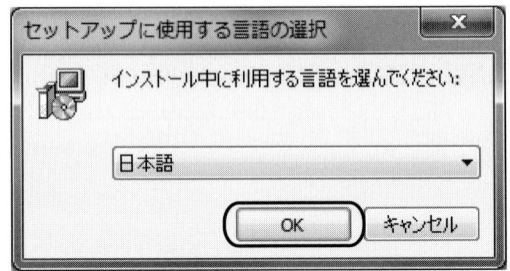

3. 「次へ」をクリックし，セットアップウィザードを開始する．

4. ライセンス情報を確認し，「次へ」をクリックする．

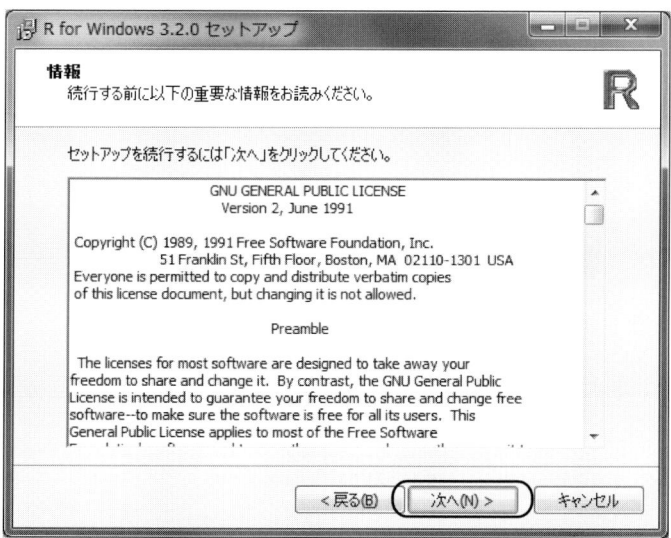

5. インストール先を指定し，「次へ」をクリックする．

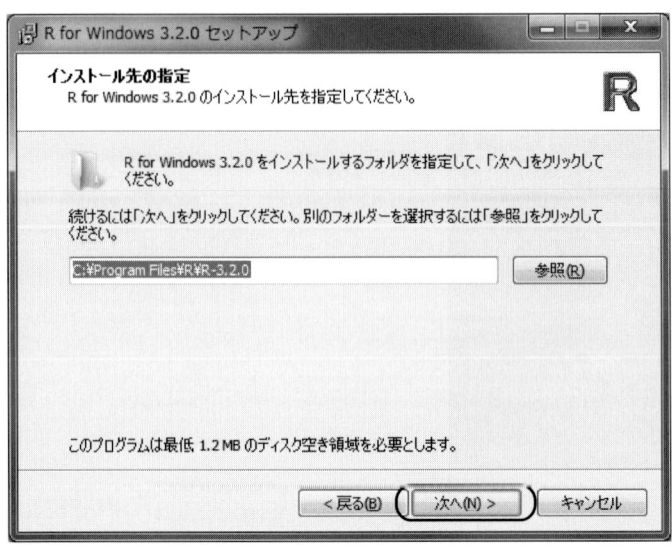

6. 日本語版をインストールする場合，「Message translations」をチェックし，「次へ」をクリックする[*3]．

[*3] 64 ビットの OS がインストールされている場合には，「64-bit Files」にチェックを付けます．システムの種類は，「コントロールパネル」⇒「システム」で確認できます．

7. 起動時オプションを選択し,「次へ」をクリックする.

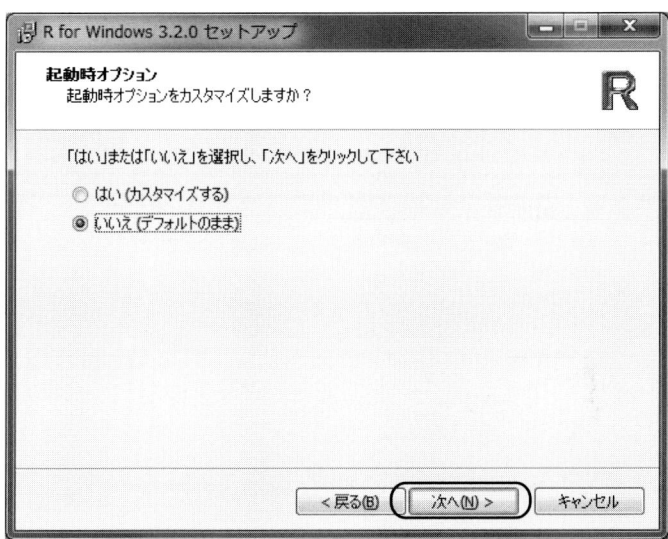

8. プログラムグループを選択し,「次へ」をクリックする.

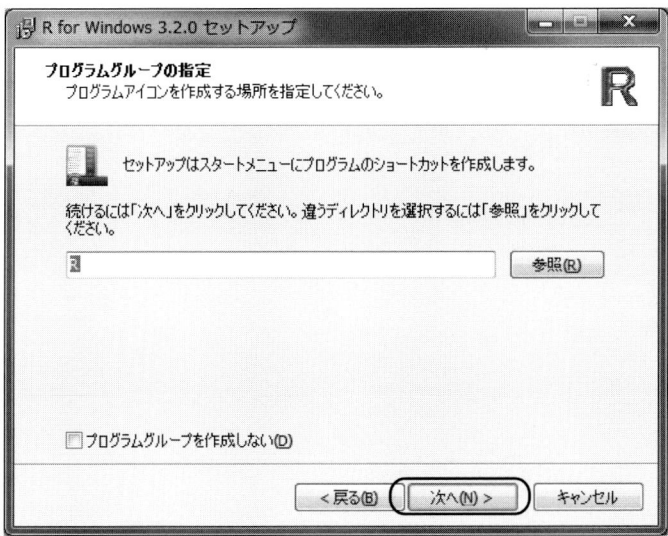

16　第 2 章　R の使い方

9. 追加タスクを選択し,「次へ」をクリックする.

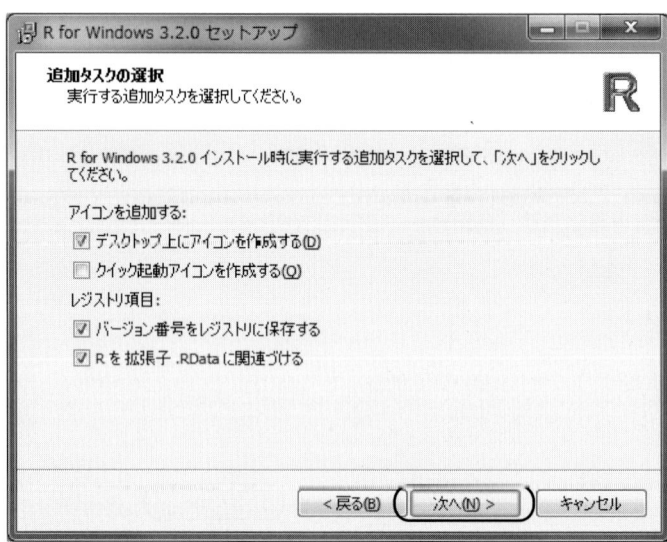

10. インストール状況を確認する.

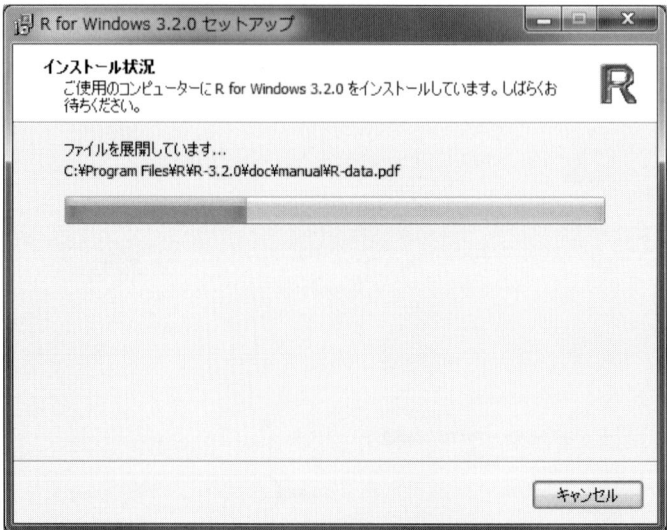

11. 「完了」をクリックする.

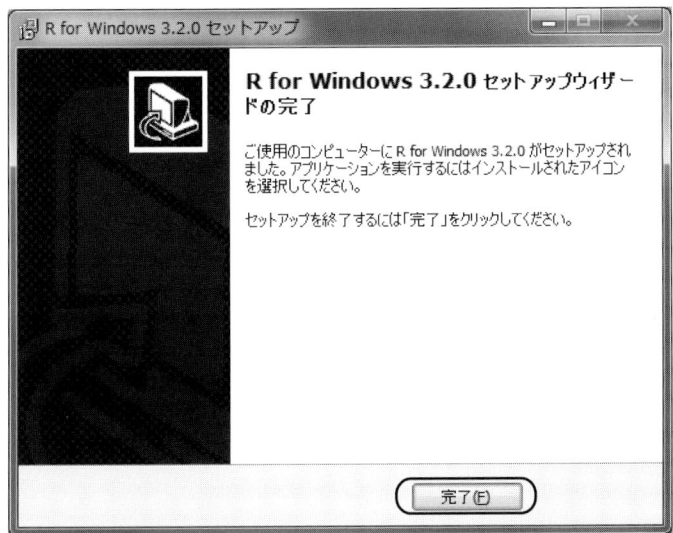

以上で，Rのインストールが完了です．

● 2.3　Rの基本的な操作
2.3.1　起動と終了

Rがインストールできましたら，実際にRを使ってみましょう．Rを起動すると，コンソールとよばれる次の画面が表示されます．

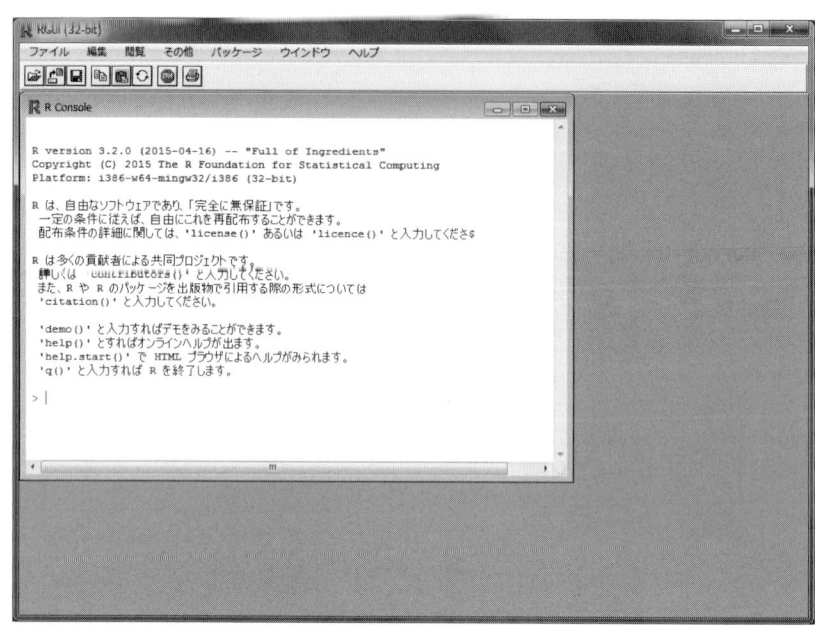

　赤字で表示されている「>」は，**プロンプト**とよばれ，R がコマンド（実行したい命令）の入力を待っていることを意味します．R では，プロンプトの後に実行したいコマンドを直接入力します．コマンドを入力し，Enter キーを押すと，コマンドに対する結果が返ってきます．何も入力せずに Enter キーを押すと，何も実行されずに単に改行されます．

　R を終了するときは，ウインドウの右上の「×」をクリックするか，ツールバーの「ファイル」⇒「終了」をクリックします．終了すると，次の画面が現れ，「はい」をクリックすると，それまでに作成した変数や読み込んだデータがワークスペースファイル（.RData）として，作業ディレクトリに保存されます[*4]．

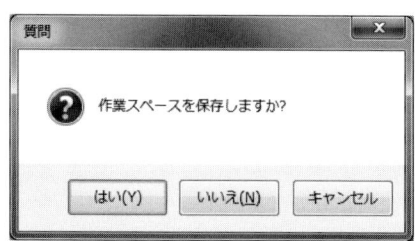

[*4] ツールバーの「ファイル」⇒「作業スペースの保存」からもワークスペースファイルを保存することができます．

作業ディレクトリとは，R がファイルを保存したり，データを読み込む際に使用するディレクトリです．現在の作業ディレクトリを知るには，「getwd()」と入力し，Enter キーを押します．

```
> getwd()
[1] "C:/Users/Eiji/Documents"
```

作業ディレクトリは，ツールバーの「ファイル」⇒「ディレクトリの変更」から変更することができます．

2.3.2　基本的な計算

R の主な用途は統計分析ですが，電卓としても用いることができます．はじめに，$1+2$ を計算してみましょう．「1+2」と入力し，Enter キーを押すと，計算結果の 3 が返ってきます．

```
> 1+2
[1] 3
```

計算結果の前に [1] と表示されています．これは，3 という計算結果が，入力したコマンドに対する 1 つ目の結果であることを意味します．$1+2$ の答えは 3 しかないので，返される結果は当然 1 つしかありません．

引き算，掛け算，割り算の計算は，「−」，「*」，「/」の記号を用いて，次のように求めることができます．

```
> 5-3
[1] 2
> 3*4
[1] 12
> 9/3
[1] 3
```

括弧を用いた計算も数学と同じルールで行うことができます．

```
> (1+2)*3
[1] 9
> (4+8)/(1+5)
[1] 2
```

累乗の計算は，「^」（ハットと読む）を用います．たとえば，3 の二乗は次のように求められます．

```
> 3^2
[1] 9
```

平方根の計算は，関数 sqrt() を用います．たとえば，9 の平方根は次のように求められます．

```
> sqrt(9)
[1] 3
```

指数や対数の計算も R の関数を用いて求めることができます．指数を求める関数は exp() であり，自然対数を求める関数は log() です．たとえば，5 の指数と自然対数は，次のように求められます．

```
> exp(5)
[1] 148.4132
> log(5)
[1] 1.609438
```

表 2.1 は，代表的な R の数学関数をまとめたものです．

表 2.1　代表的な数学関数

関数	abs()	sqrt()	exp()	log()	log10()
意味	絶対値	平方根	指数	自然対数	常用対数

2.3.3　変数の操作

統計分析では，変数を頻繁に用います．**変数**とは，データを記憶するための領域に名前を付けたものであり，データを格納するための箱と考えてよいでしょう．変数に付けられた名前を変数名といい，変数名には，アルファベット，数字，全角文字，それに一部の記号を使用することができます[*5]．

ある変数に値を代入するには，「<-」という記号を用います．たとえば，変数 x に 3 を代入するには，次のコマンドを実行します．

[*5] 変数名の先頭に数字を使うことはできません．また，アルファベットの大文字と小文字は区別されます．

2.3 Rの基本的な操作

```
> x <- 3
```

これだけでは何の反応もありませんが,次に,xと入力し,Enterキーを押すと,xに代入された値が表示されます.

```
> x
[1] 3
```

変数の計算も数学と同じルールで行うことができます.

```
> 5*x
[1] 15
```

前に作成した変数に後から違う値を代入すると,新しい値が上書きされます.

```
> x <- 5
> x
[1] 5
```

変数同士の計算も次のように行うことができます.

```
> x <- 2
> y <- 4
> x+y
[1] 6
```

Rでは,ベクトルの計算も容易に行うことができます.**ベクトル**とは,複数の値をまとめたものであり,関数c()を用いることにより,ベクトルを作成できます.たとえば,{1,2,3}を要素とするベクトルをxに代入するには,次のコマンドを実行します.

```
> x <- c(1,2,3)
> x
[1] 1 2 3
```

ベクトルの各要素を表示するには,[]を用います.たとえば,xの2番目の要素は,次のように表示できます.

```
> x[2]
```

```
[1] 2
```

反対に，ベクトルの一部を上書きすることもできます．x の 3 番目の要素に 0 を代入するには，次のコマンドを実行します．

```
> x[3] <- 0
> x
[1] 1 2 0
```

R にはベクトルに対する関数が多数用意されており，たとえば，ベクトルの要素の合計値は，関数 sum() を用いて求めることができます．

```
> sum(x)
[1] 3
```

現在，x の要素は $\{1, 2, 0\}$ であるため，その合計値である 3 が返されました．表 2.2 は，ベクトルに対して用いられる代表的な R の関数をまとめたものです．

表 2.2 ベクトルに対する代表的な関数

関数	min()	max()	mean()	median()	sum()	length()
意味	最小値	最大値	平均値	中央値	合計値	要素数

2.3.4 外部データの読み込み

実際のデータを分析する際は，多くの場合，データが記録されたファイルを用意し，それを R に読み込みます．データファイルには様々な形式がありますが，本書のサイトからダウンロードできるファイルは，すべてテキストファイルです．テキストファイルのデータを R に読み込むには，関数 read.table() を用います[*6]．読み込みたいファイルを作業ディレクトリに保存し (p.19 参照)，引数に「"ファイル名"」を指定して実行すれば，データを読み込めます．何らかの関数を実行する際，その関数を実行するのに必要な情報または条件を**引数**といいます．

では，本書の「売上データ」(p.4) を読み込んでみましょう．「売上データ」の先頭行は，変数名を示しています．R にデータを読み込む際，先頭行が変数名であることを認識させるためには，引数として header=T と入力します．

[*6] CSV ファイルもデータファイルの形式としてよく用いられます．CSV ファイルを R に読み込むには，関数 read.csv() を用います．

```
> sales <- read.table("sales.txt", header=T)
```

　これで，「売上データ」がデータ名「sales」として，Rに読み込まれました[*7]．この後，「sales」と入力し，Enterキーを押すと，データの中身を確認することができます．

　本書で用いる仮想データはいずれも大きなデータではないため，Rの画面上にすべてのデータを表示することができますが，データによっては，数千行，数万行というような大きなサイズになることもあります．そのような場合，データの最初の6行を表示する関数head()を用いると便利です．

```
> head(sales)
  date units price disp feat temp
1    1    27   130    0    A   24
2    2    23   130    0    A   23
3    3    41   120    1    A   27
4    4    39   120    1    A   26
5    5    18   130    0    A   21
6    6    24   130    0    A   21
```

　一番左側の列の数字は，データの何行目かを表しています．変数名が一番上の行に表示されており，「売上データ」が正しく読み込まれていることを確認できます．
　「データ名 $ 変数名」と入力し，Enterキーを押すと，指定した変数の要素を表示できます．たとえば，「売上数量」を表示するには，次のコマンドを実行します．

```
> sales$units
 [1] 27 23 41 39 18 24 38 37 29 32 35 37 41 46
[15] 49 47 44 39 41 37 36 34 32 25 32 26 34 32
```

　実行結果の2行目の一番左に表示されている [15] は，その直後の 49 が 15 番目の要素であることを意味しています．

2.3.5　便利な機能

　Rには，コマンドを実行する上で便利な機能が用意されています．何らかのコマンドを実行した後に，キーボードの矢印キー「↑」を押すと，それまでに実行したコマンドを新しいものから順によび出すことができます．本書に沿ってこれまでのRのコマンドを実行していれば，「↑」を1回押すと，sales$units が表示され，「↑」を

[*7] 本書のデータは，変数の間がスペースで区切られていますが，データによっては，カンマで区切られている場合があります．カンマ区切りのファイルを読み込むには，引数として，sep="," と入力します．

もう 1 回押すと，head(sales) が表示されます．この機能を使うことにより，過去に実行したコマンドを再度入力する手間を省けます．また，よび出したコマンドを部分的に修正してから実行することも可能です．

R のプログラムを作成する際，後で何のためのプログラムか忘れてしまうことを防いだり，他の人がプログラムの意味を理解しやすくするために，プログラム中にコマンドの説明を書きたい場合があります．その際には，「#」を用います．「#」はその後に書かれたコマンドを実行しないようにする命令であり，「#」から改行するまでのコマンドは実行されません．「>」のすぐ後に「#」を書けば，その行に書かれたすべてのコマンドは実行されません．また，何らかのコマンドの後に「#」を書けば，それ以降のコマンドは実行されません．たとえば，次のようにコマンドに対する説明を書くことができます．

```
> # 売上数量の最小値
> min(sales$units)
[1] 18
```

練習問題

「顧客データ」を用いて，以下を R で実行せよ．

2.1 「顧客データ」を R に読み込み，最初の 6 行を表示せよ．
2.2 「サイトアクセス回数」の値をすべて表示せよ．
2.3 「サイトアクセス回数」の最大値，最小値，合計値を求めよ．

第II部

記述統計編

第3章 1つの変数の特徴を記述する

3.1 変数の種類

多くのデータは，複数の変数[*1]をまとめたものであり，変数は，大きく質的変数と量的変数に分けることができます．**質的変数**（qualitative variable）は値に大小関係がないのに対して，**量的変数**（quantitative variable）は値に大小関係が存在します．本書で用いる仮想データは，次のように質的変数と量的変数に分類できます．

表 3.1 質的変数と量的変数

	質的変数	量的変数
売上データ	特別陳列の有無 チラシの種類	売上数量，価格 最高気温
顧客データ	性別 DMへの反応の有無	年齢 サイトアクセス回数
ブランド選択データ	特別陳列の有無 購買ブランド	価格

質的変数と量的変数では扱い方が異なるため，扱うデータがどちらの種類かを正しく区別する必要があります．たとえば，量的変数である「売上データ」の「売上数量」では，最大値や最小値を求めることができますが，質的変数である「ブランド選択データ」の「購買ブランド」では，そのような値を求めることができません．本章では，質的変数と量的変数の適切な表現方法を紹介します．

3.2 度数分布とヒストグラム

データの特徴を把握するためには，まず，データの全体像を把握することが重要であり，そのためには，データの視覚化が有効です．ここでは「ブランド選択データ」（p.6）の「購買ブランド」の傾向について調べてみましょう．「購買ブランド」は，「A」，「B」，「C」のいずれかをとるため，質的変数です．質的変数の特徴を把握する

[*1] ここでの変数は，数学や統計学において用いられる変数であり，p.20 で紹介したプログラミングにおける変数とは意味が異なります．

ためには，とりうる値の**度数**（frequency）を求めます．各値の度数を表にしたものを**度数分布表**（frequency table）といいます．

では，Rで「購買ブランド」の度数分布表を作成してみましょう．まずは，「ブランド選択データ」をRに読み込み，データの概要を確認します．

```
> # ブランド選択データの読み込み
> brand <- read.table("brand.txt", header=T)
>
> # ブランド選択データの最初の6行
> head(brand)
  ID price.A price.B price.C disp.A disp.B disp.C buy
1  1     110     100     120      0      0      1   A
2  1     120     100     120      0      1      0   A
3  1     120      90     120      1      0      0   A
4  2     100     110     120      1      0      0   A
5  2     110     110     120      0      0      1   C
6  3     120      80     120      0      0      0   B
```

度数分布表は，関数 table() により作成することができます．

```
> # 購買ブランドの度数分布表
> table(brand$buy)

 A  B  C
15 12  3
```

得られた表から，Aの度数が15，Bの度数が12，Cの度数が3であることがわかります．

度数分布表をグラフにしたものを**棒グラフ**（bar graph）といいます．棒グラフを用いることにより，度数の差を一目で把握することができます．棒グラフは，table() と barplot() の2つの関数を用いて作成できます．

```
> # 購買ブランドの棒グラフ
> barplot(table(brand$buy))
```

図 3.1 は上記のコマンドの実行結果です．度数分布表に比べ，どのブランドが最も多く購買されたか，また，あるブランドは他のブランドと比べ，購買数量にどのくらいの差があるかが一目でわかります．

次に，「売上データ」（p.4）の「売上数量」の特徴について見ていきましょう．「売上数量」は量的変数として扱うことができます．まずは，「売上データ」を読み込み，

第 3 章　1 つの変数の特徴を記述する

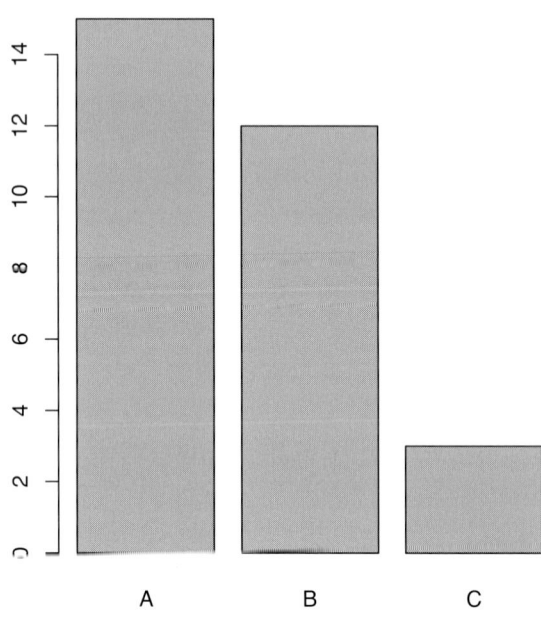

図 3.1　「購買ブランド」の棒グラフ

データの概要を確認しましょう．

```
> # 売上データの読み込み
> sales <- read.table("sales.txt", header=T)
>
> # 売上データの最初の 6 行
> head(sales)
  date units price disp feat temp
1    1    27   130    0    A   24
2    2    23   130    0    A   23
3    3    41   120    1    A   27
4    4    39   120    1    A   26
5    5    18   130    0    A   21
6    6    24   130    0    A   21
```

「購買ブランド」と同様に，「売上数量」の度数分布表を作成すると，次のようになります．

```
> # 売上数量の度数分布表
> table(sales$units)
```

```
18 23 24 25 26 27 29 32 34 35 36 37 38 39 41 44 46 47 49
 1  1  1  1  1  1  1  4  2  1  1  3  1  2  3  1  1  1  1
```

　得られた度数分布表を見る限り，ほとんどの値の度数が 1 であるため，データの分布がよくわかりません．このように，量的変数は連続した値をとるので，度数分布表として表すのは不適切であることがわかります．量的変数を適切に視覚的に表現するための方法として，**ヒストグラム** (histogram) があります．ヒストグラムは，データを適当な区間で区切り，その区間にあるデータの度数をグラフにしたものです．この区間を**階級** (class) といい，階級の真ん中の値を**階級値** (class value) といいます．R でヒストグラムを作成するには，関数 hist() を用います．

```
> # 売上数量のヒストグラム
> hist(sales$units)
```

Histogram of sales$units

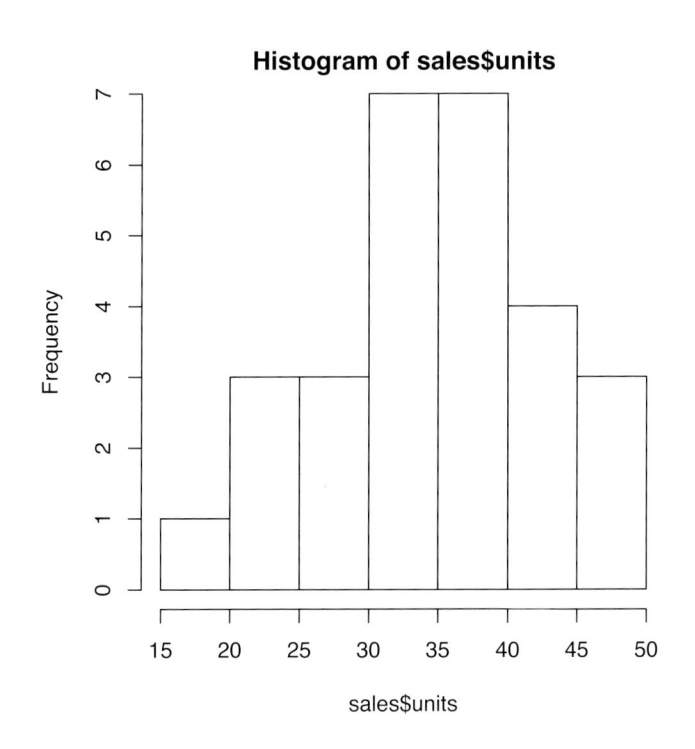

図 3.2 「売上数量」のヒストグラム

図 3.2 は，上記のプログラムを実行した結果得られたヒストグラムです[*2]．15 より大きく 20 以下の度数が 1，20 より大きく 25 以下の度数が 3，というように読みます．このように，量的変数の場合には，度数分布表よりもヒストグラムの方がデータがどの辺りに多くばらついているかを表すことができます．

このヒストグラムの形状に注目してみると，30 から 40 の間に値が集中していて，値がそれよりも小さくなるか，または，大きくなるにつれ，度数が減っていることがわかります．つまり，この分布は左右対称に近い山型の形状をしているといえます．分布の形状が山型になることは身長の分布や試験の得点の分布など様々な場面で見られます．その際，分布の形状が左右対称になる場合もあれば，分布の中心が左右どちらかに偏る場合もあります．

図 3.3 の一番左側の分布は，左に長く裾を引く分布となっています．このような分布を**左に歪んだ**（left-skewed）分布といいます．一方，一番右側の分布は，右に長く裾を引く分布となっています．このような分布を**右に歪んだ**（right-skewed）分布といいます．分布に歪みがあるかどうかは，後述する代表値を利用するにあたって重要になります．

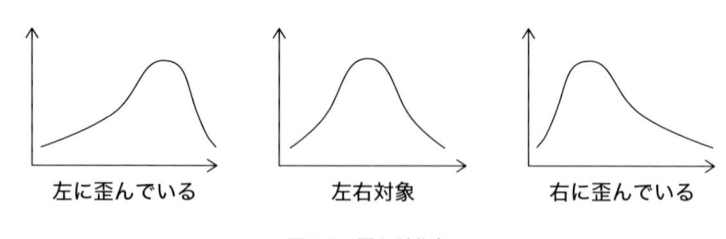

図 3.3 歪んだ分布

これまでは分布の峰が 1 つの場合を考えてきましたが，峰が 2 つ以上の場合も考えられます．峰が 1 つの分布を**単峰型**（unimodal），峰が 2 つの分布を**双峰型**（bimodal），峰が 3 つ以上の分布を**多峰型**（multimodal）の分布といいます（図 3.4）．

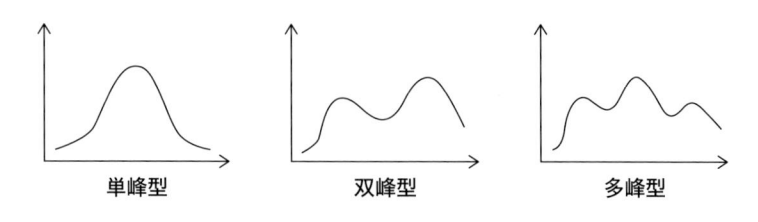

図 3.4 峰が複数の分布

[*2] 関数 hist() は，自動的にデータの階級数を決めますが，引数 breaks により，階級数を指定することができます．たとえば，hist(sales$units, breaks=4) を実行すると，階級数が 4 つになります．

たとえば，ある高校の生徒の身長の分布を考えてみましょう．男子のみ，もしくは，女子のみの分布を考えた場合，それらの分布は峰が1つの単峰型の分布であることが予想されます．しかし，男女を混ぜた分布を考えてみると，男子と女子では分布の中心が異なるため，双峰型の分布となることが予想されます．このように，中心の異なる2つの単峰型の分布が合わさった分布は，双峰型の分布となります．この例では双峰型の分布となることがあらかじめ予想できますが，ヒストグラムを作成してはじめて分布が多峰型であることに気付くことも多いため，データ分析においてデータの視覚化は非常に重要です．

3.3 代表値

　データの視覚化は，データの特徴を把握するために非常に重要ですが，分布の特徴をひとことで説明するには適していません．データの特徴を簡潔に表するためには，データの特徴を表す指標が必要です．データがどの値を中心にばらついているかを知ることは，データの分布を把握する上で最も重要であり，分布の中心的な位置を示す値を**代表値**といいます．代表値には，平均値，中央値，最頻値などがあります．

3.3.1 平均値

　最も用いられることが多い代表値が**平均値**（mean）です．平均値は，n 個の観測値を $x_1, x_2, \ldots, x_n$ とすると，それらの和を n で割ったものであり，

$$\begin{align} \bar{x} &= \frac{x_1 + x_2 + \cdots + x_n}{n} \\ &= \frac{1}{n} \sum_{i=1}^{n} x_i \end{align} \tag{3.1}$$

と定義されます．平均値は，量的変数に対して求めることができ，質的変数に対しては求めることができません．たとえば，「売上データ」の「売上数量」は，観測値の数 n が 28 であるため，その平均値は

$$\bar{x} = \frac{27 + 23 + \cdots + 32}{28} = 34.82143 \tag{3.2}$$

と求めることができます．

　では，R を用いて，「売上数量」の平均値を求めてみましょう．これ以降，「売上数量」を頻繁に用いるため，「売上数量」を変数 `units` に代入します．

```
> # 売上数量を units に代入
> units <- sales$units
> units
 [1] 27 23 41 39 18 24 38 37 29 32 35 37 41 46
[15] 49 47 44 39 41 37 36 34 32 25 32 26 34 32
```

ベクトルの合計値を求める関数 sum() とベクトルの要素数を求める関数 length() を用いると，次のように平均値を求めることができます．

```
> # 売上数量の合計値
> sum(units)
[1] 975
>
> # 売上数量の要素数
> length(units)
[1] 28
>
> # 売上数量の平均値
> sum(units) / length(units)
[1] 34.82143
```

R には，平均値を求める関数 mean() が用意されています．この関数を用いれば，次のように，簡単に平均値を求めることができます．

```
> # 売上数量の平均値
> mean(units)
[1] 34.82143
```

3.3.2 中央値

中央値（median）は，平均値の次に用いられることが多い代表値であり，データを小さい順（または大きい順）に並べたとき，ちょうど中央に位置する値です．観測値の数が偶数のときは，中央に位置する値がないため，中央に最も近い 2 つの値の平均値を中央値とします．たとえば，観測値の数が 10 のときは，観測値を小さい順に並べ，5 番目と 6 番目の値の平均値を中央値とします．平均値と同様に，値の大小関係がない質的変数に対しては，中央値を求めることができません．R では，関数 median() により，中央値を求めることができます．「売上数量」の中央値は，次の通りです．

```
> # 売上数量の中央値
> median(units)
[1] 35.5
```

中央値の特徴は，異常値の影響を受けにくいということです．たとえば，ある月の日別の売上において，1日の売上が突出して高い日があったとします．このとき，その売上がどんなに大きい値であったとしても，中央値が変化することはありません．しかしながら，平均値はすべての観測値の和を用いて計算されるため，1つの異常値が平均値に大きく影響を与えることがあります．

3.3.3 最頻値

最後に紹介する代表値は，**最頻値** (mode) です．最頻値とは，最も度数が多い値であり，分布の峰に対応する値です．「売上数量」のような量的変数に対しては通常，ヒストグラムを作成するときのように値を階級で区切り，最も度数の多い階級の階級値を最頻値とします．「売上数量」では，30から35と35から40の階級が最も度数が多いため，35が最頻値となります．

最頻値は，階級のとり方によって値が異なります．また，双峰型や多峰型の分布においては，最も高い峰の値が最頻値となるため，最頻値が適切な代表値とはいえません．質的変数に対しては平均値や中央値を求めることができないので，最頻値が唯一の代表値となります．

3.3.4 分布の歪みと代表値の関係

分布に歪みがある際は，代表値の使い方に注意が必要です．分布の形状が左右対称に近いほど，平均値，中央値，最頻値の差が小さくなり，完全に左右対称のとき，これらの代表値の値は一致します．一方，左右どちらかに歪みが大きくなればなるほど，代表値間の差が大きくなり，左に歪んでいるときは

$$平均値 < 中央値 < 最頻値$$

という関係になり，右に歪んでいるときは

$$最頻値 < 中央値 < 平均値$$

という関係になります（図 3.5）．

一般的に，所得の分布は右に歪んだ分布であることが知られています．ニュースなどでは所得の平均値が報道されることが多いですが，所得の平均値は中央値よりも大きい値をとるということを理解しておく必要があります．

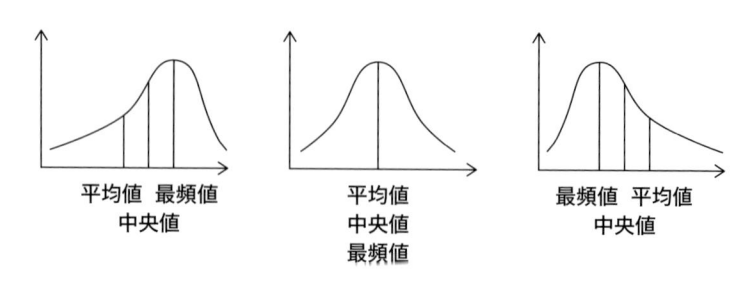

図 3.5　分布の歪みと代表値の関係

● 3.4　ばらつきの尺度

代表値は，分布の中心的な位置を表す指標として分布を把握する上で最も重要ですが，分布がどの程度のばらつきかという視点も重要です．たとえば，ある試験を受験したとき，平均点が 50 点で，自分の点数が 60 点だったとします．点数のばらつきが小さく，受験者全員の点数が 50 点周辺に集中していたとすると，60 点という点数は全体の中でかなり上位の得点であることが予想されます．反対に，点数のばらつきが大きいと，60 点という点数が上位の点数とはいえなくなります．つまり，個々の値が全体の中でどの位置にいるかは，平均値との差を見ただけではわからないということです．本節では，このような分布のばらつきに関する指標を紹介します．

3.4.1　レンジと平均偏差

最も単純なばらつきの指標が**レンジ** (range)，または，**範囲**とよばれるもので，データの最大値と最小値との差で定義されます．「売上数量」のレンジは，最大値を求める関数 max() と最小値を求める関数 min() を用いて，次のように求められます[3]．

```
> # 売上数量の最大値
> max(units)
[1] 49
>
> # 売上数量の最小値
> min(units)
[1] 18
>
> # 売上数量のレンジ
> max(units)-min(units)
[1] 31
```

---

[3] 関数 range() は，ベクトルの最小値と最大値を返します．

3.4 ばらつきの尺度

各観測値が"平均的に"平均値からどれだけ離れているかを示す指標を**平均偏差** (mean deviation) といいます．平均偏差 d は，

$$d = \frac{|x_1 - \bar{x}| + |x_2 - \bar{x}| + \cdots + |x_n - \bar{x}|}{n}$$
$$= \frac{1}{n} \sum_{i=1}^{n} |x_i - \bar{x}| \tag{3.3}$$

と定義されます．各観測値と平均値との差を**偏差** (deviation) といい，平均偏差は偏差の絶対値の平均値です．平均偏差の意味を理解するために，計算手順を見ていきましょう．まず，「売上数量」の偏差は，次のように求められます．

```
> # 売上数量の偏差
> units-mean(units)
 [1]  -7.8214286 -11.8214286   6.1785714   4.1785714
 [5] -16.8214286 -10.8214286   3.1785714   2.1785714
 [9]  -5.8214286  -2.8214286   0.1785714   2.1785714
[13]   6.1785714  11.1785714  14.1785714  12.1785714
[17]   9.1785714   4.1785714   6.1785714   2.1785714
[21]   1.1785714  -0.8214286  -2.8214286  -9.8214286
[25]  -2.8214286  -8.8214286  -0.8214286  -2.8214286
```

各観測値を要素とするベクトルからそれらの平均値を引いたため，観測値の数の分だけ偏差を得ました．偏差の符号が正の場合は観測値が平均値よりも大きく，符号が負の場合は観測値が平均値よりも小さいことを意味します．偏差の絶対値は，絶対値を求める関数 abs() を用いて，次のように求められます．

```
> # 売上数量の偏差の絶対値
> abs(units-mean(units))
 [1]  7.8214286 11.8214286  6.1785714  4.1785714
 [5] 16.8214286 10.8214286  3.1785714  2.1785714
 [9]  5.8214286  2.8214286  0.1785714  2.1785714
[13]  6.1785714 11.1785714 14.1785714 12.1785714
[17]  9.1785714  4.1785714  6.1785714  2.1785714
[21]  1.1785714  0.8214286  2.8214286  9.8214286
[25]  2.8214286  8.8214286  0.8214286  2.8214286
```

平均偏差は，これらの値の平均であるため，次のように求めることができます．

```
> # 売上数量の平均偏差
> sum(abs(units-mean(units))) / length(units)
```

```
[1] 6.048469
```

関数 mean() を用いて，上記と同じことを次のように実行することもできます．

```
> # 売上数量の平均偏差
> mean(abs(units-mean(units)))
[1] 6.048469
```

平均偏差が 6.05 ということは，「売上数量」の各観測値は，平均的に平均値から 6.05 離れた値をとっていると解釈できます．

3.4.2 分散と標準偏差

前節で紹介した平均偏差は，絶対値を用いて計算されるため，実は数学的に扱いやすい指標とはいえません．統計学では，分布のばらつきを表す指標として，**分散** (variance) がよく用いられます．分散 s^2 は，

$$s^2 = \frac{(x_1 - \bar{x})^2 + (x_2 - \bar{x})^2 + \cdots + (x_n - \bar{x})^2}{n}$$
$$= \frac{1}{n}\sum_{i=1}^{n}(x_i - \bar{x})^2 \tag{3.4}$$

と定義されます．つまり，分散は偏差の二乗の平均値です．分散は必ず正の値をとり，分散の値が大きいとき分布のばらつきは大きく，反対に，分散の値が小さいとき分布のばらつきは小さいといえます．「売上数量」の分散は，次のように求められます[*4]．

```
> # 売上数量の偏差の二乗
> (units-mean(units))^2
 [1]  61.17474490 139.74617347  38.17474490  17.46045918
 [5] 282.96045918 117.10331633  10.10331633   4.74617347
 [9]  33.88903061   7.96045918   0.03188776   4.74617347
[13]  38.17474490 124.96045918 201.03188776 148.31760204
[17]  84.24617347  17.46045918  38.17474490   4.74617347
[21]   1.38903061   0.67474490   7.96045918  96.46045918
[25]   7.96045918  77.81760204   0.67474490   7.96045918
>
> # 売上数量の分散
> mean((units-mean(units))^2)
```

[*4] R には，不偏分散とよばれる分散を求める関数 var() が用意されています．不偏分散については，第 8 章で説明します．

```
[1] 56.28954
```

　分散は偏差の二乗の平均値であるため，分散から直感的にばらつきの大きさを理解することができません．その問題を解決するための指標が，**標準偏差**（standard deviation）です．標準偏差 s は分散の平方根であり，

$$s = \sqrt{s^2} \tag{3.5}$$

と定義されます．したがって，「売上数量」の標準偏差は，次のように求められます[*5]．

```
> # 売上数量の標準偏差
> sqrt(mean((units-mean(units))^2))
[1] 7.502636
```

3.4.3　標準化

　平均偏差や標準偏差は，ある変数がどの程度ばらつきがあるのか示す指標でした．一方，ある観測値が，全体の中でどのくらいの位置にいるかを示す指標があると便利です．データの平均値と標準偏差がある特定の値になるように各観測値を変換することを**標準化**（standardization）といい，それによって得られた値を**標準得点**（standard score）といいます．とくに，平均値が 0，標準偏差が 1 になるように標準化した標準得点は **z 得点**とよばれます．観測値の平均値を $\bar{x}$，標準偏差を s とすると，i 番目の値 x_i の z 得点は

$$z_i = \frac{x_i - \bar{x}}{s} \tag{3.6}$$

と定義されます．「売上数量」の z 得点は，次のように求められます．

```
> # 売上数量の標準偏差
> s <- sqrt(mean((units-mean(units))^2))
>
> # 売上数量のz得点
> z <- (units-mean(units))/s
> z
 [1] -1.04249080 -1.57563678  0.82352013  0.55694714
 [5] -2.24206925 -1.44235028  0.42366064  0.29037415
 [9] -0.77591781 -0.37605832  0.02380116  0.29037415
```

[*5] 不偏分散の標準偏差を求める R の関数は sd() です．

```
[13]   0.82352013   1.48995260   1.88981209   1.62323910
[17]   1.22337961   0.55694714   0.82352013   0.29037415
[21]   0.15708765  -0.10948534  -0.37605832  -1.30906379
[25]  -0.37605832  -1.17577729  -0.10948534  -0.37605832
```

まず，標準偏差を s に代入し，それを用いて z 得点のベクトル z を求めています．z 得点は，ある観測値と平均値の差を標準偏差で割ることによって求められるため，z 得点の絶対値が 1 ということは，その観測値が平均値から標準偏差分だけ離れているということを意味します．同様に，z 得点の絶対値が 2 ということは，その観測値が平均値から標準偏差の 2 倍離れているということを意味します．z 得点の平均値と標準偏差は，次の通りです．

```
> # z 得点の平均値
> mean(z)
[1] 2.723516e-16
>
> # z 得点の標準偏差
> sqrt(mean((z-mean(z))^2))
[1] 1
```

$2.723516e-16$ とは，2.723516×10^{-16} を意味しており，限りなく 0 に近い値です．z 得点の平均値は 0，標準偏差は 1 であるため，観測値が正しく標準化されていることがわかります．

我々にとって身近な標準得点の 1 つが偏差値です．偏差値は，観測値の平均値が 50，標準偏差が 10 になるように標準化した標準得点です．つまり，ある値の偏差値 t_i は，

$$t_i = 10z_i + 50 \tag{3.7}$$

を計算することにより求めることができます．つまり，ある値の偏差値が 50 であれば，その値は平均値であることを意味し，ある値の偏差値が 60 であれば，その値は平均値よりも標準偏差分だけ大きいことを意味します．

練習問題

「売上データ」を用いて，以下を R で実行せよ．

3.1 「最高気温」のヒストグラムを作成し，分布を確認せよ．
3.2 「最高気温」の平均値と中央値を求めよ．
3.3 「最高気温」の分散と標準偏差を求めよ．

第4章
2つの変数間の関係を記述する

● 4.1　2つの変数間の関係

　本章では，2つの変数間にどのような関係があるかを記述するための方法を紹介します．たとえば，ある商品について，価格と売上の間にどのような関係があるかを検証したいとき，価格と売上という2つの変数間の関係を考えることになります．また，ある商品に対する購買意向の有無に男女間で違いがあるかを検証したいとき，性別と購買意向の有無という2つの変数間の関係を考えることになります．上記の2つの例はいずれも2つの変数間の関係について考えていますが，前者は量的変数間の関係を扱っているのに対し，後者は質的変数間の関係を扱っています．量的変数と質的変数では，変数間の関係の表し方が異なります．本章では，量的変数と質的変数の2つの変数間の関係の表現方法を紹介します．

● 4.2　2つの量的変数間の関係
4.2.1　散布図

　2つの量的変数間にどのような関係があるかを知りたいときは，まず視覚的に変数間の関係を把握することが重要です．そのために用いるのが，**散布図**（scatter plot）です．Rで散布図を作成するには，関数 plot() を用います．実際に「売上データ」を用いて，「価格」と「売上数量」の関係，および「最高気温」と「売上数量」の関係を見てみましょう．まず，「売上データ」をRに読み込み，「価格」を price，「最高気温」を temp，「売上数量」を units に代入します．

```
> # 売上データの読み込み
> sales <- read.table("sales.txt", header=T)
>
> # 価格を price, 最高気温を temp, 売上数量を units に代入
> price <- sales$price
> temp  <- sales$temp
> units <- sales$units
> price
 [1] 130 130 120 120 130 130 100 100 115 115
[11] 115 120 110 110 100 100 115 115 105 115
[21] 115 125 125 120 120 120 130 130
```

40　第 4 章　2 つの変数間の関係を記述する

```
> temp
 [1] 24 23 27 26 21 21 22 26 26 32 33 34 31 32
[15] 30 29 31 30 32 28 30 31 32 29 29 32 31 29
> units
 [1] 27 23 41 39 18 24 38 37 29 32 35 37 41 46
[15] 49 47 44 39 41 37 36 34 32 25 32 26 34 32
```

次に，関数 plot() を用いて，「価格」と「売上数量」の散布図を作成します．引数として，使用する 2 つの変数名を指定します．

```
> # 価格と売上数量の散布図
> plot(price, units)
```

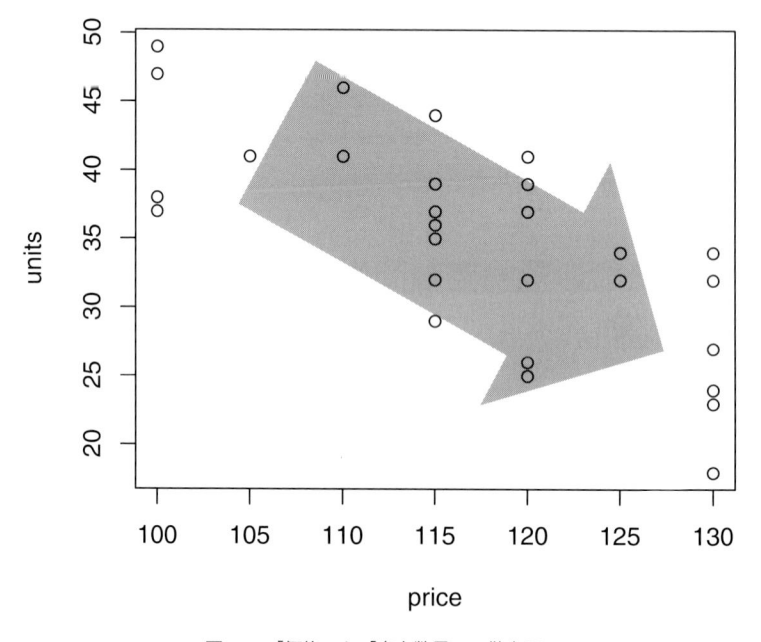

図 4.1　「価格」と「売上数量」の散布図

　図 4.1 は，上記のコマンドにより作成された散布図です．横軸が「価格」で，縦軸が「売上数量」を表しています．「価格」が高いほど，「売上数量」が少ないという傾向があることがわかります．
　次に，「最高気温」と「売上数量」の関係を見るために，これら 2 つの変数の散布図を作成してみましょう．

```
> # 最高気温と売上数量の散布図
> plot(temp, units)
```

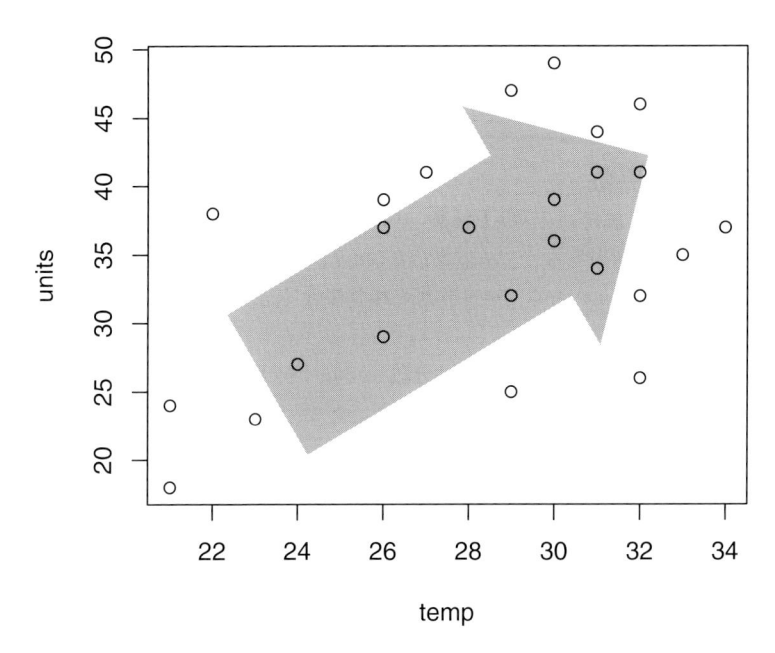

図 4.2 「最高気温」と「売上数量」の散布図

図 4.2 は,「最高気温」と「売上数量」の散布図で,「価格」と「売上数量」の関係とは反対に,「最高気温」が高いほど,「売上数量」が多い傾向があることがわかります. ただし,「最高気温」と「売上数量」の関係は,「価格」と「売上数量」の関係よりも弱いようです.

このように,散布図を用いることにより,2 つの変数間の関係を視覚的に把握することができます.「片方の変数の値が大きいほど,もう一方の変数の値も大きい」という傾向があるとき,2 つの変数間には**正の相関**があるといいます. 反対に,「片方の変数の値が大きいほど,もう一方の変数の値が小さい」という傾向があるとき,**負の相関**があるといいます. 2 つの変数間にどちらの傾向もないとき,2 つの変数は**無相関**であるといいます. つまり,「価格」と「売上数量」の間には負の相関があり,「最高気温」と「売上数量」の間には正の相関があるといえます.

相関関係と意味の似た言葉に因果関係があります. **因果関係**（causality）とは,原因と結果の関係のことです. たとえば,広告費と売上の間に正の相関があることがわかったとします. このことから,売上を上げるためには,広告費を増やすべきだとい

えるでしょうか．広告費を増やすことによって，多くの人がその商品を認知するため，広告は売上を上げるための有効な手段だといえるかもしれません．一方，多くの企業は，売上の何パーセントを広告費にすると決めているため，売上の多い企業は必然的に広告費が高いという構造が背後にあるのかもしれません．つまり，相関関係があるからといって必ずしも因果関係が明白であるとは限らないということを理解しておく必要があります．

4.2.2　相関係数

前項において，「価格」と「売上数量」の間，および，「最高気温」と「売上数量」の間には，ともに相関があることを確認しましたが，それらの関係の強さには差がありそうでした．相関関係の強さを表す指標を**相関係数** (correlation coefficient) といいます．

相関係数を紹介するにあたって，**共分散** (covariance) という概念を理解する必要があります．共分散とは，偏差の積の平均のことで，変数 x と変数 y の共分散 s_{xy} は

$$s_{xy} = \frac{(x_1 - \bar{x})(y_1 - \bar{y}) + (x_2 - \bar{x})(y_2 - \bar{y}) + \cdots + (x_n - \bar{x})(y_n - \bar{y})}{n}$$

$$= \frac{1}{n}\sum_{i=1}^{n}(x_i - \bar{x})(y_i - \bar{y}) \tag{4.1}$$

と定義されます．ここで，n は 2 つの変数の組数を表しています．では，共分散の計算手順を見ていきましょう．まず，「価格」と「売上数量」の偏差の積は，次のように求められます．

```
> # 価格と売上数量の偏差の積
> (price-mean(price)) * (units-mean(units))
 [1] -100.5612245 -151.9897959   17.6530612   11.9387755
 [5] -216.2755102 -139.1326531  -54.4897959  -37.3469388
 [9]   12.4744898    6.0459184   -0.3826531    6.2244898
[13]  -44.1326531  -79.8469388 -243.0612245 -208.7755102
[17]  -19.6683673   -8.9540816  -75.0255102   -4.6683673
[21]   -2.5255102   -6.4540816  -22.1683673  -28.0612245
[25]   -8.0612245  -25.2040816  -10.5612245  -36.2755102
```

2 つの変数の組数が 28 であるため，偏差の積も 28 個計算されます．共分散は，偏差の積の平均値なので，上記のコマンドで得られた値の平均値を求めることにより，共分散が求まります．

```
> # 価格と売上数量の共分散
```

```
> mean((price-mean(price)) * (units-mean(units)))
[1] -52.47449
```

x と y の相関係数 r_{xy} は，x と y の共分散 s_{xy} を x の標準偏差 s_x と y の標準偏差 s_y の積で割ったものであり，

$$r_{xy} = \frac{s_{xy}}{s_x s_y} \tag{4.2}$$

と定義されます．相関係数にはいくつかの異なる定義が存在し，ここで定義した相関係数は**ピアソンの積率相関係数**とよばれます．単に相関係数というときには，一般的にこれを指します．相関係数は $-1 \leq r_{xy} \leq 1$ の値をとり，2 つの変数間に正の強い相関があれば 1 に近づき，反対に，負の強い相関があれば -1 に近づきます．相関係数が 1 のとき**正の完全相関**といい，-1 のとき**負の完全相関**といいます．また，相関係数が 0 のとき**完全な無相関**といいます．相関係数の絶対値が大きいほど相関が強いといえますが，どれくらい大きければ相関が強いといえるかという問いに対する一般的な答えはありません．ただし，相関係数の絶対値が 0.7 以上であれば相関関係が強く，相関係数の絶対値が 0.3 以下であれば相関関係は弱いといえるでしょう[*1]．「価格」と「売上数量」の相関係数は，次のように求められます．

```
> # 価格と売上数量の共分散
> s.xy <- mean((price-mean(price)) * (units-mean(units)))
>
> # 価格の標準偏差
> s.x  <- sqrt(mean((price-mean(price))^2))
>
> # 売上数量の標準偏差
> s.y  <- sqrt(mean((units-mean(units))^2))
>
> # 価格と売上数量の相関係数
> s.xy / (s.x * s.y)
[1] -0.7228437
```

まず，s.xy に「価格」と「売上数量」の共分散を代入し，次に s.x と s.y にそれぞれの標準偏差を代入し，最後にそれらを用いて相関係数を求めています．

R には相関係数を求める関数 cor() が用意されているため，この関数を用いて直接求めることもできます．

```
> # 価格と売上数量の相関係数
```

[*1] 2 つの変数間の相関関係を検証するには，第 13 章で紹介する無相関検定が用いられます．

```
> cor(price, units)
[1] -0.7228437
```

共分散と標準偏差から求めた相関係数と，関数 cor() を用いて求めた相関係数が一致することが確認できました．同様に，「最高気温」と「売上数量」の相関係数も求めてみましょう．

```
> # 最高気温と売上数量の相関係数
> cor(temp, units)
[1] 0.4710359
```

価格が上がれば売上は下がると予想できるため，「価格」と「売上数量」の相関係数が負の値となったのは予想通りといえるでしょう．また，相関係数の絶対値が 0.72 であるため，比較的強い相関関係があるといえます．一方，「最高気温」と「売上数量」の相関係数の符号が正であることから，この商品は「最高気温」が高いほど「売上数量」が多くなるという傾向があるといえます．また，相関係数の絶対値は 0.47 であるため，「価格」と「売上数量」の関係と比べると，相関の強さは弱いといえます．

一般的に，2 つの変数間に何らかの関係があるとき「相関がある」といいますが，統計学では，2 つの変数間の"直線的な"関係を相関といいます．つまり，相関係数は 2 つの変数間の直線的な関係の強さを測る指標であるということに注意が必要です．

4.3 2つの質的変数間の関係

4.3.1 分割表

2 つの質的変数間の関係を把握したいときには，**分割表**[*2] (contingency table) を用います．分割表は，2 つの変数の同時度数分布表と考えることができます．ここでは，「顧客データ」の「性別」と「DM への反応の有無」を用いて，分割表を作成してみましょう．まず，「顧客データ」を R に読み込み，「性別」を gender，「DM への反応の有無」を DM に代入します．

```
> # 顧客データの読み込み
> customer <- read.table("customer.txt", header=T)
>
> # 性別を gender，DM への反応の有無を DM に代入
> gender <- customer$gender
> DM     <- customer$DM
```

[*2] クロス集計表ともよばれます．

4.3 2つの質的変数間の関係　45

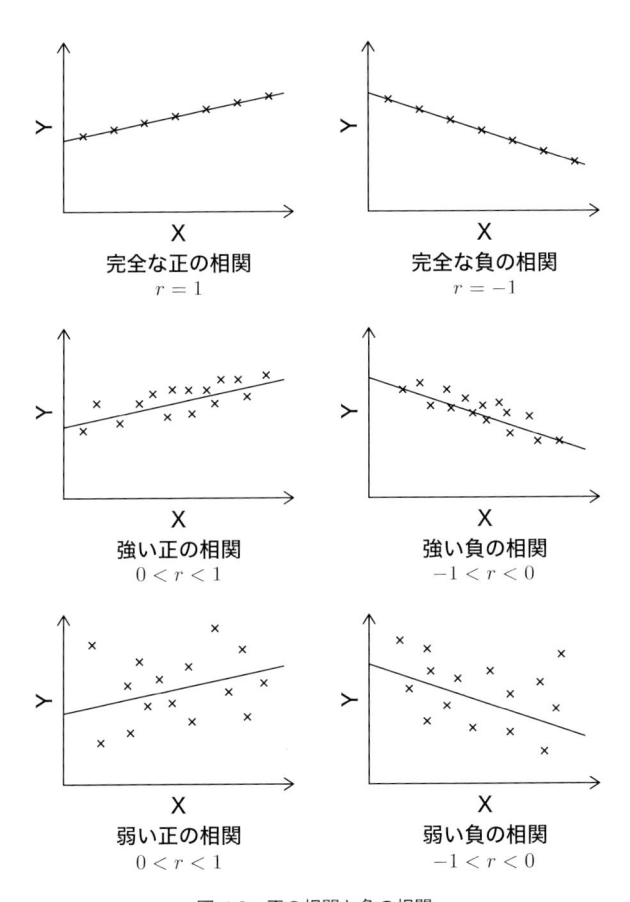

完全な正の相関
$r = 1$

完全な負の相関
$r = -1$

強い正の相関
$0 < r < 1$

強い負の相関
$-1 < r < 0$

弱い正の相関
$0 < r < 1$

弱い負の相関
$-1 < r < 0$

図 4.3　正の相関と負の相関

```
> gender
 [1] 0 1 0 1 0 0 0 0 1 1 1 0 1 0 0 1 1 0 1 1
> DM
 [1] 0 1 0 1 0 0 1 0 0 1 1 0 1 0 0 0 1 0 1 0
```

元のデータでは，「性別」については，女性であれば 1, 男性であれば 0 が記録されており，「DM への反応の有無」については，反応があれば 1, なければ 0 が記録されています．分割表を作成するにあたって，「性別」については，1 を「女」, 0 を「男」に変換し，「DM への反応の有無」については，1 を「あり」, 0 を「なし」に変換すると見やすい表を作成することができます．この変換は，関数 ifelse() により行うことができます．

関数 ifelse() では，最初の引数に条件を指定します．性別が女性という条件を指

定するには，gender==1 とします．「==」という記号は「等しい」という意味で，単なる「=」は「<-」と同じ「代入する」という意味を持ちます．2つ目の引数でその条件を満たしているときに代入する値を指定し，3つ目の引数で条件を満たしていないときに代入する値を指定します．「女」や「男」は文字型の値であり，それを示すためにダブルクォーテーションマークでくくります．

```
> # 性別と DM への反応の有無にラベルを付ける
> gender.2 <- ifelse(gender==1, "女", "男")
> DM.2     <- ifelse(DM==1, "あり", "なし")
> gender.2
 [1] "男" "女" "男" "女" "男" "男" "男" "男" "女" "女"
[11] "女" "男" "女" "男" "男" "女" "女" "男" "女" "女"
> DM.2
 [1] "なし" "あり" "なし" "あり" "なし" "なし" "あり"
 [8] "なし" "なし" "あり" "あり" "なし" "あり" "なし"
[15] "なし" "なし" "あり" "なし" "あり" "なし"
```

「==」のように，2つの値を比較するための記号を**比較演算子**といいます．R では，比較演算子を表 4.1 のように表します

表 4.1 比較演算子

演算子	==	!=	>=	>	<=	<
意味	=	≠	≥	>	≤	<

R で分割表を作成するには，度数分布表と同様に，関数 table() を用いて，引数に使用する2つの変数名を指定します．

```
> # 性別と DM への反応の有無の分割表
> table(gender.2, DM.2)
        DM.2
gender.2 あり なし
     女    7    3
     男    1    9
```

縦方向にある変数を**表側**，横方向にある変数を**表頭**といいます．この例では，表側が「性別」，表頭が「DM への反応の有無」となります．この分割表は，表側の項目数と表頭の項目数がそれぞれ2であるため，2×2分割表といいます．得られた分割表の数値を見てみると，女性10人のうち7人が DM に反応したのに対して，男性10人のうち1人しか DM に反応しなかったことがわかります．

4.3.2 ファイ係数

0または1の値をとる変数を**二値変数**といい，2つの二値変数間の関係を表す指標として，**ファイ係数**（phi coefficient）があります．ファイ係数は，相関係数と同じ定義であり，関数 cor() を用いて求めることができます．「性別」と「DMへの反応の有無」のファイ係数は，次のように求められます．

```
> # 性別と DM への反応の有無のファイ係数
> cor(gender, DM)
[1] 0.6123724
```

ファイ係数は，相関係数と同じように解釈できますが，とりうる値が0か1のため，何を1にして，何を0にしたかを間違えないようにしないといけません．ここでは，「女性」を1（「男性」を0），「DMへの反応あり」を1（「DMへの反応なし」を0）としました．したがって，ファイ係数の符号が正（0.6123724）であるということは，男性よりも女性の方がDMに反応する傾向があるということがわかります．相関係数と同様に，ファイ係数の絶対値が1に近いほど，2つの変数間の関係が強いといえ，0に近いほど弱いといえます．

練習問題

「顧客データ」を用いて，以下をRで実行せよ．

4.1 「年齢」と「サイトアクセス回数」の散布図を作成せよ．
4.2 「年齢」と「サイトアクセス回数」の相関係数を求め，2つの変数間の関係を考察せよ．

第III部

推測統計編

第5章 確率変数

● 5.1 確率変数とは

確率 (probability) とは，あることがらがどのくらい起こりやすいかを定量的に表したものです．統計学では，確率の考え方を用いることにより，将来が確定していない不確実な現象を科学的に捉えることが可能になります．たとえば，あるサイコロを振ったときに出る目は偶然のみによって決まるため，サイコロの出る目は不確実な現象といえます．ある商品の売上を予測したり，顧客ごとにダイレクトメールへの反応の有無を予測することは，一見サイコロとは無関係のように見えるかもしれませんが，統計分析を行う上ではどちらも確率という共通の「道具」を用いることになります．ある確率に従って値が発生する変数を**確率変数** (random variable) といいます．本章では，確率変数について解説します．

● 5.2 確率変数の種類

確率変数には，**離散型** (discrete type) と**連続型** (continuous type) があり，離散型の確率変数は離ればなれの値（離散値）をとり，連続型の確率変数は連続した値（連続値）をとります．サイコロの出る目は，$\{1, 2, 3, 4, 5, 6\}$ のいずれかの離散値であるため，離散型の確率変数と考えることができます．一方，ある速度で走っている自動車が急ブレーキをかけてから止まるまでの距離は，連続した値をとるため，連続型の確率変数と考えることができます．

本書では，原則，確率変数を大文字のアルファベットで表し，確率変数の実現値を小文字のアルファベットで表します．たとえば，サイコロの出る目を確率変数 X とすると，実際にそのサイコロを振って 1 の目が出るとき，$x = 1$ と表します．

5.2.1 離散型の確率変数

確率変数 X が離散型の確率変数であるとき，X が x_i $(i = 1, 2, \ldots)$ をとる確率を

$$P(X = x_i) = f(x_i) \quad (i = 1, 2, \ldots) \tag{5.1}$$

とすると，$f(x_i)$ は

5.2 確率変数の種類

$$\begin{cases} f(x_i) \geq 0 & (5.2) \\ f(x_1) + f(x_2) + \cdots = \sum_i f(x_i) = 1 & (5.3) \end{cases}$$

を満たします[*1]．このとき，確率の組 $\{f(x_i)\}$ を確率変数 X の**確率分布** (probability distribution) といい，確率変数 X は確率分布 $f(x)$ に従うといいます．

今，あるサイコロが手元にあり，そのサイコロを振ったときの出る目について考えてみましょう．もし，このサイコロが歪みのない形をしていて6つの目が等しく出やすいとすると，それぞれの出る目の確率はすべて 1/6 と考えることができます．つまり，このサイコロの出る目の確率は，

$$P(X=1) = \frac{1}{6}, \quad P(X=2) = \frac{1}{6}, \quad \cdots, \quad P(X=6) = \frac{1}{6} \quad (5.4)$$

と書くことができ，表 5.1 のようにまとめることができます．

表 5.1 歪みのないサイコロの目の確率分布

サイコロの目 x	1	2	3	4	5	6
確率 $P(X=x)$	1/6	1/6	1/6	1/6	1/6	1/6

次に，このサイコロを振ったとき，2以下の目が出る確率を考えてみましょう．2以下の目は1と2のみです．したがって，2以下の目が出る確率は，それらの目が出る確率の和なので，

$$\begin{aligned} P(X \leq 2) &= P(X=1) + P(X=2) \\ &= \frac{1}{6} + \frac{1}{6} = \frac{1}{3} \end{aligned} \quad (5.5)$$

と求めることができます．同様に，3以上5以下の目が出る確率は，

$$\begin{aligned} P(3 \leq X \leq 5) &= P(X=3) + P(X=4) + P(X=5) \\ &= \frac{1}{6} + \frac{1}{6} + \frac{1}{6} = \frac{1}{2} \end{aligned} \quad (5.6)$$

と求めることができます．

今，何らかの細工がしてあるサイコロがあり，そのサイコロの出る目の確率が表 5.2 の通りだとします．

[*1] 後述するサイコロの例は，とりうる値が有限ですが，ポアソン分布のようにとりうる値が無限に存在する離散型の確率変数もあります．ポアソン分布については，第 6 章で紹介します．

表 5.2 歪んだ形をしたサイコロの目の確率分布

サイコロの目 x	1	2	3	4	5	6
確率 $P(X=x)$	1/8	1/8	1/4	1/4	1/8	1/8

このサイコロは，すべての出る目の確率が等しくなく，3 と 4 の目が出る確率が他の目に比べ大きくなっています．このような歪んだ形のサイコロの出る目も確率変数と考えることができます．先ほどのサイコロと同じように，このサイコロを振って 2 以下の目が出る確率は，$1/8 + 1/8 = 1/4$，3 以上 5 以下の目が出る確率は，$1/4 + 1/4 + 1/8 = 5/8$ と求めることができます．

5.2.2 連続型の確率変数

連続型の確率変数は，とりうる値が連続値のため離散型の確率変数のように，ある特定の値に対する確率を定めることができません．連続型の確率変数では，ある区間の間の値をとる確率を**確率密度関数** (probability density function: PDF) を用いて定義します．

確率変数 X が連続型の確率変数であるとき，X の確率密度関数 $f(x)$ は

$$\begin{cases} f(x) \geq 0 & (5.7) \\ \displaystyle\int_{-\infty}^{\infty} f(x)dx = 1 & (5.8) \end{cases}$$

を満たします．このとき，X が a より大きく b より小さい値をとる確率 $P(a < X < b)$ は

$$P(a < X < b) = \int_a^b f(x)dx \tag{5.9}$$

と定義されます．つまり，確率密度関数 $f(x)$ が与えられたとき，その確率変数がある区間の値をとる確率は，$f(x)$ を積分することによって求めることができます．また，X がある値 a をとる確率 $P(X = a) = 0$ であるため，連続型の確率変数では，

$$P(a < X < b) = P(a \leq X < b) = P(a < X \leq b) = P(a \leq X \leq b) \tag{5.10}$$

が成り立ちます．

連続型の確率分布には様々な種類がありますが，中でも最も有名な分布が正規分布です．正規分布の確率密度関数は

$$f(x) = \frac{1}{\sqrt{2\pi\sigma^2}} \exp\left\{-\frac{(x-\mu)^2}{2\sigma^2}\right\} \tag{5.11}$$

と定義されます．ここで，μ（ミューと読む），σ^2（シグマ二乗と読む）は確率密度関数の形状を決める値であり，**パラメータ**（parameter）とよばれます．たとえば，$\mu = 0$, $\sigma^2 = 1$ の正規分布の確率密度関数は，図 5.2 の曲線として表されます．確率密度関数を積分した値が確率であるため，曲線と横軸で囲まれた面積が 1 であり，塗りつぶされた部分の面積は 0 より大きく 2 より小さい値をとる確率 $P(0 < X < 2)$ を示します．R には様々な確率分布の確率を求める関数が用意されており，それらについては次章で詳しく説明します．

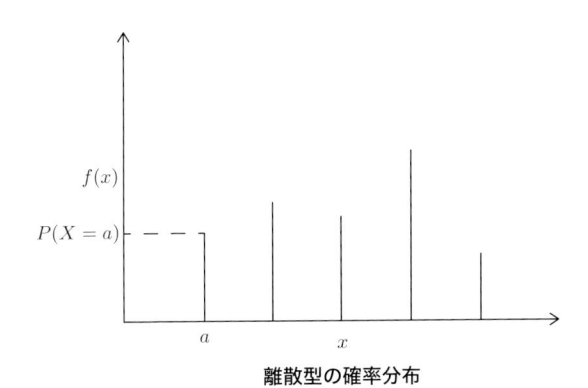

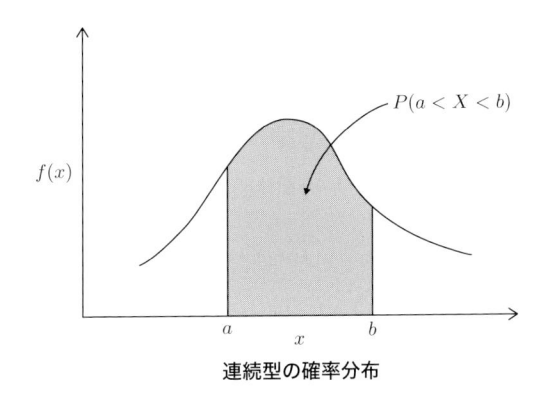

図 5.1 離散型の確率分布では，とりうる値に対して確率が定まるが，連続型の確率分布では，とりうる値の区間に対して確率が定まる

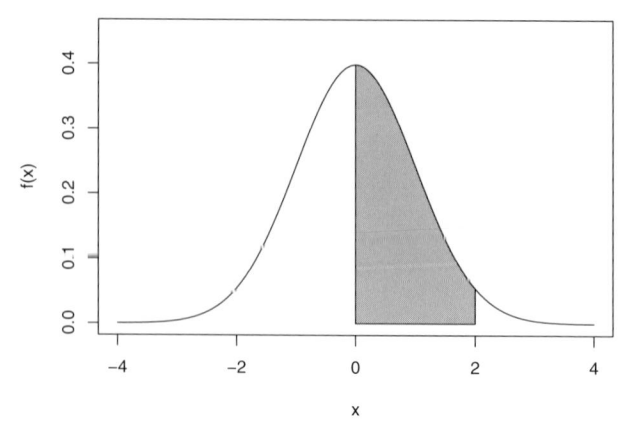

図 5.2　正規分布の確率

●5.3　確率変数の期待値と分散
5.3.1　確率変数の期待値

データの記述において，分布の代表値やばらつきを表す指標があったように，確率変数についてもそれと同じような指標があります．確率変数の実現値を確率の重みを付けて平均した値を**期待値** (expected value) または**平均値** (mean) といいます．確率変数 X の期待値は，$E(X)$ または μ と表されます．

X が離散型の確率変数であるとき，X が x_i $(i=1,2,\ldots)$ をとる確率を $P(X_i = x_i) = f(x_i)$ とすると，X の期待値は

$$\begin{aligned} E(X) &= x_1 \times f(x_1) + x_2 \times f(x_2) + \cdots \\ &= \sum_i x_i f(x_i) \end{aligned} \tag{5.12}$$

と定義されます．また，X に関する何らかの関数を $\phi(X)$ とすると，$\phi(X)$ の期待値は

$$\begin{aligned} E[\phi(X)] &= \phi(x_1) \times f(x_1) + \phi(x_2) \times f(x_2) + \cdots \\ &= \sum_i \phi(x_i) f(x_i) \end{aligned} \tag{5.13}$$

と定義されます．

先ほどのサイコロの例を用いて，確率変数の期待値を求めてみましょう．まず

5.3 確率変数の期待値と分散

は、出る目の確率がすべて等しいサイコロの場合です。確率変数 X がとりうる値は $\{1, 2, 3, 4, 5, 6\}$ であり、すべての値をとる確率は等しいため、このサイコロの出る目を確率変数 X とすると、期待値 $E(X)$ は、

$$E(X) = 1 \times \frac{1}{6} + 2 \times \frac{1}{6} + 3 \times \frac{1}{6} + 4 \times \frac{1}{6} + 5 \times \frac{1}{6} + 6 \times \frac{1}{6}$$
$$= 3.5 \tag{5.14}$$

と求めることができます。

次に、出る目の確率分布が表 5.2 で表される歪んだ形のサイコロの出る目の期待値を求めてみましょう。このサイコロの出る目を確率変数 Y とすると、期待値 $E(Y)$ は、

$$E(Y) = 1 \times \frac{1}{8} + 2 \times \frac{1}{8} + 3 \times \frac{1}{4} + 4 \times \frac{1}{4} + 5 \times \frac{1}{8} + 6 \times \frac{1}{8}$$
$$= 3.5 \tag{5.15}$$

と求めることができます。2つのサイコロは、出る目の確率が異なりますが、両方とも期待値は 3.5 で等しいです。これは、どちらのサイコロも出る目の平均的な値は 3.5 であるということを意味しています。ここで注意すべき点は、この 3.5 という値は実際にサイコロを振って出た目から計算された値ではなく、確率分布から定められる値であるということです。

X が確率密度関数 $f(x)$ を持つ連続型の確率変数であるとき、X の期待値は

$$E(X) = \int_{-\infty}^{\infty} x f(x) dx \tag{5.16}$$

と定義されます。また、X に関する何らかの関数を $\phi(X)$ とすると、$\phi(X)$ の期待値は

$$E[\phi(X)] = \int_{-\infty}^{\infty} \phi(x) f(x) dx \tag{5.17}$$

と定義されます。

たとえば、正規分布に従う確率変数 X の期待値は

$$E(X) = \int_{-\infty}^{\infty} x \cdot \frac{1}{\sqrt{2\pi\sigma^2}} \exp\left\{-\frac{(x-\mu)^2}{2\sigma^2}\right\} dx$$
$$= \mu \tag{5.18}$$

と求められます.これは,正規分布のパラメータ μ は期待値であることを意味しています.期待値には,次の性質があります.

●**確率変数の期待値の性質**

X を確率変数,a, b を定数とする.
(1) $E(a) = a$
(2) $E(X + a) = E(X) + a$
(3) $E(aX) = aE(X)$
(4) $E(aX + b) = aE(X) + b$

例題 5.1

確率変数 X の分布が

$$P(X=0) = \frac{1}{4}, \quad P(X=1) = \frac{1}{2}, \quad P(X=2) = \frac{1}{4}$$

のとき,以下の問いに答えよ.
(1) $E(X)$ を求めよ.
(2) $E(4X + 2)$ を求めよ.
(3) $E(X^2)$ を求めよ.

解答

(1)
$$\begin{aligned} E(X) &= 0 \times \frac{1}{4} + 1 \times \frac{1}{2} + 2 \times \frac{1}{4} \\ &= 1 \end{aligned}$$

(2)
$$\begin{aligned} E(4X+2) &= (4 \times 0 + 2) \times \frac{1}{4} + (4 \times 1 + 2) \times \frac{1}{2} + (4 \times 2 + 2) \times \frac{1}{4} \\ &= 6 \end{aligned}$$

$E(aX + b) = aE(X) + b$ より,次のように求めることもできます.

$$\begin{aligned} E(4X+2) &= 4E(X) + 2 = 4 \times 1 + 2 \\ &= 6 \end{aligned}$$

(3)
$$E(X^2) = 0^2 \times \frac{1}{4} + 1^2 \times \frac{1}{2} + 2^2 \times \frac{1}{4}$$

$$= 1.5$$

5.3.2　確率変数の分散

確率変数のとりうる値がどの程度ばらついているかを表す指標として，**分散** (variance) があります．確率変数 X の期待値を μ とすると，X の分散 $V(X)$ は

$$V(X) = E\{(X-\mu)^2\}$$

と定義されます．$V(X)$ を σ^2 と表すこともあります．分散は必ず正の値をとり，分散の値が大きいほど，ばらつきが大きいといえます．$V(X)$ は

$$\begin{aligned} V(X) &= E\{(X-\mu)^2\} \\ &= E(X^2 - 2\mu X + \mu^2) \\ &= E(X^2) - 2\mu E(X) + \mu^2 \\ &= E(X^2) - \mu^2 \\ &= E(X^2) - \{E(X)\}^2 \end{aligned} \tag{5.19}$$

と書くことができるため，実際に分散を計算する際には，この式の最後の形を使うことが多いです．

分散の定義より，X が離散型の確率変数であるとき，X の分散は，

$$\begin{aligned} V(X) &= (x_1 - \mu)^2 \times f(x_1) + (x_2 - \mu)^2 \times f(x_2) + \cdots \\ &= \sum_i (x_i - \mu)^2 f(x_i) \end{aligned} \tag{5.20}$$

と表すことができます．つまり，分散は期待値ととりうる値の差をすべて二乗し，確率の重みを付けて平均した値です．出る目の確率がすべて等しいサイコロの出る目の分散は

$$\begin{aligned} V(X) &= \frac{(1-3.5)^2}{6} + \frac{(2-3.5)^2}{6} + \frac{(3-3.5)^2}{6} + \cdots + \frac{(6-3.5)^2}{6} \\ &= \frac{35}{12} \approx 2.92 \end{aligned} \tag{5.21}$$

と求めることができます．一方，出る目の確率分布が表 5.2 で表される歪んだ形のサイコロの出る目の分散は

$$V(Y) = \frac{(1-3.5)^2}{8} + \frac{(2-3.5)^2}{8} + \frac{(3-3.5)^2}{4} + \cdots + \frac{(6-3.5)^2}{8}$$

$$= 2.25 \tag{5.22}$$

と求めることができます．どちらのサイコロも期待値は同じ値でしたが，分散は歪んだサイコロの方が小さくなりました．これは，歪んだサイコロは3と4の目が出る確率が他の目に比べて高いため，歪んでいないサイコロに比べて，平均的には3.5周辺の値をとりやすくなるからです．つまり，どちらのサイコロも出る目の平均的な値は同じですが，歪んだサイコロの方が出る目のばらつきが小さいことを意味しています．分散も期待値と同様に確率分布から定められる値であり，実際に観測される観測値の分散とは異なります．

X が確率密度関数 $f(x)$ を持つ連続型の確率変数であるとき，X の分散は

$$V(X) = \int_{-\infty}^{\infty} (x-\mu)^2 f(x) dx \tag{5.23}$$

と表すことができます．たとえば，正規分布に従う確率変数 X の分散は

$$V(X) = \int_{-\infty}^{\infty} (x-\mu)^2 \frac{1}{\sqrt{2\pi\sigma^2}} \exp\left\{-\frac{(x-\mu)^2}{2\sigma^2}\right\} dx$$
$$= \sigma^2 \tag{5.24}$$

と求められます．これは，パラメータ σ^2 は正規分布の分散であることを意味しています．分散には，次の性質があります．

●確率変数の分散の性質

X を確率変数，a, b を定数とする．
(1) $V(a) = 0$
(2) $V(X + a) = V(X)$
(3) $V(aX) = a^2 V(X)$
(4) $V(aX + b) = a^2 V(X)$

上記の (4) は，$V(X) = E(X^2) - \{E(X)\}^2$（式 5.19 参照）より，

$$\begin{aligned}
V(aX+b) &= E\left\{(aX+b)^2\right\} - \{E(aX+b)\}^2 \\
&= E(a^2 X^2 + 2abX + b^2) - \{aE(X)+b\}^2 \\
&= a^2 E(X^2) + 2abE(X) + b^2 - a^2\{E(X)\}^2 - 2abE(X) - b^2 \\
&= a^2 E(X^2) - a^2\{E(X)\}^2
\end{aligned}$$

$$= a^2 \left[E(X^2) - \{E(X)\}^2 \right]$$
$$= a^2 V(X) \tag{5.25}$$

と証明できます．

例題 5.2
確率変数 X の分布が

$$P(X=0) = \frac{1}{4}, \quad P(X=1) = \frac{1}{2}, \quad P(X=2) = \frac{1}{4}$$

のとき，以下の問いに答えよ．
(1) $V(X)$ を求めよ．
(2) $V(4X+2)$ を求めよ．
(3) $V(X^2)$ を求めよ．

解答
(1)
$$V(X) = (0-1)^2 \times \frac{1}{4} + (1-1)^2 \times \frac{1}{2} + (2-1)^2 \times \frac{1}{4}$$
$$= 0.5$$
$V(X) = E(X^2) - \{E(X)\}^2$ より，次のように求めることもできます．
$$V(X) = E(X^2) - \{E(X)\}^2 = 1.5 - 1^2$$
$$= 0.5$$

(2) $V(aX+b) = a^2 V(X)$ より，
$$V(4X+2) = 4^2 V(X) = 4^2 \times 0.5$$
$$= 8$$

(3)
$$E\{(X^2)^2\} = E(X^4) = 0^4 \times \frac{1}{4} + 1^4 \times \frac{1}{2} + 2^4 \times \frac{1}{4}$$
$$= 4.5$$
$V(X) = E(X^2) - \{E(X)\}^2$ より，
$$V(X^2) = E\{(X^2)^2\} - \{E(X^2)\}^2 = 4.5 - 1.5^2$$
$$= 2.25$$

確率変数の分散の平方根を標準偏差 $D(X)$ といい，

$$D(X) = \sqrt{V(X)} \tag{5.26}$$

と定義されます．$D(X)$ は σ と表されることもあります．期待値の性質 (p.56) と分散の性質 (p.58) より，

$$Z = \frac{X - E(X)}{\sqrt{V(X)}} \tag{5.27}$$

の期待値と分散は

$$E(Z) = 0, \quad V(Z) = 1 \tag{5.28}$$

となります．この変換を確率変数の**標準化** (standardization) といい，Z を**標準化変数**といいます．すべての確率変数は，期待値を引いて，標準偏差で割れば，期待値 0，分散 1 に変換することができます．

● 5.4 確率変数間の関係
5.4.1 確率変数の独立性

2つの離散型の確率変数 X, Y があるとき，$X = x_i$ かつ $Y = y_j$ の確率を

$$P(X = x_i, Y = y_j) = f(x_i, y_j) \tag{5.29}$$

とすると，$f(x_i, y_j)$ は

$$\begin{cases} f(x_i, y_j) \geq 0 & (5.30) \\ \sum_i \sum_j f(x_i, y_j) = 1 & (5.31) \end{cases}$$

を満たします．このとき，確率の組 $\{f(x_i, y_j)\}$ を X, Y の**同時確率分布** (joint probability distribution) といいます．すべての x_i, y_j に対して，

$$P(X = x_i, Y = y_j) = P(X = x_i)P(Y = y_j) \tag{5.32}$$

が成り立つとき，X と Y は**独立** (independent) であるといいます．

たとえば，あるコインを投げて表が出たとき $X = 1$，裏が出たとき $X = 0$ とし，別のコインを投げて表が出たとき $Y = 1$，裏が出たとき $Y = 0$ とします．2つのコインを投げたときの同時確率分布が表 5.3 のように表されるとき，2つのコインがと

表 5.3　同時確率分布

		Y		計
		0	1	
X	0	$\frac{1}{4}$	$\frac{1}{4}$	$\frac{1}{2}$
	1	$\frac{1}{4}$	$\frac{1}{4}$	$\frac{1}{2}$
	計	$\frac{1}{2}$	$\frac{1}{2}$	1

もに表である確率は，$P(X=1, Y=1) = 1/4$ であることがわかります．ここで，

$$P(X=1, Y=1) = P(X=1)P(Y=1)$$
$$= \frac{1}{2} \times \frac{1}{2} = \frac{1}{4} \tag{5.33}$$

と書くことができ，すべてのとりうる値の組に対して式 5.32 が成り立つため，2 つのコインは独立であるといえます．2 つの変数が独立のとき，片方の変数がとる値によって，もう一方の変数の確率が変わることはありません．つまり，2 つのコインは独立であるため，片方のコインが表か裏かにかかわらず，もう一方のコインの表と裏が出る確率は等しくなります．

同時確率分布 $P(X=x_i, Y=y_j) = f(x_i, y_j)$ から，$P(X=x_i) = g(x_i)$，$P(Y=y_j) = h(y_j)$ を

$$g(x_i) = f(x_i, y_1) + f(x_i, y_2) + \cdots$$
$$= \sum_j f(x_i, y_j) \tag{5.34}$$

$$h(y_j) = f(x_1, y_j) + f(x_2, y_j) + \cdots$$
$$= \sum_i f(x_i, y_j) \tag{5.35}$$

と求めることができ，これらを**周辺確率分布** (marginal probability distribution) といいます．先ほどのコイン投げの例では，$P(X=1)$ を

$$P(X=1) = P(X=1, Y=0) + P(X=1, Y=1)$$
$$= \frac{1}{4} + \frac{1}{4} = \frac{1}{2} \tag{5.36}$$

と求めることができます．

連続型の確率変数においても，2 つの確率変数の同時確率を定義することができます．2 つの連続型の確率変数 X，Y があり，$a \leq X \leq b$ かつ $c \leq Y \leq d$ の確率を

$P(a \leq X \leq b, c \leq Y \leq d)$ と表すとします．このとき，

$$\begin{cases} f(x,y) \geq 0 & (5.37) \\ \int_{-\infty}^{\infty} \int_{-\infty}^{\infty} f(x,y)dxdy = 1 & (5.38) \end{cases}$$

を満たす関数 $f(x,y)$ が存在し，

$$P(a \leq X \leq b, c \leq Y \leq d) = \int_a^b \int_c^d f(x,y)dxdy \quad (5.39)$$

と表されるならば，$f(x,y)$ を X, Y の**同時確率密度関数** (joint probability density function) といいます．

X, Y の確率密度関数をそれぞれ $g(x)$, $h(y)$ とすると，任意の実数 x, y に対して，

$$f(x,y) = g(x)h(y) \quad (5.40)$$

が成り立つとき，X と Y は**独立**であるといいます．また，同時確率密度関数 $f(x,y)$ から，

$$g(x) = \int_{-\infty}^{\infty} f(x,y)dy, \quad h(y) = \int_{-\infty}^{\infty} f(x,y)dx \quad (5.41)$$

を求めることができ，これらを**周辺確率密度関数** (marginal probability density function) といいます．

5.4.2 確率変数の共分散と相関係数

2つの確率変数 X, Y の期待値をそれぞれ $E(X) = \mu_X$, $E(Y) = \mu_Y$ とすると，

$$Cov(X,Y) = E\{(X - \mu_X)(Y - \mu_Y)\} \quad (5.42)$$

を X と Y の**共分散** (covariance) といいます．共分散 $Cov(X,Y)$ は

$$\begin{aligned} Cov(X,Y) &= E\{(X - \mu_X)(Y - \mu_Y)\} \\ &= E(XY - \mu_X Y - \mu_Y X + \mu_X \mu_Y) \\ &= E(XY) - \mu_X \mu_Y \end{aligned} \quad (5.43)$$

と書くことができます．

X と Y の共分散 $Cov(X,Y)$ を X の標準偏差 $\sqrt{V(X)}$ と Y の標準偏差 $\sqrt{V(Y)}$

の積で割った

$$\rho(X,Y) = \frac{Cov(X,Y)}{\sqrt{V(X)}\sqrt{V(Y)}} \tag{5.44}$$

を X と Y の**相関係数**（correlation coefficient）といいます．相関係数 $\rho(X,Y)$（以下，ρ と表す）はデータの相関係数と同様に，必ず $-1 \leq \rho \leq 1$ の値をとります．$\rho = 0$ のとき，2 つの変数は互いに関連がなく，**無相関**（uncorrelated）であるといいます．

図 5.3 は，2 つの確率変数 X, Y の相関係数 ρ の大きさにより，同時確率密度の等高線がどのように異なるかを示しています．$\rho > 0$ の場合，X が大きい値をとるとき，Y も大きい値をとる確率が高くなります．一方，$\rho < 0$ の場合，X が大きい値をとるとき，Y は小さい値をとる確率が高くなります．4.2.2 項では，観測された 2 つの変数間の関係を表す指標として相関係数 r_{xy} を紹介しましたが，ここでの相関係数 $\rho(X,Y)$ は，2 つの確率変数間の関係を表します．

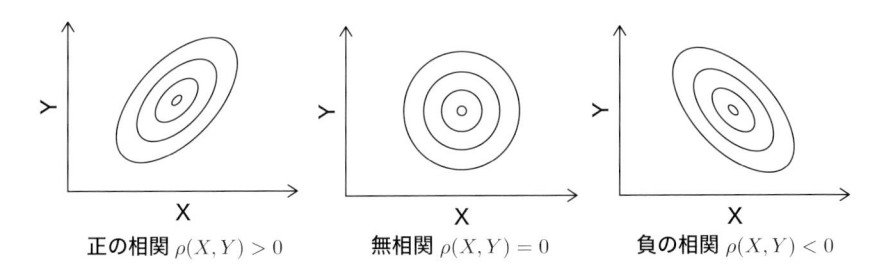

正の相関 $\rho(X,Y) > 0$　　無相関 $\rho(X,Y) = 0$　　負の相関 $\rho(X,Y) < 0$

図 5.3　曲線は確率密度の等高線を表しており，円の中心に近いほど確率密度が高い

5.5　確率変数の和

確率変数の和も確率変数であり，その期待値や分散も求めることができます．2 つの確率変数 X, Y について，それらの和の期待値は

$$E(X+Y) = E(X) + E(Y) \tag{5.45}$$

となります．この性質を**期待値の加法性**といいます．表 5.1 と表 5.2 のサイコロを用いて，この性質について考えてみましょう．2 つのサイコロを同時に投げるとき，期待値の加法性より，2 つのサイコロの出る目の和の期待値 $E(X+Y)$ は

$$E(X+Y) = E(X) + E(Y)$$
$$= 3.5 + 3.5 = 7 \tag{5.46}$$

と求めることができます．つまり，2 つのサイコロの出る目の和は，平均的に 7 の値をとるといえます．

2 つの確率変数 X, Y の和 $X+Y$ の分散については，

$$\begin{aligned}
V(X+Y) &= E[\{X+Y-E(X+Y)\}^2] \\
&= E[\{X+Y-\mu_X-\mu_Y\}^2] \\
&= E[\{(X-\mu_X)+(Y-\mu_Y)\}^2] \\
&= E[(X-\mu_X)^2 + 2(X-\mu_X)(Y-\mu_Y) + (Y-\mu_Y)^2] \\
&= E\{(X-\mu_X)^2\} + 2E\{(X-\mu_X)(Y-\mu_Y)\} + E\{(Y-\mu_Y)^2\} \\
&= V(X) + V(Y) + 2Cov(X,Y)
\end{aligned} \tag{5.47}$$

が成り立ちます．確率変数の和の分散 $V(X+Y)$ は，確率変数の分散の和 $V(X)+V(Y)$ とはならないことに注意が必要です．ただし，X と Y が独立のとき，X と Y の共分散は，$Cov(X,Y)=0$ であるため，

$$V(X+Y) = V(X) + Y(Y) \tag{5.48}$$

となります．先ほどのサイコロの例では，2 つのサイコロを同時に投げるとき，2 つの出る目は独立であるため，2 つの目の和の分散は

$$V(X+Y) = V(X) + Y(Y)$$
$$= 2.92 + 2.25 = 5.17 \tag{5.49}$$

と求めることができます．

3 つ以上の確率変数の和についてもこれまでと同様に考えることができます．n 個の確率変数 $X_1, X_2, \ldots, X_n$ に対して，期待値の加法性を適用すると，

$$E(X_1 + X_2 + \cdots + X_n) = E(X_1) + E(X_2) + \cdots + E(X_n) \tag{5.50}$$

が成り立ちます．また，$X_1, X_2, \ldots, X_n$ が互いに独立のとき，

$$V(X_1 + X_2 + \cdots + X_n) = V(X_1) + V(X_2) + \cdots + V(X_n) \tag{5.51}$$

が成り立ちます．

n 個の確率変数 $X_1, X_2, \ldots, X_n$ が互いに独立に期待値 μ，分散 σ^2 の同一の確率分布に従うとき，

$$\begin{aligned} E(X_1 + X_2 + \cdots + X_n) &= E(X_1) + E(X_2) + \cdots + E(X_n) \\ &= \mu + \mu + \cdots + \mu \\ &= n\mu \end{aligned} \tag{5.52}$$

$$\begin{aligned} V(X_1 + X_2 + \cdots + X_n) &= V(X_1) + V(X_2) + \cdots + V(X_n) \\ &= \sigma^2 + \sigma^2 + \cdots + \sigma^2 \\ &= n\sigma^2 \end{aligned} \tag{5.53}$$

が成り立ちます．ここで，

$$\begin{aligned} \bar{X} &= \frac{X_1 + X_2 + \cdots + X_n}{n} \\ &= \frac{1}{n}\sum_{i=1}^{n} X_i \end{aligned} \tag{5.54}$$

とおくと，$\bar{X}$ の期待値 $E(\bar{X})$ は，期待値の性質 (p.56) より，

$$\begin{aligned} E(\bar{X}) &= E\left(\frac{X_1 + X_2 + \cdots + X_n}{n}\right) \\ &= \frac{1}{n}E(X_1 + X_2 + \cdots + X_n) \\ &= \frac{n\mu}{n} = \mu \end{aligned} \tag{5.55}$$

となり，$\bar{X}$ の分散 $V(\bar{X})$ は，分散の性質 (p.58) より，

$$\begin{aligned} V(\bar{X}) &= V\left(\frac{X_1 + X_2 + \cdots + X_n}{n}\right) \\ &= \frac{1}{n^2}V(X_1 + X_2 + \cdots + X_n) \\ &= \frac{n\sigma^2}{n^2} = \frac{\sigma^2}{n} \end{aligned} \tag{5.56}$$

> **●互いに独立に同一の分布に従う確率変数の平均の期待値と分散**
> n 個の確率変数 $X_1, X_2, \ldots, X_n$ が互いに独立に期待値 μ, 分散 σ^2 の同一の確率分布に従うとき,
> $$E(\bar{X}) = \mu, \quad V(\bar{X}) = \sigma^2/n.$$

例題 5.3
10 個の確率変数 $X_1, X_2, \ldots, X_{10}$ が互いに独立に期待値 30, 分散 90 の同一の確率分布に従うとき, 以下の問いに答えよ.
 (1) $E(\bar{X})$ を求めよ.
 (2) $V(\bar{X})$ を求めよ.

解答
 (1) $E(\bar{X}) = 30$
 (2) $V(X) = 90/10 = 9$

練習問題
5.1 あるスーパーマーケットでは, 食品売場で試食した顧客の 3 割がその商品を購買することがわかっているとする. 試食した顧客が商品を購買するとき $X = 1$, 購買しないとき $X = 0$ とすると, X の期待値と分散を求めよ.

5.2 あるコンビニエンスストアの 1 日あたりの売上金額の期待値は 50 万円, 分散は 100 万円であり, 1 日あたりの売上金額は互いに独立であるとする. このとき, 10 日間の売上金額の平均の期待値と分散を求めよ.

第6章
確率分布

● 6.1 代表的な離散型の確率分布
6.1.1 ベルヌーイ分布

　離散型の確率分布の中で最も単純なものが**ベルヌーイ分布** (Bernoulli distribution) です．ベルヌーイ分布とは，とりうる値が 0 か 1 の確率分布であり，とりうる値が二値の試行を**ベルヌーイ試行** (Bernoulli trial) といいます．たとえば，コイン投げはベルヌーイ試行ということができ，コインの表が出るという現象はベルヌーイ分布に従うと考えることができます．また，ある世帯があるテレビ番組を見るかどうか，ある顧客はダイレクトメールに反応するかどうかといった現象は，とりうる値が二値のため，ベルヌーイ分布を仮定した分析が行われます．ベルヌーイ分布のパラメータは，成功確率 p で与えられます．確率変数 X が成功確率 p のベルヌーイ分布に従うとき，$X \sim Bern(p)$ と表します．ベルヌーイ分布の確率は

$$P(X = x) = p^x(1-p)^{1-x} \quad (x = 0, 1; \quad 0 \leq p \leq 1) \tag{6.1}$$

と表されます．このように，離散型の確率分布の確率を表す関数を**確率質量関数** (probability mass function: PMF)，または，**確率関数** (probability function) といいます．$X \sim Bern(0.3)$ のとき，X が 1 をとる確率は

$$\begin{aligned} P(X = 1) &= 0.3^1(1-0.3)^{1-1} \\ &= 0.3 \end{aligned} \tag{6.2}$$

となります．つまり，$P(X = 0) = 1 - p$，$P(X = 1) = p$ となります．

　成功確率 p のベルヌーイ分布に従う確率変数 X の期待値は

$$\begin{aligned} E(X) &= 0 \times (1-p) + 1 \times p \\ &= p \end{aligned} \tag{6.3}$$

と求めることができ（式 5.12 参照），分散は

$$\begin{aligned}V(X) &= (0-p)^2 \times (1-p) + (1-p)^2 \times p \\ &= p^2 - p^3 + p - 2p^2 + p^3 \\ &= p(1-p)\end{aligned} \tag{6.4}$$

と求めることができます (式 5.20 参照).

> ●ベルヌーイ分布の期待値と分散
>
> 確率変数 X が成功確率 p のベルヌーイ分布 $Bern(p)$ に従うとき,
>
> $$E(X) = p, \quad V(X) = p(1-p).$$

ベルヌーイ分布に関する R の関数

R には確率分布に関する様々な関数が用意されています.**乱数** (random number) とは,確率分布に従うランダムな値を発生させて得られる実現値です.ベルヌーイ分布に従う乱数をベルヌーイ乱数といい,関数 rbinom() により,ベルヌーイ乱数を発生させることができます.たとえば,成功確率 $p = 0.5$ のベルヌーイ乱数を 10 個発生させるには,引数として,n=10, size=1, prob=0.5 を指定し,次のように実行します.

```
> # p=0.5 のベルヌーイ乱数を 10 個発生
> rbinom(n=10, size=1, prob=0.5)
 [1] 1 1 1 0 1 1 1 1 1 0
```

上記の乱数では,1 が 8 個,0 が 2 個発生しましたが,コマンドを実行するたびに発生する乱数の値は異なります.

```
> # 上記と同じコマンドを実行
> rbinom(n=10, size=1, prob=0.5)
 [1] 0 0 1 0 1 1 0 0 0 1
```

また,引数の順番があっていれば,引数名を省略することができます.以下のコマンドは,上記と同じことを実行します.

```
> # 引数名を省略して上記と同じコマンドを実行
> rbinom(10, 1, 0.5)
 [1] 0 1 0 0 1 0 0 1 1 0
```

ベルヌーイ乱数を発生させるには，引数に size=1 と指定しますが，この値はベルヌーイ試行の回数を意味します．rbinom() は後述する二項分布の乱数も発生させることができます．

6.1.2　二項分布

二項分布（binomial distribution）とは，ベルヌーイ試行を n 回繰り返したときの成功回数を表す確率分布です．たとえば，コインを投げて表が出るという現象は成功確率 p のベルヌーイ分布に従うと仮定できるので，コインを n 回投げるときに表が出る回数は，試行回数 n，成功確率 p の二項分布に従うと考えることができます．確率変数 X が試行回数 n，成功確率 p のベルヌーイ分布に従うとき，$X \sim Binom(n, p)$ と表します．つまり，$Bern(p) = Binom(1, p)$ となります．二項分布の確率関数は

$$P(X = x) = \binom{n}{x} p^x (1-p)^{n-x} \quad (x = 0, 1, 2, \ldots, n; \quad 0 \leq p \leq 1) \tag{6.5}$$

と表されます．たとえば $X \sim Binom(5, 0.5)$ のとき，$P(X = 2)$ は

$$\begin{aligned} P(X = 2) &= \binom{5}{2} 0.5^2 (1 - 0.5)^{5-2} \\ &= \frac{5 \times 4}{2} \times 0.5^2 \times 0.5^3 \\ &= 0.3125 \end{aligned} \tag{6.6}$$

です．つまり，歪みのないコインを 5 回投げるとき，表が 2 回出る確率は 0.3125 といえます．

n 個の確率変数 $X_1, X_2, \ldots, X_n$ が成功確率 p のベルヌーイ分布に従うとき，それらの和 $Y = X_1 + X_2 + \cdots + X_n$ は，試行回数 n，成功確率 p の二項分布に従います．一方，$E(X) = p$，$V(X) = p(1-p)$ であるため，Y の期待値と分散は

$$\begin{aligned} E(Y) &= E(X_1 + X_2 + \cdots + X_n) \\ &= E(X_1) + E(X_2) + \cdots + E(X_n) \\ &= np \end{aligned} \tag{6.7}$$

$$\begin{aligned} V(Y) &= V(X_1 + X_2 + \cdots + X_n) \\ &= V(X_1) + V(X_2) + \cdots + V(X_n) \\ &= np(1-p) \end{aligned} \tag{6.8}$$

となります(5.5 節参照).したがって,二項分布の期待値は np,分散は $np(1-p)$ となります.

> ●**二項分布の期待値と分散**
>
> 確率変数 X が試行回数 n,成功確率 p の二項分布 $Binom(n,p)$ に従うとき,
>
> $$E(X) = np, \quad V(X) = np(1-p).$$

二項分布に関する R の関数

関数 rbinom() の引数 size に試行回数を指定することにより,二項乱数を発生させることができます.たとえば,試行回数 $n = 5$,成功確率 $p = 0.5$ の二項乱数を 10 個発生させるには,次のコマンドを実行します.

```
> # n=5, p=0.5 の二項乱数を 10 個発生
> rbinom(n=10, size=5, prob=0.5)
 [1] 4 3 3 0 3 2 3 3 2 4
```

離散型の確率分布における確率は,確率関数から求めることができますが,二項分布の確率は,関数 dbinom() により,容易に求めることができます.たとえば,試行回数 $n = 5$,成功確率 $p = 0.5$ の二項分布において,$P(X = 2)$ は次のように求めることができます.

```
> # n=5, p=0.5 の二項分布において 2 をとる確率
> dbinom(x=2, size=5, prob=0.5)
[1] 0.3125
```

plot() と dbinom() を同時に用いることにより,確率関数をグラフで表せます.図 6.1 は,次のコマンド[*1]を実行したものであり,試行回数 $n = 5$,成功確率 $p = 0.5$ の二項分布の確率関数を表します.

[*1] 引数の type は散布図上の点をどう表すかを指定するものであり,type="b" と指定することにより,点を線でつなぎ,かつ,丸で表します.

```
> # n=5, p=0.5 の二項分布の確率関数
> x <- 0:5
> plot(x, dbinom(x, size=5, prob=0.5), type="b")
```

ここで,「:」は連続する自然数を返すコマンドであり,x<-0:5 を実行することにより,x に 0 から 5 の自然数の値 0, 1, 2, . . . , 5 を代入します.2 と 3 の値をとる確率が最も高く,次に 1 と 4 の値をとる確率が高く,0 と 5 の値をとる確率が最も低いということがわかります.つまり,このグラフから,歪みのないコインを 5 回投げて,すべて表または裏が出る確率は 0.05 よりも小さいということがわかります.

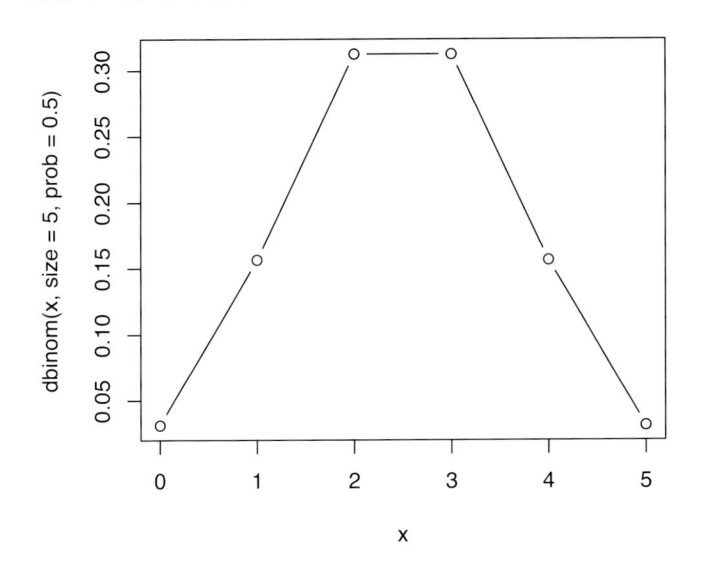

図 6.1 二項分布 $Binom(5, 0.5)$ の確率関数

今,二項分布の n を大きくすることを考えてみましょう.図 6.2 は試行回数 $n = 1000$,成功確率 $p = 0.5$ の二項分布の確率関数を表したもので,次のコマンド[*2]を実行した結果です.

```
> # n=1,000, p=0.5 の二項分布の確率関数
> x <- 450:550
> plot(x, dbinom(x, size=1000, prob=0.5), type="l")
```

確率関数が非常に滑らかになっており,正規分布に近い形状になっていることがわ

[*2] plot() の引数として,type="l" と指定すると,散布図上の点を線でつなぎます.

かります．実は二項分布は，試行回数 n が十分に大きいとき，平均 np, 分散 $np(1-p)$ の正規分布に近似できることが知られています．

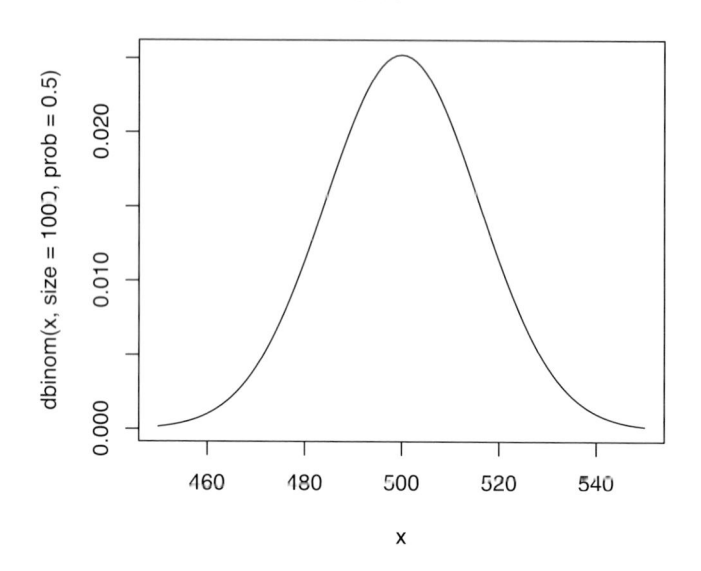

図 6.2　二項分布 $Binom(1000, 0.5)$ の確率関数

6.1.3　ポアソン分布

ポアソン分布（Poisson distribution）は，0以上の自然数の値をとりうる離散型の確率分布です．ある交差点で一定期間内に事故が起こる回数や，ある顧客が一定期間内に自社の Web サイトを訪れる回数などは，ポアソン分布に従うと仮定できます．ポアソン分布の確率関数は

$$P(X = x) = e^{-\lambda}\frac{\lambda^x}{x!} \quad (x = 0, 1, 2, \ldots; \quad \lambda > 0) \tag{6.9}$$

と表されます．ポアソン分布のパラメータは λ のみです．ポアソン分布の期待値と分散は，ともに λ であることが知られています．確率変数 X が期待値 λ のポアソン分布に従うとき，$X \sim Pois(\lambda)$ と表します．たとえば，$X \sim Pois(4)$ のとき，$X = 3$ の確率は

$$P(X = x) = e^{-4}\frac{4^3}{3 \times 2}$$
$$\approx 0.195 \tag{6.10}$$

です．

> **●ポアソン分布の期待値と分散**
>
> 確率変数 X が平均 λ のポアソン分布 $Pois(\lambda)$ に従うとき，
>
> $$E(X) = \lambda, \quad V(X) = \lambda.$$

ポアソン分布に関するRの関数

ポアソン分布の確率は，関数 dpois() により求めることができます．図 6.3 は λ が 1，5，10 のときの確率関数を同時に表しています．分布の峰が一番左にあるのが $\lambda = 1$，真ん中にあるのが $\lambda = 5$，一番右にあるのが $\lambda = 10$ です．

ポアソン分布は，λ の値が小さいときは右に歪んだ形をしますが，λ の値が大きくなるにつれ左右対称に近づきます．λ が十分に大きいとき，平均 λ，分散 λ の正規分布に近似できることが知られています．また，二項分布は，パラメータの積 np を一定にしながら，n を十分に大きくすると（つまり，p は十分に小さくなると），期待値 np，分散 np のポアソン分布に近似できることが知られています．

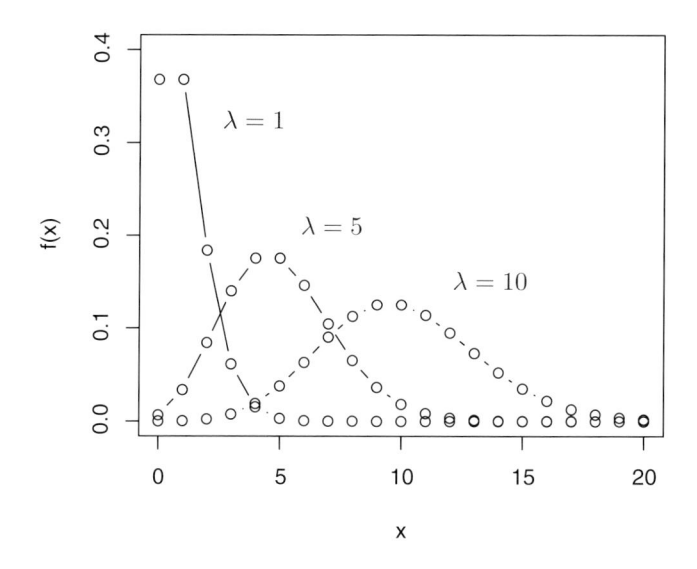

図 6.3 ポアソン分布の確率関数

6.2 代表的な連続型の確率分布
6.2.1 一様分布

連続型の確率分布の中で最も単純なものが**一様分布**（uniform distribution）です．一様分布は，ある範囲における確率密度がすべて等しい確率分布です．確率変数 X が範囲 (a, b) の一様分布に従うとき，$X \sim Unif(a, b)$ と表します．一様分布の確率密度関数は

$$f(x) = \frac{1}{b-a} \quad (a \leq x \leq b) \tag{6.11}$$

と表されます．a, b がどのような値であっても確率密度 $f(x)$ は定数であるため，範囲内では確率密度が一定となります．

● **一様分布の期待値と分散**

確率変数 X が範囲 (a, b) の一様分布 $Unif(a, b)$ に従うとき，

$$E(X) = \frac{b+a}{2}, \quad V(X) = \frac{(b-a)^2}{12}.$$

一様分布に関する R の関数

一様分布の確率密度は関数 dunif() で求めることができます．曲線を描く関数 curve() を合わせて用いることにより，確率密度関数を描くことができます．図 6.4 は，範囲 $(0, 1)$ の一様分布の確率密度関数であり，次のコマンドを実行した結果得られたものです．

```
> curve(dunif(x, min=0, max=1), from=0, to=1, type="l")
```

一様乱数を発生させる関数は runif()[*3] です．たとえば，範囲 $(0, 1)$ の一様乱数を 10 個発生させるには，次のコマンドを実行します．

```
> # 範囲 (0,1) の一様乱数を 10 個発生
> runif(n=10, min=0, max=1)
 [1] 0.9612546 0.4210060 0.3930453 0.8719682 0.8836109
 [6] 0.6463254 0.9495815 0.4250812 0.7327485 0.6092015
```

[*3] 範囲を指定しない場合，範囲 $(0, 1)$ の一様乱数を発生させます．つまり，runif(10) を実行すると，範囲 $(0, 1)$ の一様乱数を 10 個発生させることができます．

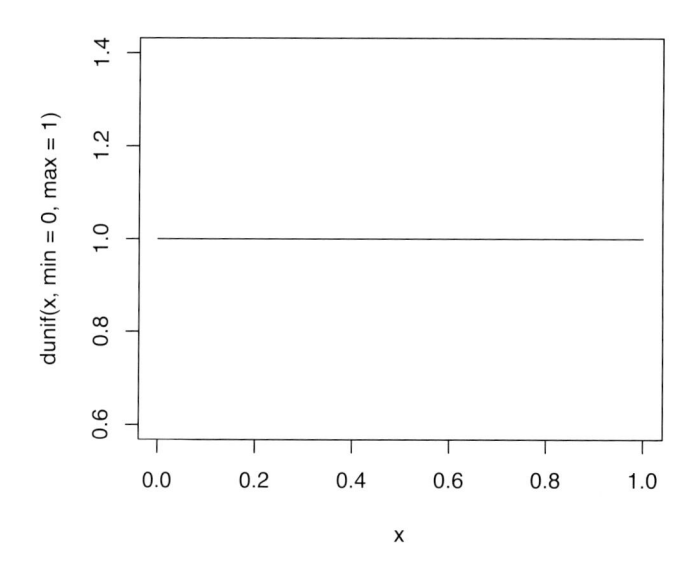

図 6.4　一様分布 $Unif(0,1)$ の確率密度関数

確率分布において，ある値以下の値をとる確率を**下側確率**（lower-tail probability）といい，ある値以上の値をとる確率を**上側確率**（upper-tail probability）といいます．反対に，下側確率または上側確率がある値となるような値を**パーセント点**（percent point）といいます．とくに，下側確率が α となる値を下側確率 α のパーセント点，上側確率が α となる値を上側確率 α のパーセント点といいます．R には，代表的な確率分布の下側確率とパーセント点を求める関数が用意されています．

範囲 $(0,1)$ の一様分布では，ある値 c より小さい値をとる確率は $P(X<c)=c$ です．たとえば，0.7 より小さい値をとる確率は 0.7 となります．このことは，一様分布の下側確率を求める関数 punif() とパーセント点を求める関数 qunif() を用いて，次のように確認できます．

```
> # 範囲 (0,1) の一様分布において 0.7 より小さい値をとる確率
> punif(q=0.7, min=0, max=1)
[1] 0.7
>
> # 範囲 (0,1) の一様分布において下側確率 0.7 のパーセント点
> qunif(p=0.7, min=0, max=1)
[1] 0.7
```

6.2.2 正規分布

正規分布 (normal distribution) は，統計データ分析において最もよく用いられる確率分布であり，後述する推定と仮説検定において中心的な役割を果たします．また，我々の周りには，試験の点数の分布や身長の分布など，正規分布で表現できる現象が多数存在します．正規分布は平均と分散を表すパラメータ μ，σ^2 を持ち，確率変数 X が平均 μ，分散 σ^2 の正規分布に従うとき，$X \sim N(\mu, \sigma^2)$ と表します．正規分布の確率密度関数は

$$f(x) = \frac{1}{\sqrt{2\pi\sigma^2}} \exp\left\{-\frac{(x-\mu)^2}{2\sigma^2}\right\} \quad (6.12)$$

と表されます．正規分布の確率密度関数は，平均を中心とした左右対称の釣鐘型の形をしています．とくに，平均0，分散1の正規分布 $N(0,1)$ を**標準正規分布** (standard normal distribution) といい，X が正規分布 $N(\mu, \sigma^2)$ に従うとき，X の標準化変数について，

$$Z = \frac{X - \mu}{\sigma} \sim N(0,1) \quad (6.13)$$

が成り立つことが知られています．

● **正規分布の期待値と分散**

確率変数 X が平均 μ，分散 σ^2 の正規分布 $N(\mu, \sigma^2)$ に従うとき，

$$E(X) = \mu, \quad V(X) = \sigma^2.$$

後述する推定や仮説検定において，正規分布における確率やパーセント点は重要な役割を果たし，それらを求めるには，正規分布表を用いる方法と R の関数を用いる方法があります．本書巻末の正規分布表は，次のように用います．

● **正規分布表の読み方**

付表 1 の正規分布表は，標準正規分布の上側確率 α を示します．たとえば，標準正規分布において，1.96 より大きい値をとる確率は，上から 20 行目左から 7 列目の値であり，0.024998 (≈ 0.025) であることがわかります．

標準正規分布の上側確率 α のパーセント点を z_α と書きます．たとえば，標準正規分布において，上側確率 0.025 のパーセント点は 1.96 であるため，$z_{0.025} = 1.96$

と書くことができます．また，標準正規分布は 0 を中心として左右対称であるため，$z_{1-\alpha} = -z_\alpha$ となります（図 6.5）．

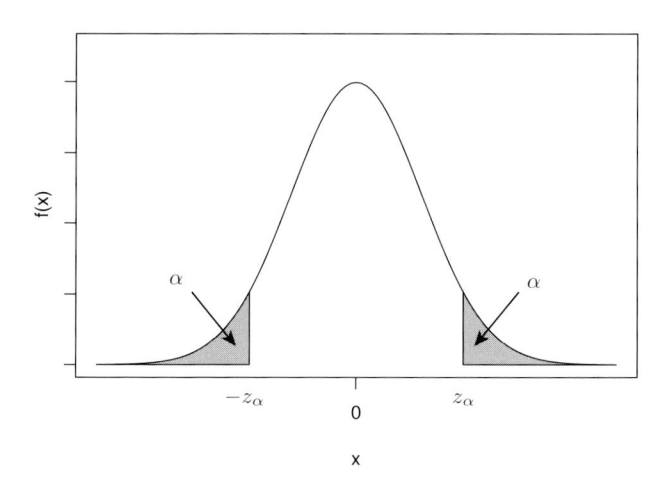

図 6.5 標準正規分布のパーセント点

正規分布表から，標準正規分布に従う確率変数 Z が 2 より大きい値をとる確率 $P(Z > 2)$ は 0.02275 であることがわかります．反対に，2 より小さい値をとる確率は，1 から 2 より大きい値をとる確率を引けばよいため，

$$P(Z < 2) = 1 - P(Z > 2) = 1 - 0.02275 = 0.97725 \tag{6.14}$$

と求めることができます．また，標準正規分布は 0 を中心として左右対称であるため，$P(Z > a) = P(Z < -a)$ が成り立ち，

$$P(Z < -2) = P(Z > 2) = 0.02275 \tag{6.15}$$

となります．

Z が a より大きく b より小さい値をとる確率は，b より小さい値をとる確率から a より小さい値をとる確率を引けばよいため，

$$P(a < Z < b) = P(Z < b) - P(Z < a) \tag{6.16}$$

と求めることができます．正規分布に従う確率変数は，標準化を行うことにより，標準正規分布に従います．したがって，正規分布 $N(\mu, \sigma^2)$ に従う確率変数 X について，a より大きく b より小さい値をとる確率 $P(a < X < b)$ は

$$P(a < X < b) = P\left(\frac{a-\mu}{\sigma} < Z < \frac{b-\mu}{\sigma}\right)$$
$$= P\left(Z < \frac{b-\mu}{\sigma}\right) - P\left(Z < \frac{a-\mu}{\sigma}\right) \quad (6.17)$$

と書くことができ，この確率は正規分布表から求めることができます．

例題 6.1
確率変数 Z は標準正規分布に従うとして，以下の問いに答えよ．
(1) Z が -2 より小さい値をとる確率を求めよ．
(2) Z が -2 より大きく 1 より小さい値をとる確率を求めよ．
(3) Z が a より大きい値をとる確率が 0.05 となるような a の値を求めよ．

解答
(1) $P(Z < -2) = P(Z > 2) = 0.02$.
(2)
$$P(-2 < Z < 1) = P(Z < 1) - P(Z < -2)$$
$$= 0.84 - 0.02$$
$$= 0.82$$

(3) 正規分布表より，$a = 1.64$.

例題 6.2
確率変数 X は正規分布 $N(8, 4)$ に従うとして，以下の問いに答えよ．
(1) X が 7 より小さい値をとる確率を求めよ．
(2) X が 6 より大きく 9 より小さい値をとる確率を求めよ．

解答
(1)
$$P(X < 7) = P\left(Z < \frac{7-8}{\sqrt{4}}\right)$$
$$= P(Z < -0.5)$$
$$= P(Z > 0.5)$$
$$= 0.31$$

(2)
$$\begin{aligned}
P(6 < X < 9) &= P\left(\frac{6-8}{\sqrt{4}} < Z < \frac{9-8}{\sqrt{4}}\right) \\
&= P(-1 < Z < 0.5) \\
&= P(Z < 0.5) - P(Z < -1) \\
&= 0.69 - 0.16 \\
&= 0.53
\end{aligned}$$

同じ種類の分布に従う確率変数の和の分布がその種類の分布に従うという性質を**再生性**といい，そのような分布を**再生的**（reproductive）といいます．正規分布は再生的な確率分布であるため，正規分布に従う 2 つの確率変数の和も正規分布に従います．その他の確率分布では，二項分布やポアソン分布などが再生的です．これらの確率分布に従う確率変数の和の分布は，次のようになることが知られています．

● **再生的な確率分布**

(a) 二項分布

$X \sim Binom(n_1, p)$, $Y \sim Binom(n_2, p)$ のとき，
$$X + Y \sim Binom(n_1 + n_2, p).$$

(b) ポアソン分布

$X \sim Pois(\lambda_1)$, $Y \sim Pois(\lambda_2)$ のとき，
$$X + Y \sim Pois(\lambda_1 + \lambda_2).$$

(c) 正規分布

$X \sim N(\mu_1, \sigma_1^2)$, $Y \sim N(\mu_2, \sigma_2^2)$ のとき，
$$X + Y \sim N(\mu_1 + \mu_2, \sigma_1^2 + \sigma_2^2).$$

とくに，n 個の同一な正規分布に従う確率変数の和と平均の分布は，次のように書くことができます．

● **正規分布の再生性**

n 個の確率変数 $X_1, X_2, \ldots, X_n$ が互いに独立に同一の正規分布 $N(\mu, \sigma^2)$ に従うとき，

$$\sum_{i=1}^{n} X_i \sim N(n\mu, n\sigma^2), \quad \bar{X} \sim N(\mu, \sigma^2/n).$$

正規分布に関するRの関数

正規分布の確率密度は，関数 dnorm() を用いて求めることができ，引数 mean で平均，sd で標準偏差を指定します．通常，正規分布の特徴を表すとき，平均 μ と分散 σ^2 を用いますが，dnorm() では，分散ではなく標準偏差を指定することに注意が必要です．図 6.6 は，$N(0,1)$，$N(2,1)$，$N(0,4)$ の正規分布の確率密度関数を同時に表したものです．

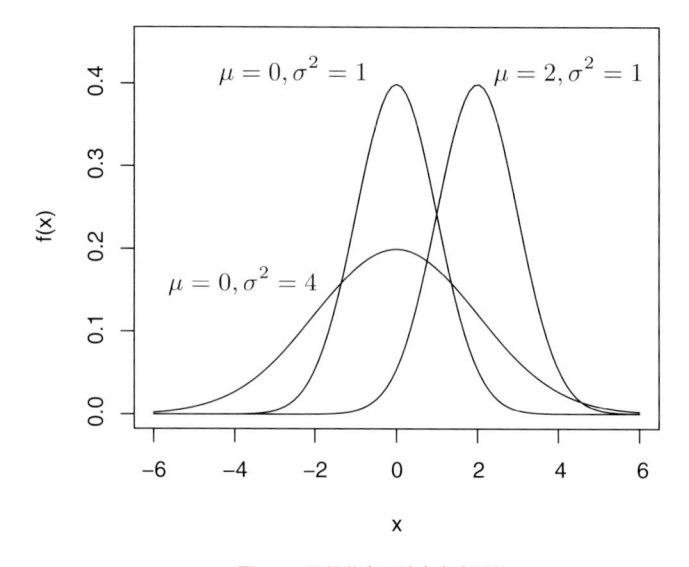

図 6.6　正規分布の確率密度関数

正規分布の確率密度関数は，平均が大きくなれば分布の中心が右に移動し，反対に小さくなれば左に移動します．また，分散が大きくなれば，分布のすそ野が広がります．

正規分布の下側確率は関数 pnorm() を用いて求めることができます[*4]．たとえば，標準正規分布において，2 より小さい値をとる確率は次のように求めることができます．

[*4] pnorm() の引数として，lower.tail=F と指定すると，上側確率を返します．

```
> # 標準正規分布において 2 より小さい値をとる確率
> pnorm(q=2, mean=0, sd=1)
[1] 0.9772499
```

正規分布のパーセント点は，関数 qnorm() を用いて求めることができます．たとえば，標準正規分布において，下側確率が 0.95 となるようなパーセント点は次のように求めることができます．

```
> # 標準正規分布において下側確率 0.95 のパーセント点
> qnorm(p=0.95, mean=0, sd=1)
[1] 1.644854
```

正規分布に従う乱数を**正規乱数**といいます．正規乱数を発生させる関数は rnorm() です．次のコマンドは，標準正規分布 $N(0,1)$ に従う正規乱数を 10,000 個発生させ，そのヒストグラムを作成するものであり，図 6.7 はその結果得られたものです．

```
> # 標準正規乱数 10,000 個のヒストグラム
> hist(rnorm(n=10000, mean=0, sd=1))
```

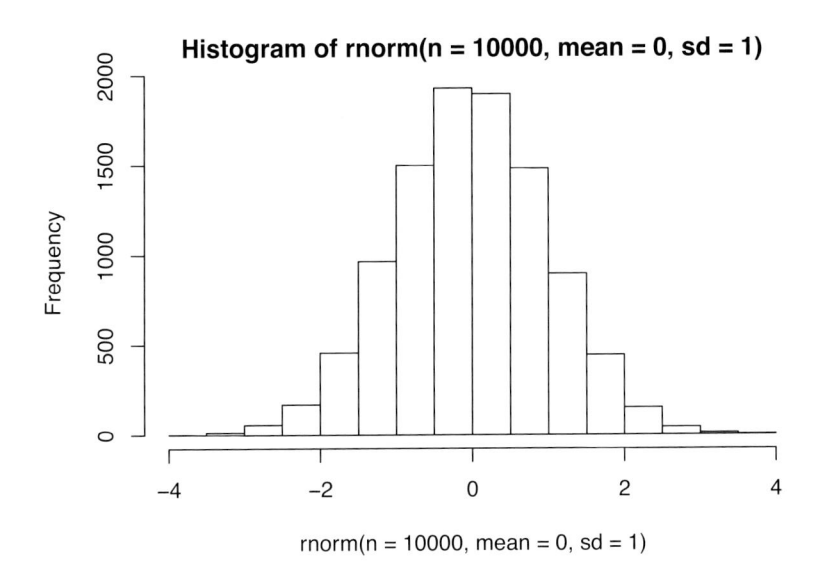

図 6.7　正規乱数のヒストグラム

正規乱数は正規分布の確率密度関数に基づいて発生されるため，多数の正規乱数をヒストグラムで表すと，正規分布の確率密度関数と同じ形になります．

6.3　正規分布から導出される確率分布

　本節では，正規分布から導出される χ^2 分布，t 分布，F 分布を紹介します．これらの確率分布は，後述する正規分布に従う母集団を推測する上で欠かすことのできない確率分布です．

6.3.1　χ^2 分布

　確率変数 Z が標準正規分布に従うとき，Z^2 が従う確率分布を自由度 1 の **χ^2 分布**（カイ二乗分布と読む）といいます．さらに，$Z_1, Z_2, \ldots, Z_n$ が互いに独立に標準正規分布に従うとき，それらの二乗和を

$$\chi^2 = Z_1^2 + Z_2^2 + \cdots + Z_n^2 \tag{6.18}$$

とすると，χ^2 は自由度 n の χ^2 分布に従い，$\chi^2 \sim \chi^2(n)$ と表します．χ^2 分布は，自由度とよばれるパラメータ n のみを持ちます．自由度が 1，5，10 の χ^2 分布の確率密度関数は，図 6.8 のようになります．

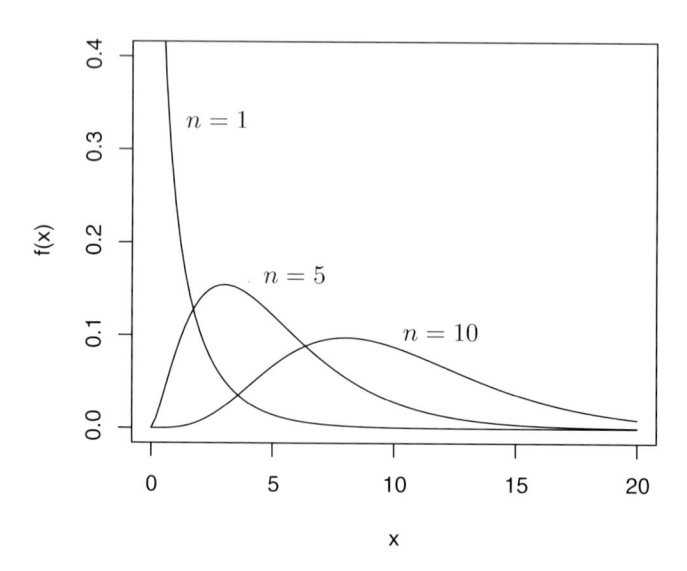

図 6.8　χ^2 分布の確率密度関数

確率変数 X, Y が互いに独立に，$X \sim \chi^2(m)$, $Y \sim \chi^2(n)$ であるとき，

$$X + Y \sim \chi^2(m+n) \tag{6.19}$$

が成り立ちます．つまり，χ^2 分布の自由度は，独立な標準正規分布の二乗をいくつ加えたかを意味しており，χ^2 分布は再生的な確率分布といえます（p.79 参照）．

> ● χ^2 分布表の読み方
>
> 付表 3 の χ^2 分布表は，χ^2 分布の上側確率 α のパーセント点を示します．たとえば，自由度 5 の χ^2 分布において，上側確率 0.05 のパーセント点は，上から 5 行目右から 5 列目の値であり，11.070 であることがわかります．

自由度 n の χ^2 分布の上側確率 α のパーセント点を $\chi^2_\alpha(n)$ と書きます．たとえば，$\chi^2_{0.05}(5) = 11.070$ となります．

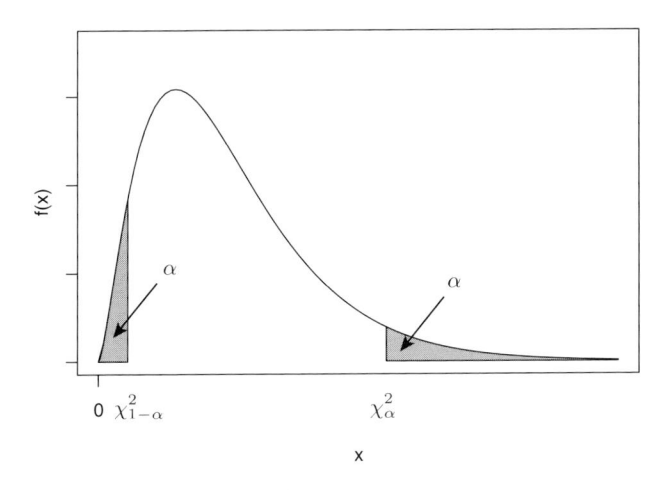

図 6.9　χ^2 分布のパーセント点

χ^2 分布に関する R の関数

χ^2 分布において，下側確率を求める関数は pchisq()，下側確率のパーセント点を求める関数は qchisq() であり，引数 df により自由度を指定します．自由度 5 の χ^2 分布に従う確率変数 X について，$P(X > 11.070) = 0.05$ より，$P(X < 11.070) = 0.95$ が成り立ちます．このことは，次のコマンドにより確認できます．

```
> # 自由度 5 のカイ二乗分布において 11.070 より小さい値をとる確率
> pchisq(q=11.070, df=5)
[1] 0.9499904
>
> # 自由度 5 のカイ二乗分布において下側確率 0.95 のパーセント点
> qchisq(p=0.95, df=5)
[1] 11.0705
```

χ^2 分布表では，求めることができるパーセント点が，上側確率が 0.995 や 0.001 などの場合に限られており，上側確率が 0.25 となるようなパーセント点は求めることができません．R の関数を用いれば，すべての確率に対するパーセント点を求めることができます．

例題 6.3
確率変数 X が自由度 15 の χ^2 分布に従うとき，X が a より小さい値をとる確率が 0.025 となるような a の値を求めよ．

解答
χ^2 分布表より，自由度 15 の χ^2 分布において下側確率が 0.025 となる値 $\chi^2_{1-0.025}(15) = \chi^2_{0.975}(15) = 6.26$．よって，$a = 6.26$．

6.3.2 t 分布

確率変数 Z，X が互いに独立に，$Z \sim N(0,1)$，$X \sim \chi^2(n)$ であるとき，

$$t = \frac{Z}{\sqrt{X/n}} \tag{6.20}$$

とすると，t が従う確率分布を自由度 n の **t 分布**といい，$t \sim t(n)$ と表します[*5]．t 分布も χ^2 分布と同様，自由度 n をパラメータに持ちます．

t 分布の確率密度関数の形状は，標準正規分布と非常に似ており，0 を中心とする左右対称です．標準正規分布と比べると，t 分布は頂点が低く，すそ野が長いのが特徴です．t 分布は自由度 n が無限大のとき，標準正規分布と一致することが知られています．自由度が 1, 5, 50 の t 分布の確率密度関数は，図 6.10 のようになります．

[*5] t は小文字で表されていますが，確率変数です．

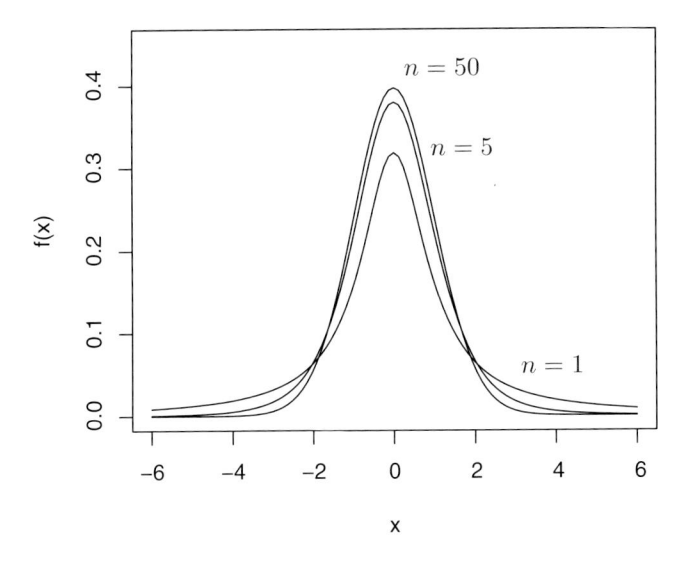

図 6.10　t 分布の確率密度関数

> ● t 分布表の読み方
>
> 付表 2 の t 分布表は，t 分布の上側確率 α のパーセント点を示します．たとえば，自由度 5 の t 分布において，上側確率 0.025 のパーセント点は，上から 5 行目右から 4 列目の値であり，2.571 であることがわかります．

自由度 n の t 分布の上側確率 α のパーセント点を $t_\alpha(n)$ と書きます．たとえば，$t_{0.025}(5) = 2.571$ となります．t 分布も標準正規分布と同様に，0 を中心として左右対称であるため，$t_{1-\alpha}(n) = -t_\alpha(n)$ となります（図 6.11）．

例題 6.4
確率変数 X が自由度 3 の t 分布に従うとき，X が a より小さい値をとる確率が 0.01 となるような a の値を求めよ．

解答
t 分布は 0 を中心とする左右対称な分布であるため，$t_{1-0.01}(3) = -t_{0.01}(3)$．$t$ 分布表より，自由度 3 の t 分布において上側確率が 0.01 となる値 $t_{0.01}(3) = 4.54$．よって，$a = -4.54$．

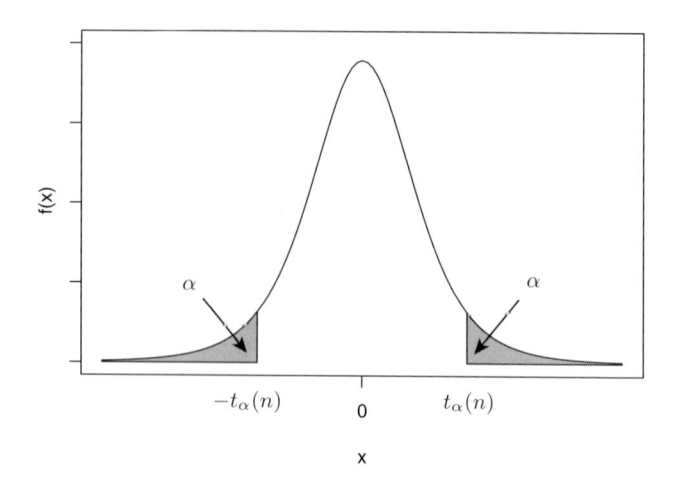

図 6.11 　t 分布のパーセント点

t 分布に関する R の関数

t 分布において，下側確率を求める関数は pt()，パーセント点を求める関数は qt() であり，χ^2 分布のときと同様に，引数 df により自由度を指定します．自由度 5 の t 分布に従う確率変数 X について，$P(X > 2.571) = 0.025$ より，$P(X < 2.571) = 0.975$ が成り立ちます．このことは，次のコマンドにより確認できます．

```
> # 自由度 5 の t 分布において 2.571 より小さい値をとる確率
> pt(q=2.571, df=5)
[1] 0.9750127
> 
> # 自由度 5 の t 分布において下側確率 0.975 のパーセント点
> qt(p=0.975, df=5)
[1] 2.570582
```

6.3.3 　F 分布

確率変数 X, Y が互いに独立に，$X \sim \chi^2(m)$, $Y \sim \chi^2(n)$ であるとき，

$$F = \frac{X/m}{Y/n} \tag{6.21}$$

とすると，F が従う確率分布を自由度 (m, n) の **F 分布**といい，$F \sim F(m, n)$ と表します．1 つ目の自由度は 5 で，2 つ目の自由度が 1, 5, 20 の F 分布の確率密度関数は，それぞれ図 6.12 のようになります．

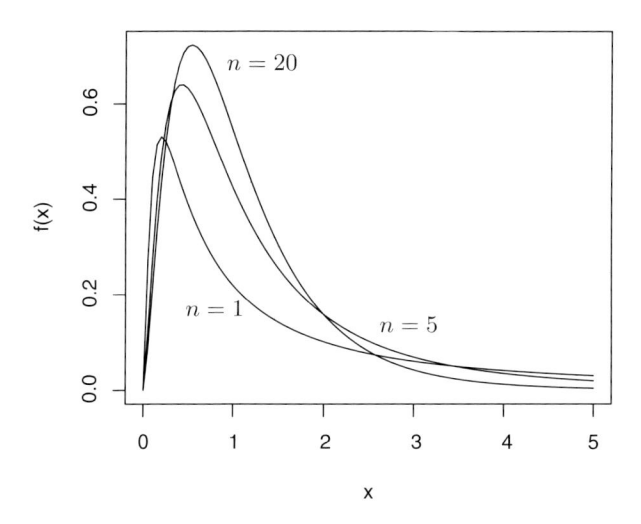

図 6.12　自由度 $(5, n)$ の F 分布の確率密度関数

反対に，2つ目の自由度は 5 で，1 つ目の自由度が 1，5，20 の F 分布の確率密度関数は，それぞれ図 6.13 のようになります．

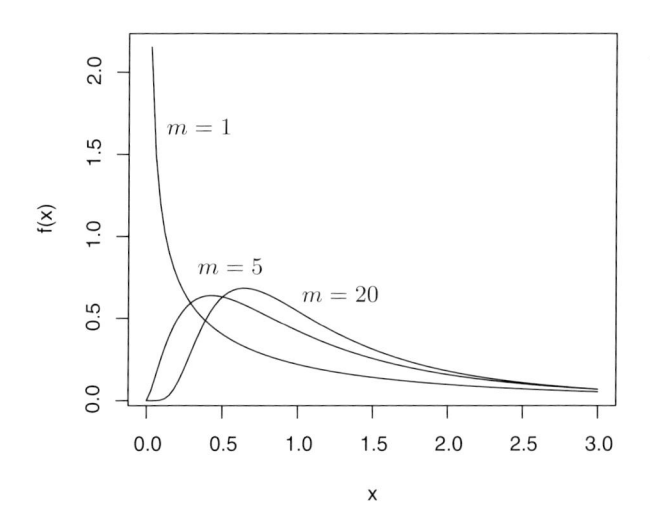

図 6.13　自由度 $(m, 5)$ の F 分布の確率密度関数

● F 分布表の読み方

付表 4 の F 分布表は，F 分布の上側確率 α のパーセント点を示します．たとえば，自由度 $(5,10)$ の F 分布において，上側確率 0.05 のパーセント点は，$\alpha = 0.05$ の表の上から 10 行目左から 5 列目の値であり，3.326 であることがわかります．

自由度 (m,n) の F 分布の上側確率 α のパーセント点を $F_\alpha(m,n)$ と書きます．たとえば，$F_{0.05}(5,10) = 3.326$ となります．

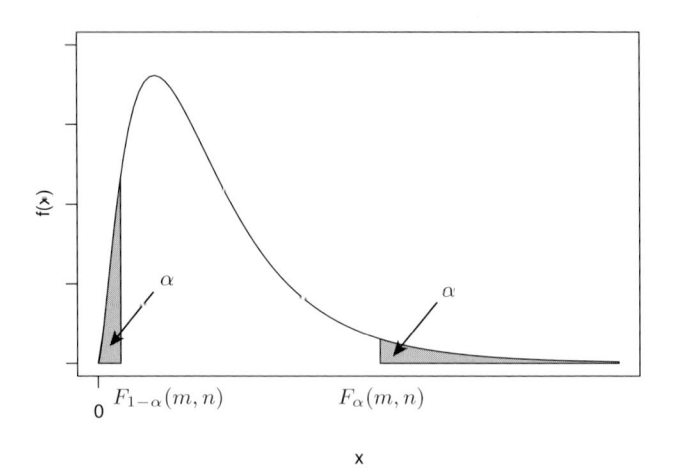

図 6.14　F 分布のパーセント点

F 分布表からは，上側確率 α が 0.05, 0.025, 0.01, 0.005 のパーセント点しか調べることができません．しかしながら，F 分布の特性を用いることにより，上側確率が $1-\alpha$ のパーセント点を求めることができます．

確率変数 F が自由度 (m,n) の F 分布に従うとき，

$$P(F < F_\alpha(m,n)) = 1 - \alpha \tag{6.22}$$

であるため，

$$P(1/F > 1/F_\alpha(m,n)) = 1 - \alpha \tag{6.23}$$

が成り立ちます．一方，式 6.21 の F 分布の定義より，$1/F$ は自由度 (n,m) の F 分布に従うため，

$$P(1/F > F_{1-\alpha}(n,m)) = 1 - \alpha \tag{6.24}$$

となります．したがって，式 6.23 および式 6.24 より，

$$F_{1-\alpha}(n,m) = \frac{1}{F_\alpha(m,n)} \tag{6.25}$$

が成り立ちます．

たとえば，自由度 $(10,5)$ の F 分布において，上側確率 0.95 のパーセント点 $F_{0.95}(10,5)$ は F 分布表からは調べることはできません．しかしながら，式 6.25 を用いることにより，

$$\begin{aligned}
F_{0.95}(10,5) &= F_{1-0.05}(10,5) \\
&= 1/F_{0.05}(5,10) \\
&= 1/3.326 \\
&= 0.301
\end{aligned} \tag{6.26}$$

と求めることができます．

例題 6.5
確率変数 X が自由度 $(4,8)$ の F 分布に従うとき，X が a より小さい値をとる確率が 0.025 となるような a の値を求めよ．

解答
$F_{1-0.025}(4,8) = 1/F_{0.025}(8,4)$．自由度 $(8,4)$ の F 分布において，上側確率が 0.025 となる値 $F_{0.025}(8,4) = 8.98$．よって，$a = 1/8.98 = 0.11$．

確率変数 Z と X は互いに独立に，$Z \sim N(0,1)$，$X \sim \chi^2(n)$ であるとき，式 6.20 の t 分布の定義より，

$$t = \frac{Z}{\sqrt{X/n}} \sim t(n) \tag{6.27}$$

となります．確率変数 Y は自由度 1 の χ^2 分布に従うとすると，t の二乗は

$$t^2 = \frac{Z^2}{X/n} = \frac{Y}{X/n} \tag{6.28}$$

と書くことができ，式 6.21 の F 分布の定義より，t^2 は自由度 $(1,n)$ の F 分布に従います．したがって，$X \sim t(n)$ のとき，$X^2 \sim F(1,n)$ となります．

F 分布に関する R の関数

F 分布において,下側確率を求める関数は pf(),パーセント点を求める関数は qf() です. F 分布は自由度を 2 つ持つため,引数 df1, df2 により自由度を指定します.自由度 $(5, 10)$ の F 分布に従う確率変数 X について,$P(X > 3.326) = 0.05$ より,$P(X < 3.326) = 0.95$ が成り立ちます.このことは,次のコマンドにより確認できます.

```
> # 自由度 (5,10) の F 分布において 3.326 より小さい値をとる確率
> pf(q=3.326, df1=5, df2=10)
[1] 0.9500067
>
> # 自由度 (5,10) の F 分布において下側確率 0.95 のパーセント点
> qf(p=0.95, df1=5, df2=10)
[1] 3.325835
```

本書で紹介した確率分布の関係は,図 6.15 のように書くことができます.また,本書で紹介した確率分布に関する R の関数は,表 6.1 のようにまとめられます.

表 6.1 本書で紹介した確率分布に関する R の関数

	確率	下側確率	パーセント点	乱数発生
二項分布	dbinom()	pbinom()	qbinom()	rbinom()
ポアソン分布	dpois()	ppois()	qpois()	rpois()
一様分布	dunif()	punif()	qunif()	runif()
正規分布	dnorm()	pnorm()	qnorm()	rnorm()
χ^2 分布	dchisq()	pchisq()	qchisq()	rchisq()
t 分布	dt()	pt()	qt()	rt()
F 分布	df()	pf()	qf()	rf()

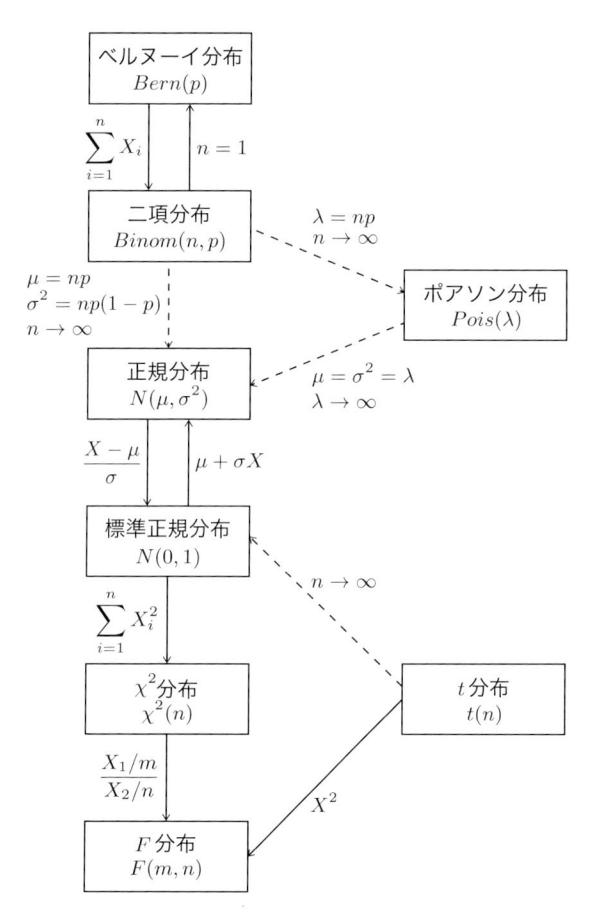

6.3 正規分布から導出される確率分布

```
          ┌──────────────┐
          │ ベルヌーイ分布 │
          │   Bern(p)    │
          └──────────────┘
           │ ↑
    ∑ᵢ₌₁ⁿ Xᵢ │ │ n = 1
           ↓ │
          ┌──────────────┐         λ = np
          │   二項分布    │ - - - -  n → ∞  - - ┐
          │  Binom(n,p)  │                      │
          └──────────────┘                      ↓
  μ = np    │                           ┌──────────────┐
  σ² = np(1-p)│                         │  ポアソン分布  │
  n → ∞    ↓                           │   Pois(λ)    │
          ┌──────────────┐              └──────────────┘
          │   正規分布    │  ← - - - -  μ = σ² = λ
          │  N(μ, σ²)    │              λ → ∞
          └──────────────┘
      (X-μ)/σ │ ↑ μ + σX
              ↓ │
          ┌──────────────┐
          │  標準正規分布  │ - - - - n → ∞ - - ┐
          │    N(0,1)    │                    │
          └──────────────┘                    ↓
   ∑ᵢ₌₁ⁿ Xᵢ² │                         ┌──────────────┐
              ↓                          │    t 分布    │
          ┌──────────────┐               │    t(n)     │
          │   χ² 分布    │               └──────────────┘
          │    χ²(n)    │                    ↑
          └──────────────┘                    │
   (X₁/m)/(X₂/n) │                            │ X²
              ↓                               │
          ┌──────────────┐                    │
          │    F 分布    │ ───────────────────┘
          │   F(m,n)    │
          └──────────────┘
```

図 6.15 直線の矢印は分布の変換を意味しており，点線の矢印は n が無限大のときの分布の近似を意味している

練習問題

6.1 あるコンビニエンスストアにおける顧客の 1 来店あたりの購買金額の分布は，平均 500，分散 10,000 の正規分布であることがわかっているとする．以下の問いに答えよ．
　(1) 1 来店あたりの購買金額が 600 円より高い人の割合を求めよ．
　(2) 1 来店あたりの購買金額が 400 円より高く 600 円より低い人の割合を求めよ．

6.2 R を用いて，以下の確率を求めよ．
　(1) 自由度 10 の χ^2 分布において，20 より大きい値をとる確率
　(2) 自由度 20 の t 分布において，-1 より小さい値をとる確率
　(3) 自由度 $(3,6)$ の F 分布において，5 より大きい値をとる確率

6.3 R を用いて，以下を実行せよ．
　(1) 平均 20，分散 100 の正規乱数を 1,000 個発生させ，そのヒストグラムを作成し，さらに，乱数の平均値と分散を計算せよ．
　(2) 平均 3 のポアソン乱数を 1,000 個発生させ，そのヒストグラムを作成し，さらに，乱数の平均値と分散を計算せよ．

第7章 大数の法則と中心極限定理

7.1 大数の法則
7.1.1 大数の法則とは

今,歪みのないコインがあり,それを何回か投げたときに表が出る割合について考えてみましょう.まず,コインを1回投げるとき,表が出る確率と裏が出る確率は,ともに50%です.次に,コインを投げる回数を増やした場合を考えてみましょう.多くの人は,投げる回数が多いほど表が出る割合は50%に近い値に近づくだろうと予想するはずです.

別の例として,プロ野球選手の打率について考えてみましょう.打率とは,安打数を打数で割った値であり,選手の打撃能力を評価する指標の1つです.ある選手の打撃能力を評価したいとき,シーズンが始まったばかりの打率とシーズン終了間際の打率では,どちらがその選手の真の能力を表しているでしょうか.多くの人は,より多くの打数に基づいて計算される打率の方が選手の真の能力を表すと考え,シーズン終了間際の打率と答えるでしょう.

実は,これら2つの例における直感が正しいことは数学的に証明されており,**大数の法則** (law of large numbers) とよばれる定理を用いて説明することができます.

コイン投げの例を確率を用いて考えてみましょう.歪みのないコインを投げて表が出るという現象は,成功確率 $p = 0.5$ のベルヌーイ分布に従うと考えることができます.このことを $X \sim Bern(0.5)$ と表しましょう.大数の法則は,試行回数 n が無限に大きくなるにつれ,$\bar{X} = (X_1 + X_2 + \cdots + X_n)/n$ のとる値が X の期待値 $E(X) = 0.5$ に限りなく集中することを保証します.

●**大数の法則**

n 個の確率変数 $X_1, X_2, \ldots, X_n$ が互いに独立に期待値 μ,分散 σ^2 の同一な確率分布に従うとする.このとき,

$$\bar{X} = \frac{X_1 + X_2 + \cdots + X_n}{n}$$

とすると,n が無限に大きくなるにつれ,ε がどんなに小さい(正の)数であっても,$P(|\bar{X} - \mu| \leq \varepsilon)$ が1に限りなく近づく.

大数の法則を別の言い方でいうと，n が無限に大きくなるにつれ，$\bar{X}$ が μ と離れた値をとる確率が 0 に近づくといえます（図 7.1）．つまり，n が十分に大きければ，$\bar{X}$ がとる値は μ とほぼ等しいと考えてよいということです．

図 7.1　n が大きくなるにつれ，$\bar{X}$ の分散が小さくなっていき，$\bar{X}$ が μ と離れた値をとる確率が小さくなっていく

7.1.2　大数の法則を証明するシミュレーション

実際にコイン投げを何千回，何万回も行えば大数の法則が正しいことを証明することができます．しかしながら，この方法は膨大な時間がかかってしまうため現実的ではありません．そこで，R を用いたシミュレーションにより，大数の法則を証明しましょう．

シミュレーションでは，乱数を用います．R は主要な確率分布から乱数を発生させることができます．R の乱数のようにコンピュータを用いて得られる乱数は，完全にランダムな乱数ではないため，**疑似乱数**とよばれます．ただし，気象予測のような膨大な数の乱数を用いるシミュレーションでない限り，完全にランダムな乱数と考えて問題ありません．

シミュレーションを行うにあたって，まず，シミュレーションの条件を設定します．n 個の確率変数 $X_1, X_2, \ldots, X_n$ が互いに独立に成功確率 $p = 0.5$ のベルヌーイ分布に従うとします．また，大数の法則における ε は，どんなに小さい数であっても構わないので，ここでは，$\varepsilon = 0.01$ とします．

シミュレーションでは，「成功確率 $p = 0.5$ のベルヌーイ分布から n 個の乱数を発生させ，乱数の平均値とベルヌーイ分布の期待値 $E(X) = 0.5$ との誤差が $\varepsilon = 0.01$ 以下かどうかを判定する」という手続きを多数回繰り返します．繰り返し回数が多ければ多いほど，より正確なシミュレーションを行うことができます．乱数の個数 n が大きくなるにつれ，乱数の平均値と期待値との差が 0.01 以下の割合が 1 に近づけば大数の法則が正しいということを証明できます．シミュレーションの手順は，次のようにまとめられます．

> ●大数の法則を証明するシミュレーションの流れ
> 1. シミュレーションの条件を設定
> 2. 以下の (1) から (3) のステップを k 回繰り返す（$i = 1, 2, \ldots, k$）
>   (1) 成功確率 p のベルヌーイ分布から n 個の乱数を発生
>   (2) 乱数の平均値 $\bar{x}_i$（1 の割合）を計算
>   (3) $|\bar{x}_i - p| \leq \varepsilon$ を満たせば 1，そうでなければ 0 を記録
> 3. $|\bar{x}_i - p| \leq \varepsilon$ を満たす割合を計算

シミュレーションに用いる R の関数

　大数の法則を証明するシミュレーションでは，乱数の平均値と期待値との差が ε 以下かどうかを判定するという手続きを何回も繰り返します．R はプログラミング言語であるため，このような繰り返しを容易に行うことができます．R で同じ手続きを何回も行いたいときは，関数 for() を用います．この関数では，引数に「変化させたい変数 in 範囲」を指定し，{ } の中で繰り返したいコマンドを指定します．たとえば，次のプログラムは，関数 for() を用いて 1 から 10 までの自然数を足した結果です．

```
> # x に 0 を代入
> x <- 0
>
> # 1 から 10 までの自然数を足す
> for (i in 1:10) {
+     x <- x+i
+ }
> x
[1] 55
```

　このプログラムでは，まず x に 0 を代入し，i を 1 から 10 まで変化させながら x と i を順に足していきます．したがって，x に代入される値が 1, 3, 6, ... と変化していき，最終的には，x に 1 から 10 までの自然数を足した値である 55 が代入されます．

　シミュレーションの流れの 2 (3) では，乱数の平均値の絶対値が ε 以下であれば 1 を記録し，そうでなければ 0 を記録するという手続きを行います．したがって，0 または 1 を代入するための変数をあらかじめ用意しておく必要があります．関数 numeric() は，すべての要素が 0 のベクトルを返す関数であり，引数にベクトルの要素数を指定します．次に示すのは，すべての要素が 0 で，要素数が 10 のベクトル

を返すコマンドです．

```
> numeric(10)
 [1] 0 0 0 0 0 0 0 0 0 0
```

ある条件によって異なる値を返したいときは，関数 ifelse() を用います．この関数では，引数に「条件，条件を満たすときに返す値，条件を満たさないときに返す値」を指定します．次に示すのは，標準正規分布に従う乱数を1個発生させ，乱数の値が0よりも大きければ1，そうでなければ0を返すプログラムです．

```
> # 標準正規分布に従う乱数を x に代入
> x <- rnorm(1)
> x
[1] 0.6320054
>
> # x が 0 より大きければ 1，そうでなければ 0 を返す
> ifelse(x>0, 1, 0)
[1] 1
```

上記の例では，乱数の値が 0.6320054 > 0 であるため，最後に1が返されています．乱数の値はコマンドを実行するたびに異なるため，最終的に返される値はコマンドを実行するたびに異なります．

大数の法則を証明するためのシミュレーションに話を戻しましょう．以下は，乱数の個数 $n = 100$，繰り返し数 $k = 1{,}000$ を条件とするシミュレーションに用いたプログラムです．

```
> # シミュレーションの条件の設定
> n <- 100     # 乱数の個数
> k <- 1000    # 繰り返し数
> p <- 0.5     # 成功確率
> e <- 0.01    # 誤差
>
> # 乱数の平均値を代入するための要素数 k のベクトルを用意
> result <- numeric(k)
>
> # (1) から (3) のステップを k 回繰り返す
> for (i in 1:k) {
+   # 成功確率 p のベルヌーイ乱数を n 個発生
+   x <- rbinom(n, 1, p)
+
```

```
+   # 乱数の平均値を計算
+   x.bar <- mean(x)
+
+   # 条件を満たせば1, そうでなければ0を記録
+   result[i] <- ifelse(abs(x.bar-p)<=e, 1, 0)
+   }
>
> # 条件を満たす割合を計算
> mean(result)
[1] 0.082
```

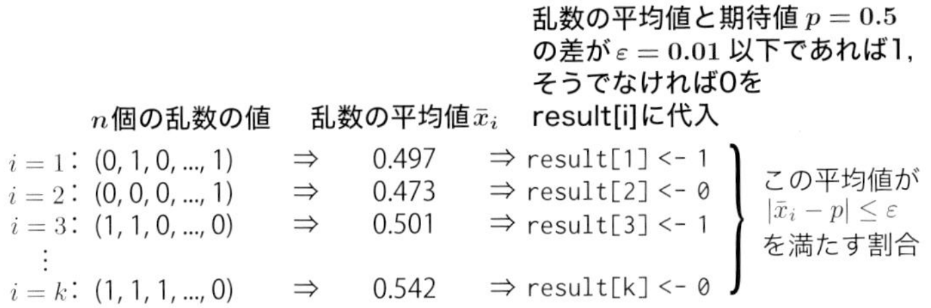

	n個の乱数の値		乱数の平均値$\bar{x}_i$		乱数の平均値と期待値 $p=0.5$ の差が $\varepsilon=0.01$ 以下であれば1, そうでなければ0を result[i]に代入
$i=1$:	$(0, 1, 0, ..., 1)$	$\Rightarrow$	0.497	$\Rightarrow$	result[1] <- 1
$i=2$:	$(0, 0, 0, ..., 1)$	$\Rightarrow$	0.473	$\Rightarrow$	result[2] <- 0
$i=3$:	$(1, 1, 0, ..., 0)$	$\Rightarrow$	0.501	$\Rightarrow$	result[3] <- 1
$\vdots$					
$i=k$:	$(1, 1, 1, ..., 0)$	$\Rightarrow$	0.542	$\Rightarrow$	result[k] <- 0

この平均値が $|\bar{x}_i - p| \leq \varepsilon$ を満たす割合

図 7.2 大数の法則を証明するシミュレーション

シミュレーションの結果得られた 0.082 という値は，ベルヌーイ乱数を 100 個発生させ，得られた乱数の平均値を求めるという手続きを 1,000 回繰り返したところ，乱数の平均値と期待値 $E(X)=0.5$ との差が 0.01 以下になったのは 1,000 回中 82 回だったということを意味しています．プログラム内の「シミュレーションの条件の設定」において，n<-500 に修正し，他の部分をそのままにして実行すれば，$n=500$ の場合のシミュレーションを実行できます．表 7.1 は，n を $100 \to 500 \to 1{,}000 \to 5{,}000 \to 10{,}000 \to 50{,}000$ と変化させてシミュレーションを行った結果をまとめたものです．

表 7.1 大数の法則を証明するシミュレーションの結果

乱数の個数 n	100	500	1,000	5,000	10,000	50,000
$\|\bar{x}_i - 0.5\| \leq 0.01$ の割合	0.082	0.316	0.433	0.817	0.955	1

n が大きくなるにつれ，$|\bar{x}_i - 0.5| \leq 0.01$ を満たす割合が大きくなり，$n=50{,}000$ のときに1となりました．乱数は毎回違った値を発生させるため，まったく同じプログラムを用いても，得られる結果は毎回異なります．しかしながら，n が大きくなるにつれ，$|\bar{x}_i - 0.5| \leq 0.01$ を満たす割合が1に近づくという傾向は変わりません．

今回，$\varepsilon = 0.01$ としましたが，ε の値はどんなに小さい値であってもかまいません．また，今回のシミュレーションでは，ベルヌーイ分布に従う確率変数を想定しましたが，大数の法則はいかなる確率分布にも適用できます．

7.2 中心極限定理

7.2.1 中心極限定理とは

大数の法則は，n が十分に大きければ，ある確率変数の平均はその確率変数の期待値とほぼ等しい値をとることを保証するものでした．しかしながら，大数の法則は，確率変数の平均の分布がどのような分布であるかについては言及していません．**中心極限定理**（central limit theorem）は，確率変数 X がどのような分布に従っていても，n が十分に大きければ，確率変数の平均 $\bar{X}$ の分布は正規分布に近似できるということを保証するものです．

> ●**中心極限定理**
>
> n 個の確率変数 $X_1, X_2, \ldots, X_n$ が互いに独立に期待値 μ，分散 σ^2 の同一な確率分布に従うとする．このとき，
> $$\bar{X} = \frac{X_1 + X_2 + \cdots + X_n}{n}$$
> とすると，n が無限に大きくなるにつれ，$\bar{X}$ の分布は正規分布 $N(\mu, \sigma^2/n)$ に限りなく近づく．

ここで，正規分布に従う確率変数の平均の分布を思い出してみましょう．n 個の確率変数 $X_1, X_2, \ldots, X_n$ が正規分布 $N(\mu, \sigma^2)$ に従うとき，正規分布の再生性 (p.79 参照) より，$\bar{X}$ は $N(\mu, \sigma^2/n)$ に従います．中心極限定理は，n 個の確率変数 $X_1, X_2, \ldots, X_n$ が同一な確率分布に従っていれば，それがどのような分布であっても，$\bar{X}$ の分布を特定できるという点が重要な意味を持ちます．

7.2.2 中心極限定理を証明するシミュレーション

中心極限定理についても，シミュレーションによる証明をしてみましょう．大数の法則のときと同様に，n 個の確率変数 $X_1, X_2, \ldots, X_n$ が互いに独立に成功確率 $p = 0.5$ のベルヌーイ分布に従うとします．ここでは，$n = 1,000$ として，1,000 個の乱数の平均値 $\bar{x}_i$ を計算するという手続きを 3,000 回繰り返します．得られた 3,000 個の平均値 $\bar{x}_1, \bar{x}_2, \ldots, \bar{x}_{3000}$ の平均値が $E(\bar{X}) = p$，分散が $V(\bar{X}) = p(1-p)/n$ と近い値をとり，かつ，その分布が正規分布であれば，中心極限定理が正しいことを証

7.2 中心極限定理

明できたといえます.シミュレーションの手順は,次のようにまとめられます.

● 中心極限定理を証明するシミュレーションの流れ

1. シミュレーションの条件を設定
2. 以下の (1) と (2) のステップを k 回繰り返す ($i = 1, 2, \ldots, k$)
    (1) 成功確率 p のベルヌーイ分布から n 個の乱数を発生
    (2) 乱数の平均値 $\bar{x}_i$ (1 の割合) を計算
3. $\bar{x}_1, \bar{x}_2, \ldots, \bar{x}_k$ の平均値と分散を計算
4. $\bar{x}_1, \bar{x}_2, \ldots, \bar{x}_k$ のヒストグラムを作成し,分布の形状を確認

以下は,シミュレーションに用いたプログラムです.

```
> # シミュレーションの条件の設定
> n <- 1000   # 乱数の個数
> k <- 3000   # 繰り返し数
> p <- 0.5    # 成功確率
>
> # 乱数の平均値を代入するための要素数 k のベクトルを用意
> x.bar <- numeric(k)
>
> # (1) と (2) のステップを k 回繰り返す
> for (i in 1:k) {
+   # 成功確率 p のベルヌーイ乱数を n 個発生
+   x <- rbinom(n, 1, p)
+
+   # 乱数の平均値を計算
+   x.bar[i] <- mean(x)
+ }
>
> # 乱数の平均値の平均値を計算
> mean(x.bar)
[1] 0.5000427
>
> # 乱数の平均値の分散を計算
> sum((x.bar-mean(x.bar))^2) / k
[1] 0.0002547808
>
> # 乱数の平均値のヒストグラムを作成
> hist(x.bar)
```

中心極限定理によれば,乱数の平均値は $E(\bar{X}) = p = 0.5$,分散は $V(\bar{X}) =$

$p(1-p)/n = 0.5 \times 0.5/1000 = 0.00025$ に近い値をとるはずです．シミュレーションの結果，平均値が 0.5，分散が 0.0002547 となりましたので，理論値とかなり近い値であるといえます．図 7.3 は上記のプログラムの結果得られたヒストグラムです．ヒストグラムの形状は，ほぼ正規分布といってよいでしょう．

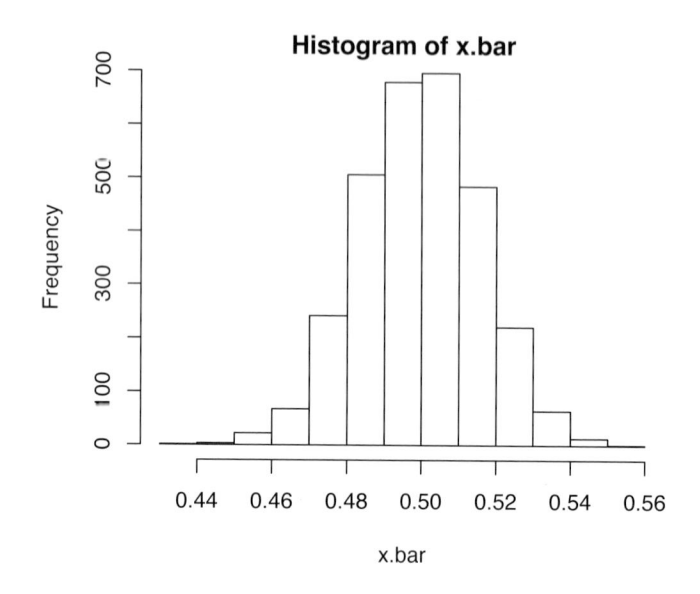

図 7.3 ベルヌーイ乱数の平均値のヒストグラム

大数の法則と同様に，中心極限定理はいかなる確率分布にも適用できます．プログラム内の乱数を発生させる関数を他の確率分布に替えて実行すれば，そのことを証明することができます．

練習問題

7.1 100 個の確率変数 $X_1, X_2, \ldots, X_{100}$ が互いに独立に期待値 3 のポアソン分布に従うとき，$\bar{X} = (X_1 + X_2 + \cdots + X_{100})/100$ の分布を答えよ．

7.2 前の問題の解答が正しいことをシミュレーションにより確認せよ．

第8章 標本分布

● 8.1 母集団と標本

　推測統計では，興味のある集団を調べたいとき，全体から抽出された一部の標本を用いて，その集団に関する推測を行います．たとえば，ある地域におけるあるテレビ番組の視聴率を推定したいとき，その地域に住むすべての世帯に対してその番組を見たかどうかを調査するのが理想ですが，その方法では時間や費用がかかりすぎてしまい現実的ではありません．そこで，その地域に住む一部の世帯を選び出し，そこから地域全体の視聴率を推測するという方法をとります．このように知りたい対象の一部から全体を推測するための調査を**標本調査**（sample survey）といいます．たとえば，メーカーが新製品を開発する際に行う市場調査では，一般的に標本調査が行われます．反対に，知りたい集団のすべてを調査することを**全数調査**（complete survey）といいます．代表的な全数調査として，国勢調査が挙げられます．

　国内では，ビデオリサーチ社がテレビ視聴率に関する調査を行っています．たとえば，関東地区の世帯視聴率を測定するために，600世帯のデータを収集し，そこから全体について推測します．知りたい集団，もしくは，その属性を**母集団**（population）といい，そこから選ばれた一部を**標本**（sample）といいます．視聴率調査の例では，関東地区の世帯全体が母集団となり，そこから選ばれた600世帯が標本となります．母集団から標本を選び出すことを**標本抽出**（sampling）といい，標本に含まれる要素の総数を**標本の大きさ**（sample size）または**サンプルサイズ**といいます．

　何らかの標本調査を行う際，我々が手にするデータは母集団の一部である標本に関するものです．推測統計では，標本に基づいて母集団を推測するため，知りたい対象は標本そのものではなく，母集団であるという点が重要です．標本は母集団から抽出されますが，全体の一部でしかないため，標本に基づく母集団の推測には必ず誤差を伴います．たとえば，視聴率調査では，関東地区に住む600世帯のうち10%にあたる60世帯があるテレビ番組を見ていたとしたら，関東地区の視聴率は10%と推測しますが，この数字はあくまでも母集団を推測するために標本から計算される値であり，関東地区全体の視聴率ではありません．

8.2 標本抽出

　標本抽出の方法には，復元抽出と非復元抽出の 2 種類があります．**復元抽出** (sampling with replacement) とは，標本抽出のたびに母集団から抽出した要素を母集団に戻し，常に母集団のすべての要素を対象に標本抽出を繰り返す方法です．この方法では，標本に同じ要素が複数存在することがあります．一方，**非復元抽出** (sampling without replacement) とは，抽出した要素を母集団に戻さずに標本抽出を繰り返す方法であり，標本に同じ要素が複数存在することはありません．視聴率調査や市場の動向を把握するための市場調査などでは，同じ被験者を 2 回抽出することは意味がないため，非復元抽出を行うことになります．

　母集団から標本をどのように抽出するかについてはいろいろな方法があります．統計学では，多くの場合，**単純無作為抽出** (simple random sampling) とよばれる方法により抽出される標本について考えます．単純無作為抽出とは，母集団の各要素が同じ確率で標本に含まれるように抽出を行うものであり，R を用いれば容易に実行できます．

　10 人の中から 5 人を復元抽出する場合と非復元抽出する場合を考えてみましょう．R では，関数 sample() により，単純無作為抽出を行うことができます．この関数では，引数として，抽出元であるベクトルと標本の大きさを指定します．また，replace=T と指定すれば復元抽出を行い，replace=F と指定すれば非復元抽出を行います．次に示すのは，1 から 10 の自然数から大きさ 5 の標本を復元抽出した結果です．

```
> sample(1:10, 5, replace=T)
[1] 2 5 2 9 4
```

　復元抽出では，同じ要素が複数標本に含まれることがあるため，今回の抽出では 2 が 2 つ標本に含まれました．sample() は無作為に抽出を行う関数であるため，コマンドを実行するたびに抽出される標本は異なります．次に，非復元抽出を行ってみましょう．

```
> sample(1:10, 5, replace=F)
[1] 10 2 5 4 3
```

　非復元抽出では，標本抽出を何度実行しても標本に同じ要素が重複して含まれることはありません．

8.3 母集団分布と母数

前節の標本抽出で扱った母集団では，母集団に含まれる要素が明らかでした．このような母集団を**有限母集団**といいます．一方，母集団に含まれる要素が非常に多い場合や明らかではない場合，母集団は無限であると考え，そのような母集団を**無限母集団**といいます．推測統計では，数学的な扱いやすさなどの理由から，多くの場合，無限母集団を考えます．

母集団の分布のことを**母集団分布** (population distribution) といいます．母集団分布は常に明白であるとは限らず，調べたい対象によって適切な母集団分布を仮定することが必要です．たとえば，ある交差点の一定期間における事故件数の分布を知りたいときは，事故件数は自然数の値をとるため，ポアソン分布を仮定することが適当ですし，あるテレビ番組を見た人がどれだけの比率であったかを知りたいときは，ベルヌーイ分布を仮定することが適当です．

母集団分布を特定する値を**母数** (parameter) といいます．たとえば，母集団分布に正規分布を仮定するとき，正規分布は平均 μ と分散 σ^2 によりその形状が決まるため，母集団分布は μ と σ^2 により特定されます．また，母集団分布がポアソン分布であるときは，ポアソン分布の母数は平均 λ のみであるため，母集団分布は λ のみで特定することができます．母集団分布の平均を**母平均** (population mean)，分散を**母分散** (population variance) といい，これらは母集団分布を特定する最も重要な母数です．

推測統計では，母集団分布から無作為に標本を抽出するとき，**各標本 X_i は母集団分布に従う確率変数**と考えます．つまり，標本 $X_1, X_2, \ldots, X_n$ は，同一の母集団分布に従う n 個の独立な確率変数と考えることができます．ここで注意すべき点は，各標本 X_i は確率変数であり，確定した値ではありません．通常我々が目にするデータは，これらの確率変数の値が実際に観測されたものと考えます．

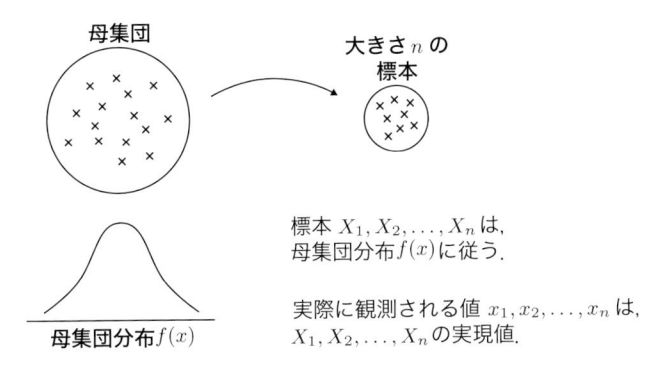

図 8.1 母集団と標本

8.4 統計量
8.4.1 統計量と標本分布

標本から母数を推測するために用いる標本の関数を**統計量**（statistic）といいます．たとえば，大きさ n の標本 $X_1, X_2, \ldots, X_n$ があるとき，その平均 $\bar{X} = (X_1 + X_2 + \cdots + X_n)/n$ は標本平均とよばれ，最も代表的な統計量です．標本の和，比率，分散，最小値，最大値，中央値などはいずれも統計量であり，統計量は標本の関数であるため確率変数です．

統計量が従う分布を**標本分布**（sampling distribution）といいます．標本分布は母集団分布がどのような分布であるかに依存します．正規母集団におけるいくつかの統計量の標本分布は数学的に求めることができ，それらは推測統計において重要な役割を果たします．正規母集団の標本分布については，次節で詳しく説明します．

8.4.2 標本平均と不偏分散

母平均を推測するための統計量は**標本平均**（sample mean）であり，標本平均は最も重要な統計量です[*1]．母集団から無作為に抽出された標本 $X_1, X_2, \ldots X_n$ について，標本平均 $\bar{X}$ は

$$\bar{X} = \frac{X_1 + X_2 + \cdots + X_n}{n}$$
$$= \frac{1}{n} \sum_{i=1}^{n} X_i \tag{8.1}$$

と定義されます．$\bar{X}$ の期待値 $E(\bar{X})$ と分散 $V(\bar{X})$ はそれぞれ

$$E(\bar{X}) = \mu, \quad V(\bar{X}) = \sigma^2/n \tag{8.2}$$

となります（p.66 参照）．これは，$\bar{X}$ は平均的に μ の値をとるということを意味しており，μ を推測する上で重要な性質です．一方，$V(\bar{X})$ の分母は n であるため，n が大きくなるにつれ，$\bar{X}$ の分散は 0 に近づき，$\bar{X}$ は μ の近くの値をとる確率が高くなるということを意味しています．

標本平均の次に重要な統計量として，**不偏分散**（unbiased variance）があります．不偏分散 U^2 は

$$U^2 = \frac{(X_1 - \bar{X})^2 + (X_2 - \bar{X})^2 + \cdots + (X_n - \bar{X})^2}{n - 1}$$

[*1] 標本平均には，実際に母集団から抽出された標本の平均値を意味する場合と確率変数としての標本平均を意味する場合があり，ここでは後者の意味で用いられています．

$$= \frac{1}{n-1} \sum_{i=1}^{n}(X_i - \bar{X})^2 \tag{8.3}$$

と定義されます．不偏分散 U^2 の期待値は

$$E(U^2) = \sigma^2 \tag{8.4}$$

となります（章末の付節参照）．つまり，U^2 は平均的に母分散 σ^2 の値をとります．

不偏分散 U^2 と似た統計量に，標本分散 S^2 があります．標本分散は，

$$S^2 = \frac{(X_1 - \bar{X})^2 + (X_2 - \bar{X})^2 + \cdots + (X_n - \bar{X})^2}{n}$$
$$= \frac{1}{n} \sum_{i=1}^{n}(X_i - \bar{X})^2 \tag{8.5}$$

と定義され，不偏分散の分母 $n-1$ を n に置き換えたものです．第 3 章で学んだ分散の定義より，不偏分散 U^2 よりも標本分散 S^2 の方が分散の定義としてふさわしいと思うかもしれませんが，推測統計では，不偏分散 U^2 がよく用いられます．その理由は，統計量を用いる目的は母集団を推測することであり，不偏分散の期待値が母分散に一致するという性質は非常に都合が良いからです．ちなみに，標本分散 S^2 の期待値は

$$E(S^2) = \frac{n-1}{n} \cdot \sigma^2 \tag{8.6}$$

となり，母分散 σ^2 と一致しません．推定したい母数と推定に用いる統計量の期待値が一致する性質を不偏性といい，不偏分散は母分散を推定する上で不偏性があるといえます．不偏性は統計量の重要な性質の 1 つであり，それについては，次章において詳しく説明します．

● 8.5 正規母集団に関する標本分布

正規分布に従う母集団を**正規母集団**（normal population）といいます．正規母集団の標本分布は，次章以降で解説する推定や仮説検定において，重要な役割を果たします．本節では，代表的な標本分布として，正規母集団の標本平均と不偏分散の標本分布を紹介します．

8.5.1 母分散が既知のときの標本平均の標本分布

母集団分布が平均 μ，分散 σ^2 の正規分布 $N(\mu, \sigma^2)$ のとき，大きさ n の標本

$X_1, X_2, \ldots, X_n$ も母集団分布と同一の正規分布に従います．したがって，正規分布の再生性 (p.79 参照) より，標本平均 $\bar{X}$ の分布は正規分布 $N(\mu, \sigma^2/n)$ となります．

> ● 母分散が既知のときの標本平均の標本分布
>
> 平均 μ，分散 σ^2 の正規母集団から大きさ n の標本 $X_1, X_2, \ldots, X_n$ を抽出するとき，標本平均を
> $$X = \frac{X_1 + X_2 + \cdots + X_n}{n}$$
> とすると，標本平均 $\bar{X}$ は平均 μ，分散 σ^2/n の正規分布に従う．

$\bar{X}$ の分散は σ^2/n であるため，n が大きくなればなるほど，$\bar{X}$ の分散は小さくなり，$\bar{X}$ は母平均 μ に近い値をとる確率が高くなります．$\bar{X}$ の標準化変数を Z とすると，

$$Z = \frac{\bar{X} - \mu}{\sqrt{\sigma^2/n}} \sim N(0, 1) \tag{8.7}$$

が成り立ちます（式 6.13 参照）．したがって，標本平均を標準化することにより，標本平均 $\bar{X}$ がとりうる値の確率を標準正規分布の確率から求めることができます．

例題 8.1
平均 10，分散 20 の正規母集団から大きさ 5 の無作為標本を抽出するとき，以下の問いに答えよ．
(1) 標本平均 $\bar{X}$ の分布を求めよ．
(2) 標本平均 $\bar{X}$ が 12 より大きい値をとる確率を求めよ．

解答
(1) 標本平均 $\bar{X}$ の分布は，
$$\bar{X} \sim N\left(10, \frac{20}{5}\right) = N(10, 4).$$
(2) $\bar{X} \sim N(10, 4)$ より，$\bar{X}$ が 12 より大きい値をとる確率は，
$$P(\bar{X} > 12) = P\left(\frac{\bar{X} - 10}{\sqrt{4}} > \frac{12 - 10}{\sqrt{4}}\right)$$
$$= P(Z > 1)$$
$$= 0.16.$$

8.5.2 不偏分散の標本分布

不偏分散 U^2 の分布も，標本平均 $\bar{X}$ の分布と同様に正規母集団の推測において重要ですが，$\bar{X}$ のように U^2 自体の分布を求めることはできません．代わりに，U^2 の標本分布について，次のことが知られています．

> **●不偏分散の標本分布**
>
> 平均 μ，分散 σ^2 の正規母集団から大きさ n の標本を抽出するとき，標本平均を $\bar{X}$，不偏分散を
> $$U^2 = \frac{1}{n-1} \sum_{i=1}^{n} (X_i - \bar{X})^2$$
> とすると，
> $$\chi^2 = \frac{(n-1)U^2}{\sigma^2}$$
> は自由度 $n-1$ の χ^2 分布に従う．

不偏分散の標本分布の導出については，本書の範囲を超えるため説明しませんが，$E(U^2) = \sigma^2$ であり，不偏分散は母分散を推測するための統計量であるため，標本平均の分布と同様に，この分布も次章以降において重要な役割を果たします．

例題 8.2

分散 10 の正規母集団から大きさ 6 の無作為標本を抽出するとき，不偏分散 U^2 が a より大きい値をとる確率が 0.05 となるような a の値を求めよ．

解答

$\chi^2_{0.05}(5) = 11.07$ より，
$$P\left(\frac{(6-1)U^2}{10} > 11.07\right) = 0.05.$$

括弧内の不等式を U^2 について整理すると，
$$P(U^2 > 22.14) = 0.05.$$

よって，$a = 22.14$．

8.5.3 母分散が未知のときの標本平均の標本分布

標本平均の分布は母平均を推測する際に用いられますが，8.5.1 項で紹介した標本

平均の分布は母分散が既知のときに成り立ちます．しかしながら，現実には母分散が既知であるということは珍しく，母分散が未知のときの標本平均の分布がよく用いられます．母分散 σ^2 が未知のとき，不偏分散 U^2 を用いると，標本平均の分布は次のようになります．

> **●母分散が未知のときの標本平均の標本分布**
> 　平均 μ の正規母集団から大きさ n の標本を抽出するとき，標本平均を $\bar{X}$，不偏分散を U^2 とすると，
> $$t = \frac{\bar{X} - \mu}{\sqrt{U^2/n}}$$
> は自由度 $n-1$ の t 分布に従う．

ここで，t は母分散が既知のときの標本平均を標準化した $(\bar{X}-\mu)/\sqrt{\sigma^2/n}$ の σ^2 を U^2 に置き換えたものです．では，なぜ t は t 分布に従うのでしょうか．実は，t は

$$
\begin{aligned}
t &= \frac{\bar{X} - \mu}{\sqrt{U^2/n}} \\
&= \frac{\bar{X} - \mu}{\sqrt{\sigma^2/n}} \cdot \frac{\sqrt{\sigma^2}}{\sqrt{U^2}} \\
&= \frac{\bar{X} - \mu}{\sqrt{\sigma^2/n}} \bigg/ \sqrt{\frac{U^2}{\sigma^2}} \\
&= \frac{\bar{X} - \mu}{\sqrt{\sigma^2/n}} \bigg/ \sqrt{\frac{(n-1)U^2}{\sigma^2} \bigg/ (n-1)}
\end{aligned}
\tag{8.8}
$$

と書きなおすことができます．この式の最後において，分子の $(\bar{X}-\mu)/\sqrt{\sigma^2/n}$ は標準正規分布に従い，分母の $(n-1)U^2/\sigma^2$ は自由度 $n-1$ の χ^2 分布に従うことがわかります．$\bar{X}$ と U^2 は独立であり，平方根の中にある $n-1$ は χ^2 分布の自由度であるため，式 6.20 の t 分布の定義より，t は自由度 $n-1$ の t 分布に従います．

● 8.6　2つの正規母集団に関する標本分布

　これまでは，1つの正規母集団に関する標本分布を紹介してきましたが，2つの正規母集団に関する標本分布も推測統計においてよく用いられます．2つの標本を用いて，母集団を比較することを **2 標本問題** (two-sample problem) といいます．本節では，ある正規母集団 $N(\mu_1, \sigma_1^2)$ から大きさ n_1 の標本 $X_1, X_2, \ldots, X_{n_1}$，もう1つ

の正規母集団 $N(\mu_2, \sigma_2^2)$ から大きさ n_2 の標本 $Y_1, Y_2, \ldots, Y_{n_2}$ をそれぞれ独立に抽出するときの統計量の標本分布を紹介します．

8.6.1 標本平均の差の標本分布

2標本問題では，2つの母平均の差 $\mu_1 - \mu_2$ を検証することがしばしば重要となります．$\mu_1 - \mu_2$ を推測するには，2種類の標本から計算される標本平均の差 $\bar{X} - \bar{Y}$ に注目します．標本平均の差 $\bar{X} - \bar{Y}$ の分布は，次の3つの条件により異なります．

● **2つの正規母集団の標本平均の差の分布**
1. 母分散 σ_1^2, σ_2^2 が既知のとき
2. 母分散 σ_1^2, σ_2^2 は未知であるが等しいとき
3. 母分散 σ_1^2, σ_2^2 が未知であり等しいとは限らないとき

母分散 σ_1^2, σ_2^2 が既知のとき

母分散 σ_1^2, σ_2^2 が既知のとき，標本平均 $\bar{X}$, $\bar{Y}$ の分布はそれぞれ

$$\bar{X} \sim N\left(\mu_1, \frac{\sigma_1^2}{n_1}\right), \quad \bar{Y} \sim N\left(\mu_2, \frac{\sigma_2^2}{n_2}\right) \tag{8.9}$$

となります（8.5.1項参照）．$\bar{X} - \bar{Y}$ の分布は，

$$\bar{X} - \bar{Y} \sim N\left(\mu_1 - \mu_2, \frac{\sigma_1^2}{n_1} + \frac{\sigma_2^2}{n_2}\right) \tag{8.10}$$

となることが知られています．したがって，$\bar{X} - \bar{Y}$ の標準化変数を Z とすると，

$$Z = \frac{\bar{X} - \bar{Y} - (\mu_1 - \mu_2)}{\sqrt{\frac{\sigma_1^2}{n_1} + \frac{\sigma_2^2}{n_2}}} \sim N(0, 1) \tag{8.11}$$

が成り立ちます．

母分散 σ_1^2, σ_2^2 は未知であるが等しいとき

母分散 σ_1^2, σ_2^2 が未知であるが等しいとき（$\sigma_1^2 = \sigma_2^2 = \sigma^2$），2つの標本を合わせた不偏分散 U^2 を

$$U^2 = \frac{\sum_{i=1}^{n_1}(X_i - \bar{X})^2 + \sum_{j=1}^{n_2}(Y_j - \bar{Y})^2}{n_1 + n_2 - 2}$$

$$= \frac{(n_1-1)U_1^2 + (n_2-1)U_2^2}{n_1+n_2-2} \tag{8.12}$$

とすると，

$$t = \frac{\bar{X}-\bar{Y}-(\mu_1-\mu_2)}{\sqrt{U^2\left(\frac{1}{n_1}+\frac{1}{n_2}\right)}} \sim t(n_1+n_2-2) \tag{8.13}$$

が成り立ちます．ここで，t の分布を導出するには，まず

$$\begin{aligned}
t &= \frac{\bar{X}-\bar{Y}-(\mu_1-\mu_2)}{\sqrt{\sigma^2\left(\frac{1}{n_1}+\frac{1}{n_2}\right)}} \cdot \frac{\sqrt{\sigma^2}}{\sqrt{U^2}} \\
&= \frac{\bar{X}-\bar{Y}-(\mu_1-\mu_2)}{\sqrt{\sigma^2\left(\frac{1}{n_1}+\frac{1}{n_2}\right)}} \Bigg/ \sqrt{\frac{U^2}{\sigma^2}} \\
&= \frac{\bar{X}-\bar{Y}-(\mu_1-\mu_2)}{\sqrt{\sigma^2\left(\frac{1}{n_1}+\frac{1}{n_2}\right)}} \Bigg/ \sqrt{\frac{(n_1+n_2-2)U^2}{\sigma^2} \Big/ (n_1+n_2-2)}
\end{aligned} \tag{8.14}$$

と書き直します．ここで，

(a) $(n_1+n_2-2)U^2/\sigma^2$ は自由度 n_1+n_2-2 の χ^2 分布に従う
(b) U^2 と $\bar{X}-\bar{Y}$ は独立

が知られているため，t は自由度 n_1+n_2-2 の t 分布に従います．

母分散 σ_1^2，σ_2^2 が未知であり等しいとは限らないとき

母分散 σ_1^2，σ_2^2 が未知であり等しいとは限らないとき，2 つの標本の不偏分散をそれぞれ U_1^2，U_2^2 とすると，

$$t = \frac{\bar{X}-\bar{Y}-(\mu_1-\mu_2)}{\sqrt{\frac{U_1^2}{n_1}+\frac{U_2^2}{n_2}}} \tag{8.15}$$

は，**ウェルチの近似法**とよばれる方法により，自由度が

$$\nu = \frac{\left(\frac{U_1^2}{n_1}+\frac{U_2^2}{n_2}\right)^2}{\frac{(U_1^2/n_1)^2}{n_1-1}+\frac{(U_2^2/n_2)^2}{n_2-1}} \tag{8.16}$$

の t 分布に近似できることが知られています[*2].

例題 8.3
平均 6, 分散 9 の正規母集団から大きさ 6 の無作為標本 $X_1, X_2, \ldots, X_6$, 平均 5, 分散 20 の正規母集団から大きさ 8 の無作為標本 $Y_1, Y_2, \ldots, Y_8$ をそれぞれ抽出するとき, 以下の問いに答えよ.
  (1) 標本平均の差 $\bar{X} - \bar{Y}$ の分布を求めよ.
  (2) 標本平均の差 $\bar{X} - \bar{Y}$ が 0 より小さい値をとる確率を求めよ.

解答
  (1) 標本平均の差 $\bar{X} - \bar{Y}$ の分布は,
$$\bar{X} - \bar{Y} \sim N\left(6-5, \frac{9}{6} + \frac{20}{8}\right) = N(1, 4).$$
  (2) $\bar{X} - \bar{Y} \sim N(1, 4)$ より, $\bar{X} - \bar{Y}$ が 0 より小さい値をとる確率は,
$$P(\bar{X} - \bar{Y} < 0) = P\left(\frac{\bar{X} - \bar{Y} - 1}{\sqrt{4}} < \frac{0-1}{\sqrt{4}}\right)$$
$$= P(Z < -0.5)$$
$$= 0.31.$$

8.6.2　不偏分散の比の標本分布

2 つの標本の不偏分散をそれぞれ U_1^2, U_2^2 とすると

$$\frac{(n_1 - 1)U_1^2}{\sigma_1^2} \sim \chi^2(n_1 - 1), \qquad \frac{(n_2 - 1)U_2^2}{\sigma_2^2} \sim \chi^2(n_2 - 1) \tag{8.17}$$

が成り立ちます (8.5.2 項参照). U_1^2 と U_2^2 は独立であるため, 式 6.21 の F 分布の定義より,

$$\frac{\frac{(n_1-1)U_1^2}{\sigma_1^2} \big/ (n_1 - 1)}{\frac{(n_2-1)U_2^2}{\sigma_2^2} \big/ (n_2 - 1)} = \frac{\sigma_2^2}{\sigma_1^2} \cdot \frac{U_1^2}{U_2^2} \tag{8.18}$$

は自由度 $(n_1 - 1, n_2 - 1)$ の F 分布に従います.

例題 8.4
分散 $\sigma_1^2 = 10$ の正規母集団から大きさ 7 の無作為標本 $X_1, X_2, \ldots, X_7$, 分散 $\sigma_2^2 = 20$ の正規母集団から大きさ 9 の無作為標本 $Y_1, Y_2, \ldots, Y_9$ をそれぞれ抽出するとき, 以

[*2] ν はニューと読みます.

下の問いに答えよ．

(1) 2つの標本の不偏分散をそれぞれ U_1^2, U_2^2 とし，$(\sigma_2^2/\sigma_1^2)(U_1^2/U_2^2)$ の分布を求めよ．

(2) 不偏分散の比 U_1^2/U_2^2 が a よりも大きい値をとる確率が 0.05 となるような a の値を求めよ．

解答

(1) 自由度 $(6,8)$ の F 分布

(2) $F_{0.05}(6,8) = 3.58$ より，
$$P\left(\frac{20}{10} \cdot \frac{U_1^2}{U_2^2} > 3.58\right) = 0.05.$$
括弧内の不等式を U_1^2/U_2^2 について解くと，
$$P\left(\frac{U_1^2}{U_2^2} > 1.79\right) = 0.05$$
よって，$a = 1.79$．

● 8.7 中心極限定理を用いる標本分布

これまで，母集団分布が正規分布の標本分布を紹介してきましたが，母集団分布がいつも正規分布とは限りません．ある地域の視聴率に興味があるときは，母集団分布にベルヌーイ分布を仮定するのが適切であり，ある交差点での事故件数に興味があるときは，母集団分布にポアソン分布を仮定するのが適切です．このように，母集団分布が正規分布ではない場合でも，中心極限定理を用いることにより，標本平均の分布を近似的に求めることができます．

中心極限定理とは，n 個の確率変数が互いに独立に期待値 μ，分散 σ^2 の同一な確率分布に従うとき，n が十分に大きければ，それらの平均の分布は正規分布 $N(\mu, \sigma^2/n)$ に近似できるというものでした（7.2節参照）．したがって，母集団分布がどのような分布であっても，n が十分に大きいとき，標本平均の分布は次のように近似することができます．

● 中心極限定理を用いる標本平均の分布

$X_1, X_2, \ldots, X_n$ を平均 μ，分散 σ^2 の母集団からの無作為標本とすると，標本の大きさ n が十分に大きいとき，標本平均 $\bar{X}$ の分布は正規分布 $N(\mu, \sigma^2/n)$ に近似できる．

成功確率 p のベルヌーイ母集団を考えてみましょう．ベルヌーイ分布の期待値は

p, 分散は $p(1-p)$ であるため，この母集団分布の母平均は p, 母分散は $p(1-p)$ です (6.1.1 項参照)．したがって，$X_1, X_2, \ldots, X_n$ を成功確率 p のベルヌーイ母集団からの無作為標本とすると，n が十分に大きいとき，標本平均 $\bar{X}$ の分布は平均 p, 分散 $p(1-p)/n$ の正規分布 $N(p, p(1-p)/n)$ に近似できます．したがって，正規母集団の母分散が既知のときと同様に，$\bar{X}$ を標準化することにより，標本平均 $\bar{X}$ がとりうる確率を標準正規分布から求めることができます．なお，ベルヌーイ母集団の場合，標本平均は成功した回数の比率を意味するため，**標本比率** (sample proportion) とよばれます．

　ポアソン母集団の標本平均の分布についても，ベルヌーイ母集団と同様に求めることができます．期待値 λ のポアソン分布では，分散も λ です (6.1.3 項参照)．したがって，$X_1, X_2, \ldots, X_n$ を平均 λ のポアソン母集団からの無作為標本とすると，n が十分に大きいとき，標本平均 $\bar{X}$ の分布は平均 λ, 分散 λ/n の正規分布 $N(\lambda, \lambda/n)$ に近似できます．

　母集団分布を推測する上で標本平均の分布は最も重要な標本分布です．標本の大きさが十分に大きければ，母集団分布がポアソン分布のように左右対称ではない分布であっても，標本平均の分布は正規分布に近似できます．このように，母集団分布にかかわらず，標本分布を特定できることが，推測統計において中心極限定理が重要とされる理由です．

例題 8.5
成功確率 0.2 のベルヌーイ母集団から大きさ 100 の標本を抽出するとき，以下の問いに答えよ．
(1) 標本比率 $\bar{X}$ の分布を求めよ．
(2) 標本比率 $\bar{X}$ が 0.22 より大きい値をとる確率を求めよ．

解答
(1) 中心極限定理より，標本比率 $\bar{X}$ の分布は，正規分布 $N(0.2, 0.2(1-0.2)/100) = N(0.2, 0.0016)$ に近似できる．
(2) 標本比率 $\bar{X}$ が 0.22 より大きい値をとる確率は，
$$P(\bar{X} > 0.22) = P\left(Z > \frac{0.22 - 0.2}{\sqrt{0.0016}}\right)$$
$$= P(Z > 0.5)$$
$$= 0.31.$$

付節：不偏分散の期待値

$X_1, X_2, \ldots, X_n$ を母平均 μ, 母分散 σ^2 の母集団から無作為に抽出される大きさ n の標本とすると, 不偏分散 U^2 の期待値は

$$
\begin{aligned}
E(U^2) &= E\left\{\frac{1}{n-1}\sum_{i=1}^{n}(X_i - \bar{X})^2\right\} \\
&= \frac{1}{n-1}E\left\{\sum_{i=1}^{n}(X_i - \bar{X})^2\right\} \\
&= \frac{1}{n-1}E\left\{\sum_{i=1}^{n}(X_i^2 - 2X_i\bar{X} + \bar{X}^2)\right\} \\
&= \frac{1}{n-1}E\left(\sum_{i=1}^{n}X_i^2 - 2\bar{X}\sum_{i=1}^{n}X_i + \sum_{i=1}^{n}\bar{X}^2\right) \\
&= \frac{1}{n-1}E\left(\sum_{i=1}^{n}X_i^2 - 2n\bar{X}^2 + n\bar{X}^2\right) \quad \left(\sum_{i=1}^{n}X_i = n\bar{X} \text{ を用いる.}\right) \\
&= \frac{1}{n-1}E\left(\sum_{i=1}^{n}X_i^2 - n\bar{X}^2\right) \\
&= \frac{1}{n-1}\left\{nE(X_i^2) - nE(\bar{X}^2)\right\} \quad \cdots (*)
\end{aligned}
$$

と書くことができます. ここで, 確率変数 X の分散は, $V(X) = E(X^2) - \{E(X)\}^2$ であるため (式 5.19 参照),

$$E(X_i^2) = V(X_i) + \{E(X_i)\}^2, \quad E(\bar{X}^2) = V(\bar{X}) + \{E(\bar{X})\}^2$$

が成り立ちます. したがって,

$$E(X_i^2) = \sigma^2 + \mu^2, \quad E(\bar{X}^2) = \frac{\sigma^2}{n} + \mu^2$$

であり, これらを $(*)$ の式に代入すると,

$$
\begin{aligned}
E(U^2) &= \frac{1}{n-1}\left\{n(\sigma^2 + \mu^2) - n\left(\frac{\sigma^2}{n} + \mu^2\right)\right\} \\
&= \frac{1}{n-1}(n\sigma^2 - \sigma^2) \\
&= \sigma^2
\end{aligned}
$$

となります.

練習問題

8.1 あるコンビニエンスストアにおける顧客の 1 来店あたりの購買金額の分布は，平均 500，分散 10,000 の正規分布であることがわかっているとする．以下の問いに答えよ．

　(1) 無作為に抽出される顧客 4 人の 1 来店あたりの購買金額の平均の分布を答えよ．

　(2) 無作為に抽出される顧客 4 人の 1 来店あたりの購買金額の平均が 600 円より高い確率を求めよ．

8.2 あるテレビ番組の関東地区全体の視聴率は 20% であるとする．以下の問いに答えよ．

　(1) 関東地区から無作為に抽出される 100 世帯の標本の視聴率の分布を答えよ．

　(2) 関東地区から無作為に抽出される 100 世帯の標本の視聴率が 22% より大きい値をとる確率を求めよ．

第9章 推定

9.1 点推定と区間推定

標本に基づいて母集団分布の母数を推測することを**推定** (estimation) といいます．推定には，**点推定** (point estimation) と**区間推定** (interval estimation) の2つがあります．点推定とは，母数の値を1つの値で推定することです．たとえば，あるテレビ番組に対する関東地区の視聴率を推定したいとき，関東地区の一部の世帯を対象に調査を行い，もし調査対象者の20%がその番組を見ていたら，母集団の視聴率は20%だろうと推測するのが点推定です．一方，区間推定とは，母数の値をある程度の幅を持たせて推定する方法です．視聴率の例では，何%の確率で母集団の視聴率が18%から22%に入るだろうというように推測するのが区間推定です．標本は母集団の一部であるため，点推定の推定値が母数の値とぴったりと一致することはありません．推定値と真の母数の値とのずれを**標本誤差** (sampling error) といいます．

母数を推定するために標本から計算される統計量を**推定量** (estimator) といい，実際に得られた標本から計算される推定量の値を**推定値** (estimate) といいます．推定量は標本の関数（計算式）ですが，推定値は観測されたデータに基づいて計算される現実の値です．したがって，推定量は確率変数ですが，推定値は確率変数の実現値と考えます．たとえば，母集団の母平均 μ の推定量は標本平均 $\bar{X}$ であり，実際に得られた標本の平均値 $\bar{x}$ が推定値となります．母平均と母分散の推定量と推定値は表 9.1 のようにまとめられます．

表 9.1 母数と推定量

母数	推定量	推定値
母平均 μ	標本平均 $\bar{X}$	標本平均の実現値 $\bar{x}$
母分散 σ^2	不偏分散 U^2	不偏分散の実現値 u^2

ある母数を推定する際，推定しようとする母数を θ（シータと読む）と表し，その推定量を $\hat{\theta}$（シータ・ハットと読む）と表すことがあります．あるいは，母平均 μ を推定する際，その推定量を $\hat{\mu}$ と表すように単に母数の記号にハットを付けるだけの場合もあります．たとえば，ある母集団分布の母平均を推定するとき，母平均を θ とおき，θ の推定量である標本平均を

$$\hat{\theta} = \frac{X_1 + X_2 + \cdots + X_n}{n} \tag{9.1}$$

と表します．

9.2 点推定

母集団の母平均 μ を点推定する場合を考えてみましょう．μ の推定量として，標本平均 $\bar{X}$ が挙げられます．しかしながら，母平均の推定量は標本平均だけではなく，中央値や最頻値も推定量の候補として考えることができます．では，どのような推定量が好ましいといえるでしょうか．好ましい推定量とは，できるだけ真の母数の値 θ に近い値をとる推定量であり，それを評価するための基準がいくつかあります．

その 1 つが不偏性です．**不偏性**とは，推定量の期待値が真の母数の値と等しい性質のことをいいます．つまり，

$$E(\hat{\theta}) = \theta \tag{9.2}$$

となる性質を不偏性といい，この性質を満たす推定量を**不偏推定量**（unbiased estimator）といいます（図 9.1）．つまり，不偏推定量は平均的に真の母数の値をとるといえます．母平均の不偏推定量については，$E(\bar{X}) = \mu$ であるため，標本平均 $\bar{X}$ は母平均 μ の不偏推定量です．母分散の不偏推定量については，$E(U^2) = \sigma^2$ であるため，不偏分散 U^2 は母分散 σ^2 の不偏推定量です．標本分散 S^2 に関しては，$E(S^2) \neq \sigma^2$ となるため，S^2 は σ^2 の不偏推定量ではありません（8.4.2 項参照）．

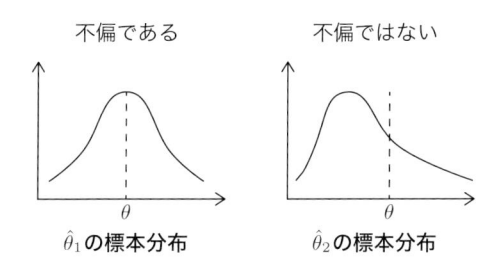

図 9.1　不偏な推定量

標本の大きさ n が大きくなるにつれ，推定量が真の母数の値に近づく性質を**一致性**といいます．一致性を満たす推定量を**一致推定量**（consistent estimator）といいます．標本平均 $\bar{X}$ は母平均 μ の一致推定量です．不偏分散 U^2 と標本分散 S^2 はともに母分散の一致推定量であることが知られています．

2 つの不偏推定量があるとき，分散の小さい方をより有効な推定量であるといいま

す．推定量の分散が小さいということは，推定量の値が真の母数の近くの値をとりやすいということを意味します（図 9.2）．不偏推定量の中で，分散が最小の推定量を**有効推定量**または**最小分散不偏推定量**といいます．母集団分布が平均 μ，分散 σ^2 の正規分布 $N(\mu, \sigma^2)$ であるとき，標本平均 $\bar{X}$ は母平均 μ の有効推定量であることが知られています．

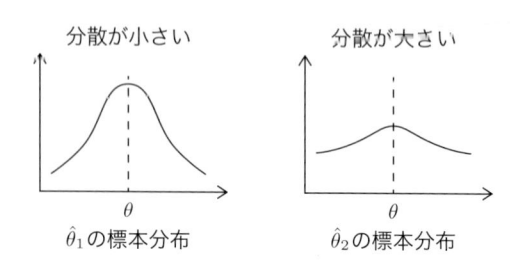

図 9.2　有効な推定量

9.3　区間推定とは

点推定は，母数の値を 1 つの値で推定するため，実際に得られた推定値と真の母数の値がどのくらい離れているかはわかりません．区間推定は，真の母数が含まれるであろう区間を推定するため，区間推定は点推定よりも母数に関してより多くの情報を持った推定方法といえます．

区間推定は，真の母数の値 θ が区間 $[L, U]$ に入る確率が $1 - \alpha$ となる L, U を推定します．つまり，

$$P(L \leq \theta \leq U) = 1 - \alpha \tag{9.3}$$

となる確率変数 L, U を推定します．ここで，L を**下側信頼限界** (lower confidence limit)，U を**上側信頼限界** (upper confidence limit)，$1 - \alpha$ を**信頼係数** (confidence coefficient) といいます．α は 0.1，0.05，0.01 などに設定されることが多く，そのときの信頼係数はそれぞれ 0.9 (90%)，0.95 (95%)，0.99 (99%) となります．たとえば，$\alpha = 0.05$ のとき，区間 $[L, U]$ を信頼係数 95% の**信頼区間** (confidence interval) といいます．

区間推定において注意すべき点は，推定しようとする母数の値は未知ですが，ある固定された値であり，確率変数ではないということです[*1]．したがって，母数の値が変動することはありません．一方，標本から推定される信頼区間の推定値はどの標本

[*1] 近年注目を集めているベイズ統計学では，母数を確率変数として扱います．

が抽出されるかによって異なります．ある母集団から標本抽出を何回か繰り返し，そのたびに信頼係数 $100 \times (1-\alpha)\%$ の信頼区間を求めるとします．推定される信頼区間は標本抽出のたびに異なりますので，それらの区間に真の母数が含まれることもあれば，含まれないこともあります．正しい信頼区間を用いていれば，信頼区間を推定する回数が増えるにつれ，信頼区間が真の母数を含む割合が $100 \times (1-\alpha)\%$ に近づきます．

9.4 正規母集団に関する区間推定

9.4.1 母平均の区間推定

本節では，区間推定の基本である正規母集団の母平均と母分散の区間推定を紹介します．信頼区間は，推定量の標本分布から求めることができます．正規母集団の標本平均の分布は，母分散が既知のときと未知のときで異なったように，正規母集団の母平均の信頼区間も母分散が既知の場合と未知の場合で異なります．まず，母分散が既知の場合を紹介し，次に母分散が未知の場合を紹介します．

母集団分布が平均 μ，分散 σ^2 の正規分布 $N(\mu, \sigma^2)$ のとき，標本平均を $\bar{X}$ とすると，

$$\bar{X} \sim N\left(\mu, \frac{\sigma^2}{n}\right) \tag{9.4}$$

となります．したがって，$\bar{X}$ の標準化変数を Z とすると，

$$Z = \frac{\bar{X} - \mu}{\sqrt{\sigma^2/n}} \sim N(0, 1) \tag{9.5}$$

が成り立ちます（8.5.1 項参照）．ここで，標準正規分布の確率を思い出してみましょう．標準正規分布の上側確率が $\alpha/2$ となる値を $z_{\alpha/2}$ とすると，標準正規分布は 0 を中心とした左右対称な分布であるため，$-z_{\alpha/2}$ は下側確率が $\alpha/2$ となる値となります（図 6.5 参照）．たとえば，標準正規分布の上側確率が 0.025 となる値は 1.96 なので，下側確率が 0.025 となる値は -1.96 となります．Z が $-z_{\alpha/2}$ と $z_{\alpha/2}$ との間の値をとる確率は $1-\alpha$ であるため，

$$P\left(-z_{\alpha/2} < \frac{\bar{X} - \mu}{\sqrt{\sigma^2/n}} < z_{\alpha/2}\right) = 1 - \alpha \tag{9.6}$$

と書くことができます．括弧内の不等式を μ について解くと，

$$P\left(\bar{X} - z_{\alpha/2}\sqrt{\sigma^2/n} < \mu < \bar{X} + z_{\alpha/2}\sqrt{\sigma^2/n}\right) = 1 - \alpha \tag{9.7}$$

となります．この式は，多数回標本抽出を繰り返すと，$\bar{X}$ の実現値である $\bar{x}$ を用いて計算される $\bar{x} - z_{\alpha/2}\sqrt{\sigma^2/n}$ と $\bar{x} + z_{\alpha/2}\sqrt{\sigma^2/n}$ との間に μ が含まれる割合が $1 - \alpha$ になるということを意味しています．したがって，これら 2 つの値からなる区間

$$\left[\bar{x} - z_{\alpha/2}\sqrt{\sigma^2/n}, \quad \bar{x} + z_{\alpha/2}\sqrt{\sigma^2/n}\right] \tag{9.8}$$

が，母分散が既知のときの母平均 μ の信頼係数 $1 - \alpha$ の信頼区間となります．

●正規母集団の母平均の信頼区間（母分散が既知のとき）

母集団分布が平均 μ，分散 σ^2 の正規分布 $N(\mu, \sigma^2)$ のとき，標本平均を $\bar{X}$ とすると，母平均 μ の信頼係数 $1 - \alpha$ の信頼区間は

$$\left[\bar{x} - z_{\alpha/2}\sqrt{\sigma^2/n}, \quad \bar{x} + z_{\alpha/2}\sqrt{\sigma^2/n}\right].$$

次に，正規母集団の母分散が未知の場合を考えます．母集団分布が平均 μ，分散未知の正規分布のとき，不偏分散を

$$\begin{aligned} U^2 &= \frac{(X_1 - \bar{X})^2 + (X_2 - \bar{X})^2 + \cdots + (X_n - \bar{X})^2}{n - 1} \\ &= \frac{1}{n - 1} \sum_{i=1}^{n} (X_i - \bar{X})^2 \end{aligned} \tag{9.9}$$

とすると，

$$t = \frac{\bar{X} - \mu}{\sqrt{U^2/n}} \tag{9.10}$$

は自由度 $n - 1$ の t 分布に従います（8.5.3 項参照）．母分散が既知のときと同様に，自由度 $n - 1$ の t 分布の上側確率が $\alpha/2$ となる値を $t_{\alpha/2}(n - 1)$ とすると，t 分布は 0 を中心とした左右対称な分布であるため，

$$P\left(-t_{\alpha/2}(n-1) < \frac{\bar{X} - \mu}{\sqrt{U^2/n}} < t_{\alpha/2}(n-1)\right) = 1 - \alpha \tag{9.11}$$

と書くことができます．括弧内の不等式を μ について解くと，

$$P\left(\bar{X} - t_{\alpha/2}(n-1)\sqrt{U^2/n} < \mu < \bar{X} + t_{\alpha/2}(n-1)\sqrt{U^2/n}\right) = 1 - \alpha \tag{9.12}$$

となります．したがって，

$$\left[\bar{x} - t_{\alpha/2}(n-1)\sqrt{u^2/n},\quad \bar{x} + t_{\alpha/2}(n-1)\sqrt{u^2/n}\right] \tag{9.13}$$

が，母分散が未知のときの母平均 μ の信頼係数 $1-\alpha$ の信頼区間となります．

●正規母集団の母平均の信頼区間（母分散が未知のとき）

母集団分布が平均 μ，分散未知の正規分布のとき，標本平均を $\bar{X}$，不偏分散を U^2 とすると，母平均 μ の信頼係数 $1-\alpha$ の信頼区間は

$$\left[\bar{x} - t_{\alpha/2}(n-1)\sqrt{u^2/n},\quad \bar{x} + t_{\alpha/2}(n-1)\sqrt{u^2/n}\right].$$

例題 9.1

平均 μ，分散 σ^2 の正規母集団から大きさ 4 の標本

$$13,\ 16,\ 10,\ 17$$

を抽出したとき，以下の問いに答えよ．
(1) $\sigma^2 = 25$ のとき，母平均 μ の信頼係数 95% の信頼区間を求めよ．
(2) σ^2 が未知のとき，母平均 μ の信頼係数 95% の信頼区間を求めよ．

解答
(1) $\bar{x} = 14$, $z_{0.025} = 1.96$ より，母平均 μ の信頼係数 95% の信頼区間は

$$\left[14 \pm 1.96 \times \sqrt{\frac{25}{4}}\right] = [9.1,\ 18.9].$$

(2) 不偏分散 u^2 は
$$u^2 = \frac{(13-14)^2 + (16-14)^2 + (10-14)^2 + (17-14)^2}{4-1}$$
$$= 10.$$

$t_{0.025}(3) = 3.18$ より，母平均 μ の信頼係数 95% の信頼区間は

$$\left[14 \pm 3.18 \times \sqrt{\frac{10}{4}}\right] = [8.97,\ 19.03].$$

9.4.2 母分散の区間推定

母集団分布が分散 σ^2 の正規分布のとき，不偏分散を U^2 とすると，

$$\chi^2 = \frac{(n-1)U^2}{\sigma^2} \tag{9.14}$$

は自由度 $n-1$ の χ^2 分布に従います (8.5.2 項参照)．自由度 $n-1$ の χ^2 分布の上側確率が $\alpha/2$ となる値を $\chi^2_{\alpha/2}(n-1)$，上側確率が $1-\alpha/2$ となる値（つまり，下側確率が $\alpha/2$ となる値）を $\chi^2_{1-\alpha/2}(n-1)$ とすると，

$$P\left(\chi^2_{1-\alpha/2}(n-1) < \frac{(n-1)U^2}{\sigma^2} < \chi^2_{\alpha/2}(n-1)\right) = 1 - \alpha \tag{9.15}$$

と書くことができます．χ^2 分布は標準正規分布や t 分布とは異なり，0 を中心とした左右対称の分布ではありません．したがって，$\chi^2_{1-\alpha/2}(n-1) \neq -\chi^2_{\alpha/2}(n-1)$ であることに注意が必要です．括弧内の不等式を σ^2 について解くと，

$$P\left(\frac{(n-1)U^2}{\chi^2_{\alpha/2}(n-1)} < \sigma^2 < \frac{(n-1)U^2}{\chi^2_{1-\alpha/2}(n-1)}\right) = 1 - \alpha \tag{9.16}$$

となります．したがって，

$$\left[\frac{(n-1)u^2}{\chi^2_{\alpha/2}(n-1)},\ \frac{(n-1)u^2}{\chi^2_{1-\alpha/2}(n-1)}\right] \tag{9.17}$$

が母分散 σ^2 の信頼係数 $1-\alpha$ の信頼区間となります．

●**正規母集団の母分散の信頼区間**

母集団分布が分散 σ^2 の正規分布のとき，不偏分散を U^2 とすると，母分散 σ^2 の信頼係数 $1-\alpha$ の信頼区間は

$$\left[\frac{(n-1)u^2}{\chi^2_{\alpha/2}(n-1)},\ \frac{(n-1)u^2}{\chi^2_{1-\alpha/2}(n-1)}\right].$$

例題 9.2

分散 σ^2 の正規母集団から大きさ 6 の標本

$$21,\ 17,\ 19,\ 14,\ 16,\ 15$$

を抽出したとき，σ^2 の信頼係数 95% の信頼区間を求めよ．

解答
$u^2 = 6.8$, $\chi^2_{0.025}(5) = 12.83$, $\chi^2_{0.975}(5) = 0.83$ より，母分散 σ^2 の信頼係数 95% の信頼区間は

$$\left[\frac{(6-1)6.8}{12.83}, \frac{(6-1)6.8}{0.83}\right] = [2.65, \ 40.96].$$

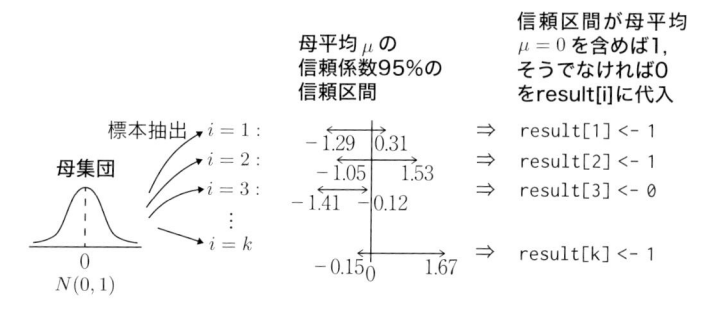

9.4.3　区間推定のシミュレーション

　信頼係数 95% の信頼区間とは，「同一の母集団から多数回標本抽出を繰り返し，そのたびに信頼区間を推定すると，95% の割合で母数を含む」という区間なので，R のシミュレーションにより，このことが正しいか確認してみましょう．具体的には，「標準正規分布 $N(0,1)$ に従う乱数を n 個発生させ，得られた乱数の値から母平均 μ の信頼係数 95% の信頼区間を推定し，信頼区間が $\mu = 0$ を含むかどうかを判定する」というステップを k 回繰り返し，信頼区間が母平均を含む割合を計算します．信頼区間が母平均を含む割合が信頼係数の値 0.95 と一致していれば，正しく信頼区間が推定されているといえます．シミュレーションの手順は，次のようにまとめられます．

●**信頼区間が正しく推定されているか確認するためのシミュレーション**

1. シミュレーションの条件を設定
2. 以下の (1) から (3) のステップを k 回繰り返す（$i = 1, 2, \ldots, k$）
   - (1) 標準正規分布 $N(0,1)$ から n 個の乱数を発生
   - (2) 乱数から母平均 μ の信頼係数 95% の信頼区間を推定
   - (3) 信頼区間が母平均 $\mu = 0$ を含めば 1，そうでなければ 0 を記録
3. 信頼区間が母平均 μ を含む割合を計算

図 9.3　区間推定のシミュレーション

以下は，シミュレーションに用いたプログラムです．

```
> # シミュレーションの条件の設定
> n     <- 5       # 標本の大きさ
> k     <- 10000   # 繰り返し回数
>
> # 要素数 k のベクトルを用意
> result <- numeric(k)
>
> # (1) から (3) のステップを k 回繰り返す
> for (i in 1:k) {
+   # (1) 標準正規乱数を n 個発生
+   x <- rnorm(n)
+
+   # (2) 信頼区間の推定
+   x.bar <- mean(x)   # 標本平均
+   u2    <- var(x)    # 不偏分散
+
+   lower <- x.bar + qt(0.025, n-1)*sqrt(u2)/sqrt(n)   # 下側
+   upper <- x.bar + qt(0.975, n-1)*sqrt(u2)/sqrt(n)   # 上側
+
+   # (3) 信頼区間が母平均 0 を含むかどうかを記録
+   result[i] <- ifelse(0>lower & 0<upper, 1, 0)
+ }
>
> # 信頼区間が母平均 0 を含む割合を計算
> mean(result)
[1] 0.9504
```

上記のプログラムでは，標本抽出のたびに，母分散が未知のときの正規母集団の母平均の信頼区間

$$\left[\bar{x}-t_{\alpha/2}(n-1)\sqrt{u^2/n},\quad \bar{x}+t_{\alpha/2}(n-1)\sqrt{u^2/n}\right]$$

を推定し，下側信頼限界と上側信頼限界をそれぞれ lower と upper に代入します．信頼区間が母数の値を含むか確認するため，k 回目の繰り返しにおいて，信頼区間が $\mu=0$ を含んでいれば，result[i] に 1 を代入し，そうでなければ 0 を代入します．信頼区間が μ を含むというのは，下側信頼限界が μ よりも小さく，かつ，上側信頼限界が μ よりも大きいことであるため，この条件を関数 ifelse() の引数として指定します．10,000 回の繰り返しが終わった後，推定された信頼区間のうちどのくらいの割合が真の母数を含んでいたかを計算するために，result の平均値を計算しま

す．その結果，母平均の信頼係数 95% の信頼区間が真の母平均の値 $\mu = 0$ を含んだ割合が 95.04% でした．このことから，母平均の信頼区間は信頼係数とほぼ同じ割合で母平均を含んでいたといえます．

例題 9.3
正規母集団の母分散の信頼区間が

$$\left[\frac{(n-1)u^2}{\chi^2_{\alpha/2}(n-1)}, \frac{(n-1)u^2}{\chi^2_{1-\alpha/2}(n-1)} \right]$$

であるということをシミュレーションにより確認せよ．

解答
以下は，母分散の信頼係数 95% の信頼区間を用いて，シミュレーションを行った結果である．

```
> # シミュレーションの条件の設定
> n <- 5        # 標本の大きさ
> k <- 10000   # 繰り返し回数
>
> # 要素数 k のベクトルを用意
> result <- numeric(k)
>
> # (1) から (3) のステップを k 回繰り返す
> for (i in 1:k) {
+   # (1) 標準正規乱数を n 個発生
+   x <- rnorm(n)
+
+   # (2) 信頼区間の推定
+   u2 <- var(x)    # 不偏分散
+
+   lower <- (n-1)*u2 / qchisq(0.975, n-1)  # 下側
+   upper <- (n-1)*u2 / qchisq(0.025, n-1)  # 上側
+
+   # (3) 信頼区間が母分散 1 を含むかどうかを記録
+   result[i] <- ifelse(1>lower & 1<upper, 1, 0)
+ }
>
> # 信頼区間が母分散を含む割合を計算
> mean(result)
[1] 0.9497
```

$$u^2 = \frac{2.5(5-1) + 3(7-1)}{5+7-2}$$
$$= 2.8.$$

$t_{0.025}(5+7-2) = t_{0.025}(10) = 2.23$ より，母平均の差 $\mu_1 - \mu_2$ の信頼係数 95% の信頼区間は

$$\left[6 - 12 \pm 2.23 \times \sqrt{2.8\left(\frac{1}{5} + \frac{1}{7}\right)} \right] = [-8.18, -3.82].$$

(3) 標本平均の差の分布の自由度は

$$\nu = \frac{\left(\frac{2.5}{5} + \frac{3}{7}\right)^2}{\frac{(2.5/5)^2}{5-1} + \frac{(3/7)^2}{7-1}}$$
$$= 9.26 \approx 9.$$

$t_{0.025}(9) = 2.26$ より，母平均の差 $\mu_1 - \mu_2$ の信頼係数 95% の信頼区間は

$$\left[6 - 12 \pm 2.26 \times \sqrt{\frac{2.5}{5} + \frac{3}{7}} \right] = [-8.18, -3.82].$$

上記の (3) では，母分散は等しいと仮定した場合と同じ推定結果が得られました．また，近似的に自由度 9 の t 分布のパーセント点を用いましたが，t 分布のパーセント点を求める関数 `qt()` を用いれば，より正確な信頼区間を求めることができます．

9.5.2 母分散の比の区間推定

2 つの標本の不偏分散をそれぞれ U_1^2, U_2^2 とすると，

$$\frac{\frac{(n_1-1)U_1^2}{\sigma_1^2}/(n_1-1)}{\frac{(n_2-1)U_2^2}{\sigma_2^2}/(n_2-1)} = \frac{\sigma_2^2}{\sigma_1^2} \cdot \frac{U_1^2}{U_2^2} \sim F(n_1-1, n_2-1) \tag{9.30}$$

が成り立ちます（8.6.2 項参照）．したがって，

$$P\left(F_{1-\alpha/2}(n_1-1, n_2-1) < \frac{\sigma_2^2}{\sigma_1^2} \cdot \frac{U_1^2}{U_2^2} < F_{\alpha/2}(n_1-1, n_2-1) \right) = 1 - \alpha \tag{9.31}$$

と書くことができ，括弧内の不等式を σ_2^2/σ_1^2 について解くと，

$$P\left(F_{1-\alpha/2}(n_1-1, n_2-1)\frac{U_2^2}{U_1^2} < \frac{\sigma_2^2}{\sigma_1^2} < F_{\alpha/2}(n_1-1, n_2-1)\frac{U_2^2}{U_1^2} \right) = 1 - \alpha \tag{9.32}$$

と書くことができるため，

$$\left[F_{1-\alpha/2}(n_1-1, n_2-1)\frac{u_2^2}{u_1^2}, \quad F_{\alpha/2}(n_1-1, n_2-1)\frac{u_2^2}{u_1^2}\right] \tag{9.33}$$

が母分散の比 σ_2^2/σ_1^2 の信頼係数 $1-\alpha$ の信頼区間となります．

> ●**母分散の比の信頼区間**
>
> 2つの正規母集団 $N(\mu_1, \sigma^2)$, $N(\mu_2, \sigma^2)$ からそれぞれ抽出される標本について，標本の大きさを n_1, n_2, 不偏分散の観測値を u_1^2, u_2^2 とすると，母分散の比 σ_2^2/σ_1^2 の信頼係数 $1-\alpha$ の信頼区間は
> $$\left[F_{1-\alpha/2}(n_1-1, n_2-1)\frac{u_2^2}{u_1^2}, \quad F_{\alpha/2}(n_1-1, n_2-1)\frac{u_2^2}{u_1^2}\right].$$

例題 9.5

分散 σ_1^2 の正規母集団から大きさ 4 の標本，分散 σ_2^2 の正規母集団から大きさ 6 の標本をそれぞれ抽出し，次の値を得た．

X	3	6	7	9		
Y	8	11	15	19	13	9

母分散の比 σ_2^2/σ_1^2 の信頼係数 95% の信頼区間を求めよ．

解答

$u_1^2 = 6.25$, $u_2^2 = 16.7$, $F_{0.025}(3,5) = 7.76$, $F_{0.975}(3,5) = 1/F_{0.025}(5,3) = 0.07$ より，母分散の比 σ_2^2/σ_1^2 の信頼係数 95% の信頼区間は

$$\left[0.07 \times \frac{16.7}{6.25}, \quad 7.76 \times \frac{16.7}{6.25}\right] = [0.19, \ 20.73]$$

9.6 中心極限定理を用いる区間推定

これまで学んできた区間推定の方法は，いずれも母集団分布が正規分布であることを仮定したものでした．しかしながら，母集団分布は常に正規分布とは限りません．母集団分布が正規分布ではないときは，中心極限定理を用いることにより，母平均の信頼区間を近似的に求めることができます．

9.6.1 ベルヌーイ母集団の母比率の区間推定

母集団分布が母比率 p のベルヌーイ分布のとき，標本の大きさ n が十分に大きければ，中心極限定理により，標本比率 $\bar{X}$ の分布は正規分布 $N(p, p(1-p)/n)$ に近似できます（8.7 節参照）．$\bar{X}$ の標準化変数について，

$$P\left(-z_{\alpha/2} < \frac{\bar{X} - p}{\sqrt{\frac{p(1-p)}{n}}} < z_{\alpha/2}\right) \approx 1 - \alpha \tag{9.34}$$

と書くことができ，括弧内の不等式を p について解くと，

$$P\left(\bar{X} - z_{\alpha/2}\sqrt{\frac{p(1-p)}{n}} < p < \bar{X} + z_{\alpha/2}\sqrt{\frac{p(1-p)}{n}}\right) \approx 1 - \alpha \tag{9.35}$$

となります．ここで，信頼限界に未知の母数 p が含まれているため，p の代わりにその一致推定量である $\bar{X}$ を用いることにより，母比率 p の信頼係数 $1 - \alpha$ の信頼区間を

$$\left[\bar{x} - z_{\alpha/2}\sqrt{\frac{\bar{x}(1-\bar{x})}{n}}, \quad \bar{x} + z_{\alpha/2}\sqrt{\frac{\bar{x}(1-x)}{n}}\right] \tag{9.36}$$

と近似的に求めることができます．

●ベルヌーイ母集団の母比率の信頼区間

母集団分布が母比率 p のベルヌーイ分布のとき，標本の大きさ n が十分に大きければ，近似的な母比率 p の信頼係数 $1 - \alpha$ の信頼区間は

$$\left[\bar{x} - z_{\alpha/2}\sqrt{\frac{\bar{x}(1-\bar{x})}{n}}, \quad \bar{x} + z_{\alpha/2}\sqrt{\frac{\bar{x}(1-\bar{x})}{n}}\right].$$

例題 9.6

母比率 p のベルヌーイ母集団から大きさ 100 の標本を抽出したとき，標本比率 $\bar{x} = 0.5$ だった．母比率 p の信頼係数 90% の信頼区間を求めよ．

解答

$z_{0.05} = 1.64$ より，母比率 p の信頼係数 90% の信頼区間は

$$\left[0.5 \pm 1.64 \times \sqrt{\frac{0.5(1-0.5)}{100}}\right] = [0.418,\ 0.582].$$

9.6.2　ポアソン母集団の母平均の区間推定

　ポアソン母集団についても，ベルヌーイ母集団と同様の方法で近似的に母平均の信頼区間を求めることができます．母集団分布が平均 λ のポアソン分布のとき，標本の大きさ n が十分に大きければ，中心極限定理により，標本平均 $\bar{X}$ の分布は正規分布 $N(\lambda, \lambda/n)$ に近似できます（8.7 節参照）．$\bar{X}$ の標準化変数について，

$$P\left(-z_{\alpha/2} < \frac{\bar{X} - \lambda}{\sqrt{\lambda/n}} < z_{\alpha/2}\right) \approx 1 - \alpha \tag{9.37}$$

と書くことができ，括弧内の不等式を λ について解くと，

$$P\left(\bar{X} - z_{\alpha/2}\sqrt{\lambda/n} < \lambda < \bar{X} + z_{\alpha/2}\sqrt{\lambda/n}\right) \approx 1 - \alpha \tag{9.38}$$

となります．ベルヌーイ母集団のときと同様に信頼限界に未知の母数 λ が含まれているため，λ の代わりにその一致推定量である $\bar{X}$ を用いて，母平均 λ の信頼係数 $1-\alpha$ の信頼区間を

$$\left[\bar{x} - z_{\alpha/2}\sqrt{\bar{x}/n},\quad \bar{x} + z_{\alpha/2}\sqrt{\bar{x}/n}\right] \tag{9.39}$$

と近似的に求めることができます．

●**ポアソン母集団の母平均の信頼区間**

　母集団分布が母平均 λ のポアソン分布のとき，標本の大きさ n が十分に大きければ，近似的な母平均 λ の信頼係数 $1-\alpha$ の信頼区間は

$$\left[\bar{x} - z_{\alpha/2}\sqrt{\bar{x}/n},\quad \bar{x} + z_{\alpha/2}\sqrt{\bar{x}/n}\right].$$

例題 9.7

母平均 λ のポアソン母集団から大きさ 200 の標本を抽出したとき，標本平均 $\bar{x} = 2$ だった．母平均 λ の信頼係数 95% の信頼区間を求めよ．

解答

$z_{0.025} = 1.96$ より，母平均 λ の信頼係数 95% の信頼区間は

$$\left[2 \pm 1.96 \times \sqrt{2/200}\right] = [1.804,\ 2.196].$$

練習問題

9.1 ある弁当屋が無作為に抽出した顧客 10 人に対して昼食にいくらまで支出できるか調査したところ，支出できる金額の平均値は 600 円，不偏分散は 16,000 円だった．支出できる金額は正規分布に従うと仮定して，母平均の信頼係数 95% の信頼区間を求めよ．

9.2 ある飲料メーカーが新製品を市場に導入するにあたって，購入意向調査の標本として無作為に 400 人を抽出したところ，20% の人が購入したいと回答した．このとき，母比率の信頼係数 95% の信頼区間を求めよ．

第10章 仮説検定

10.1 仮説検定とは

推測統計において，推定と並んで重要な概念が仮説検定です．**仮説検定**（hypothesis test）とは，標本に基づいて母集団に関する仮説を検定することです．仮説検定は，統計的に仮説を検定することを強調するために，統計的仮説検定とよばれることもあります．仮説検定は，ビジネスの場面はもちろんのこと，自然科学や社会科学の様々な学問分野で科学的意思決定の方法として用いられています．

仮説検定では，最初に母集団に関する何らかの仮説を立て，母集団から抽出した標本からその仮説が正しいとはいえないとき，最初に立てた仮説はそもそも誤っていたと考えます．たとえば，「手元にあるコインは歪みがない」という仮説を立てたとします．そのコインを100回投げるとき，仮説が正しければ，表の出る回数は50回程度になるはずです．したがって，表の出る回数が40回から60回程度であれば，最初に立てた仮説は誤っているとはいえないでしょう．一方，表の出る回数が10回以下だったり，90回以上であれば，最初に立てた仮説は誤っていると考えることができます．標本に基づいて，仮説は誤っていると判断することを仮説を**棄却**（reject）するといいます．

10.1.1 帰無仮説と対立仮説

仮説検定では，帰無仮説と対立仮説とよばれる2つの仮説を最初に設定します．**帰無仮説**（null hypothesis）とは，棄却されるかされないかの判断にさらされる仮説で H_0 と表します．一方，**対立仮説**（alternative hypothesis）とは，帰無仮説と対立する仮説で H_1 と表します．仮説検定では，立証したい仮説を対立仮説とします．

対立仮説には，両側対立仮説と片側対立仮説があります．両側対立仮説は，母数がある値と異なるかどうかという仮説であるのに対して，片側対立仮説は，母数がある値より大きいか，または，小さいかという仮説です．両側対立仮説を用いる検定を**両側検定**（two-sided test）といい，片側対立仮説を用いる検定を**片側検定**（one-sided test）といいます．

たとえば，あるコインが歪んでいるかどうかを検証するには，両側検定を行います．コインの表が出る確率を p とすると，帰無仮説と対立仮説をそれぞれ

$$H_0 : p = 0.5, \quad H_1 : p \neq 0.5 \tag{10.1}$$

と設定します．一方，コインの表が出る確率が裏が出る確率よりも高いかどうかを検証する場合は，片側検定を行えばよく，帰無仮説と対立仮説をそれぞれ

$$H_0 : p = 0.5, \quad H_1 : p > 0.5 \tag{10.2}$$

と設定します．両側検定をすべきかそれとも片側検定をすべきかは，分析者が何を立証したいのかに依存します．

10.1.2 検定統計量

仮説検定において用いる統計量を**検定統計量** (test statistic) といいます．どの検定統計量を用いるかは，母集団分布と検定の対象となる母数によって異なります．コイン投げの例では，標本比率 $\bar{X}$ の標準化変数 Z を検定統計量として用います．

標本の大きさ n が十分に大きければ，標本比率 $\bar{X}$ の分布は正規分布 $N(p, p(1-p)/n)$ に近似できます（8.7 節参照）．したがって，帰無仮説が正しければ，$n = 100$ のとき，標本比率 $\bar{X}$ の分布は $N(0.5, 0.5(1-0.5)/100) = N(0.5, 0.0025)$ に近似できます．検定統計量を用いることにより，帰無仮説が正しいという条件の下で，実際に得られた標本がどのくらいの確率で起こるかを計算することができます．たとえば，帰無仮説が正しいという条件の下で，100 回コインを投げたとき，表が 90 回より多く出る確率は，標本比率 $\bar{X}$ が 0.9 より大きい値をとる確率であり，

$$\begin{aligned} P(\bar{X} > 0.9) &= P\left(\frac{\bar{X} - 0.5}{\sqrt{0.0025}} > \frac{0.9 - 0.5}{\sqrt{0.0025}}\right) \\ &= P(Z > 8) \\ &\approx 0 \end{aligned} \tag{10.3}$$

と求めることができます．つまり，帰無仮説が正しければ，コインを 100 回投げたとき，表が 90 回より多く出る確率はほぼ 0 といえます．

10.1.3 有意水準

仮説検定では，帰無仮説が正しいという条件の下で起きる確率が低いこと（めったに起きないこと）が実際に起きれば，帰無仮説は棄却されます．コイン投げの例では，コインに歪みがなければ（つまり，表が出る確率が $p = 0.5$ であれば），50 回表が出る確率が最も高く，表が出る回数が 50 から離れていくにつれ，その確率は低くなっていきます．仮説検定では，仮説を棄却するかしないかを判断することが目的であるため，どのくらい低い確率をめったに起きないことと判断するかあらかじめ決め

る必要があります．その確率を**有意水準**（significance level）といい，一般的に α と表します．有意水準 α は 0.1, 0.05, 0.01 などに設定されることが多いです．

10.1.4　棄却域と採択域

　検定統計量の実現値を用いて，帰無仮説を棄却するか否かの判定を行います．帰無仮説を棄却すべき検定統計量の値の範囲を**棄却域**（rejection region），棄却しない範囲を**採択域**（acceptance region）といいます．棄却域と採択域は，検定統計量の標本分布から求めることができます．棄却域と採択域の境界となる値を**臨界値**（critical value）といいます．

　帰無仮説の下で，検定統計量の実現値よりも起こりにくい値をとる確率を **p 値**（p value）といいます．検定統計量の実現値が臨界値と等しいとき，p 値は有意水準の値と等しくなり，検定統計量の実現値が棄却域に含まれるとき，p 値は有意水準の値より小さい値をとります．検定結果に p 値を示すことにより，帰無仮説を棄却するか否かの判断にどのくらいの確信が持てるかを示すことができます．

10.1.5　仮説検定の手順のまとめ

　仮説検定の手順は，次のようにまとめることができます．

---
1. 母集団に関する帰無仮説と対立仮説を設定する
2. 検定統計量を選ぶ
3. 有意水準 α の値を決める
4. 標本から検定統計量の実現値を求める
5. 帰無仮説を棄却するかしないかを判定する

● 10.2　正規母集団に対する検定

　本節では，仮説検定の最も基本である正規母集団に対する検定を紹介します．正規母集団に対する検定では，母平均または母分散が検定対象となります．はじめに，母平均の検定を紹介し，次に母分散の検定を紹介します．

10.2.1　母平均の検定

　正規母集団の母平均の検定では，帰無仮説を「母平均 μ はある値 μ_0 と等しい（$H_0 : \mu = \mu_0$）」とし，対立仮説の違いにより，次の 3 つの検定が考えられます．

> 1. **両側検定**：μ がある値 μ_0 と異なるかどうかを検定する
>
> $H_0 : \mu = \mu_0, \quad H_1 : \mu \neq \mu_0$
>
> 2. **右片側検定**：μ がある値 μ_0 より大きいかどうかを検定する
>
> $H_0 : \mu = \mu_0, \quad H_1 : \mu > \mu_0$
>
> 3. **左片側検定**：μ がある値 μ_0 より小さいかどうかを検定する
>
> $H_0 : \mu = \mu_0, \quad H_1 : \mu < \mu_0$

正規母集団の標本平均 $\bar{X}$ の分布を思い出してみましょう．平均 μ，分散 σ^2 の正規母集団 $N(\mu, \sigma^2)$ から無作為に抽出される標本の標本平均 $\bar{X}$ は正規分布 $N(\mu, \sigma^2/n)$ に従います．したがって，$\bar{X}$ の標準化変数について，

$$\frac{\bar{X} - \mu}{\sqrt{\sigma^2/n}} \sim N(0, 1) \tag{10.4}$$

が成り立ちます（8.5.1 項参照）．検定統計量は，帰無仮説 $H_0 : \mu = \mu_0$ の下での統計量であるため，

$$Z = \frac{\bar{X} - \mu_0}{\sqrt{\sigma^2/n}} \tag{10.5}$$

を検定統計量とします．帰無仮説が正しければ，検定統計量 Z は標準正規分布 $N(0,1)$ に従います．実際に得られた標本を用いて，検定統計量の実現値

$$z_0 = \frac{\bar{x} - \mu_0}{\sqrt{\sigma^2/n}} \tag{10.6}$$

を計算します．両側検定では，μ が μ_0 と異なるかどうかに興味があるため，z_0 の絶対値 $|z_0|$ が臨界値 $z_{\alpha/2}$ より大きければ，帰無仮説は誤っていると考えて帰無仮説を棄却します．一方，片側検定では，μ が μ_0 より大きいか，または，小さいかに興味があります．したがって，右片側検定では，$z_0 > z_\alpha$ のとき，帰無仮説を棄却し，左片側検定では，$z_0 < -z_\alpha$ のとき，帰無仮説を棄却します．正規母集団の母平均の検定の検定統計量および棄却域と採択域は，次のようにまとめられます．

●正規母集団の母平均の検定（母分散が既知のとき）

検定統計量

正規母集団 $N(\mu, \sigma^2)$ から大きさ n の標本を抽出するとき，標本平均を $\bar{X}$ とすると，検定統計量は

$$Z = \frac{\bar{X} - \mu_0}{\sqrt{\sigma^2/n}}$$

であり，帰無仮説 $H_0 : \mu = \mu_0$ の下で，$Z \sim N(0, 1)$.

棄却域と採択域

検定統計量の実現値

$$z_0 = \frac{\bar{x} - \mu_0}{\sqrt{\sigma^2/n}}$$

を計算し，以下の判定を行う．

1. 両側検定（$H_0 : \mu = \mu_0$, $H_1 : \mu \neq \mu_0$）

$$\begin{cases} |z_0| > z_{\alpha/2} \text{ のとき，} H_0 \text{ を棄却する} \\ |z_0| \leq z_{\alpha/2} \text{ のとき，} H_0 \text{ を棄却しない} \end{cases}$$

2. 右片側検定（$H_0 : \mu = \mu_0$, $H_1 : \mu > \mu_0$）

$$\begin{cases} z_0 > z_\alpha \text{ のとき，} H_0 \text{ を棄却する} \\ z_0 \leq z_\alpha \text{ のとき，} H_0 \text{ を棄却しない} \end{cases}$$

3. 左片側検定（$H_0 : \mu = \mu_0$, $H_1 : \mu < \mu_0$）

$$\begin{cases} z_0 < -z_\alpha \text{ のとき，} H_0 \text{ を棄却する} \\ z_0 \geq -z_\alpha \text{ のとき，} H_0 \text{ を棄却しない} \end{cases}$$

実際のデータ分析では，正規母集団の母分散 σ^2 が既知ということはほとんどないため，多くの場合，σ^2 は未知であるという前提で検定を行います．σ^2 が未知のとき，不偏分散を U^2 とすると，

$$\frac{\bar{X} - \mu}{\sqrt{U^2/n}} \sim t(n-1) \tag{10.7}$$

が成り立ちます（8.5.3 項参照）．したがって，母分散が未知のときは，母分散が既知のときの検定統計量の σ^2 を U^2 に置き換えた

$$t = \frac{\bar{X} - \mu_0}{\sqrt{U^2/n}} \tag{10.8}$$

を検定統計量とします．帰無仮説 $H_0 : \mu = \mu_0$ の下で，t は自由度 $n-1$ の t 分布に従います．母分散が既知のときと同様に，検定統計量の実現値 t_0 を計算し，帰無仮説を棄却するかどうかを判定します．t 分布に従う統計量を検定統計量とする検定を **t 検定** (t test) といい，t_0 を **t 値** (t value) といいます．

●正規母集団の母平均の検定（母分散が未知のとき）

検定統計量

平均 μ，分散未知の正規母集団から大きさ n の標本を抽出するとき，標本平均を $\bar{X}$，不偏分散を U^2 とすると，検定統計量は

$$t = \frac{\bar{X} - \mu_0}{\sqrt{U^2/n}}$$

であり，帰無仮説 $H_0 : \mu = \mu_0$ の下で，$t \sim t(n-1)$．

棄却域と採択域

検定統計量の実現値

$$t_0 = \frac{\bar{x} - \mu_0}{\sqrt{u^2/n}}$$

を計算し，以下の判定を行う．

1. 両側検定 ($H_0 : \mu = \mu_0$, $H_1 : \mu \neq \mu_0$)

$$\begin{cases} |t_0| > t_{\alpha/2}(n-1) \text{ のとき，} H_0 \text{ を棄却する} \\ |t_0| \leq t_{\alpha/2}(n-1) \text{ のとき，} H_0 \text{ を棄却しない} \end{cases}$$

2. 右片側検定 ($H_0 : \mu = \mu_0$, $H_1 : \mu > \mu_0$)

$$\begin{cases} t_0 > t_{\alpha}(n-1) \text{ のとき，} H_0 \text{ を棄却する} \\ t_0 \leq t_{\alpha}(n-1) \text{ のとき，} H_0 \text{ を棄却しない} \end{cases}$$

3. 左片側検定 ($H_0 : \mu = \mu_0$, $H_1 : \mu < \mu_0$)

$$\begin{cases} t_0 < -t_{\alpha}(n-1) \text{ のとき，} H_0 \text{ を棄却する} \\ t_0 \geq -t_{\alpha}(n-1) \text{ のとき，} H_0 \text{ を棄却しない} \end{cases}$$

例題 10.1

平均 μ，分散 σ^2 の正規母集団から大きさ 4 の標本

13, 16, 10, 17

を抽出したとき，以下の問いに答えよ．
(1) $\sigma^2 = 25$ のとき，μ は 10 ではないといえるか有意水準 5% で検定せよ．
(2) σ^2 が未知のとき，μ は 8 より大きいといえるか有意水準 10% で検定せよ．

解答
(1) 帰無仮説と対立仮説を
$$H_0 : \mu = 10, \quad H_1 : \mu \neq 10$$
として，両側検定を行う．$\bar{x} = 14$ より，検定統計量の実現値は
$$z_0 = \frac{14 - 10}{\sqrt{25/4}} = 1.6.$$
$z_{0.025} = 1.96$ であるから，$|z_0| \leq z_{0.025}$ より，有意水準 5% で帰無仮説は棄却されない．よって，μ は 10 ではないとはいえない．

(2) 帰無仮説と対立仮説を
$$H_0 : \mu = 8, \quad H_1 : \mu > 8$$
として，右片側検定を行う．$u^2 = 10$ より，検定統計量の実現値は
$$t_0 = \frac{14 - 8}{\sqrt{10/4}} = 3.79.$$
$t_{0.1}(3) = 1.64$ であるから，$t_0 > t_{0.1}(3)$ より，有意水準 10% で帰無仮説は棄却される．よって，μ は 8 より大きいといえる．

t 検定を行う R の関数

R を用いることにより，t 検定を容易に行うことができます．R には，t 検定を行う関数として，t.test() があります．引数として，標本の観測値が要素のベクトルと検定したい値 μ_0 (mu) を指定します．とくに何も指定しなければ，両側検定を行います．引数として，alternative="greater" と指定すれば右片側検定を行い，alternative="less" と指定すれば左片側検定を行います．

> ● t 検定を行う R の関数
>
> 標本の観測値を x に代入し，以下のコマンドを実行する．
> 1. 両側検定（$H_0 : \mu = \mu_0, \quad H_1 : \mu \neq \mu_0$）
>   t.test(x, mu=a)
> 2. 右片側検定（$H_0 : \mu = \mu_0, \quad H_1 : \mu > \mu_0$）
>   t.test(x, mu=a, alternative="greater")
> 3. 左片側検定（$H_0 : \mu = \mu_0, \quad H_1 : \mu < \mu_0$）
>   t.test(x, mu=a, alternative="less")

以下は，例題 10.1(2) を関数 t.test() を用いて検定した結果です．

```
> # 標本の観測値を x に代入
> x <- c(13,16,10,17)
>
> # t 検定
> t.test(x, mu=8, alternative="greater")

        One Sample t-test

data:  x
t = 3.7947, df = 3, p-value = 0.01606
alternative hypothesis: true mean is greater than 8
95 percent confidence interval:
 10.27901      Inf
sample estimates:
mean of x
       14
```

　t.test() は検定に必要な様々な値を返します．実行結果において，t=3.7947 は t 値，df=3 は検定統計量 t の自由度，p-value=0.01606 は p 値を示します．alternative hypothesis: true mean is greater than 8 は「対立仮説：母平均は 8 より大きい」と訳され，対立仮説 $H_1 : \mu > \mu_0$ の右片側検定を行ったことを意味しています．t.test() を用いる際は，p 値に基づいて帰無仮説を棄却するかどうかを判断します．ここでは，p 値が 0.01606 で有意水準 10% より小さいため，帰無仮説は棄却されます．また，t.test() は母平均の信頼区間（95 percent confidence interval），標本平均（mean of x）も返します．信頼区間の信頼係数は，デフォルトでは 95% に設定されていますが，引数として，conf.level を指定することで，信頼係数の値を変えることができます．

　この検定は，右片側検定であるため，p 値は自由度 3 の t 分布において，検定統計量の実現値より大きい値をとる確率です．したがって，t 分布の確率を求める関数 pt() を用いて，p 値は次のように求めることができます．

```
> # 検定統計量の実現値
> t <- (mean(x)-8)/sqrt(var(x)/4)
> t
[1] 3.794733
>
> # p 値
> 1-pt(t,3)
[1] 0.01605971
```

10.2.2 母分散の検定

正規母集団の母分散の検定の帰無仮説は，$H_0: \sigma^2 = \sigma_0^2$ であり，母平均の検定と同様に，対立仮説の違いにより，次の3つの検定が考えられます．

1. **両側検定**：σ^2 がある値 σ_0^2 と異なるかどうかを検定する
$$H_0: \sigma^2 = \sigma_0^2, \quad H_1: \sigma^2 \neq \sigma_0^2$$
2. **右片側検定**：σ^2 がある値 σ_0^2 より大きいかどうかを検定する
$$H_0: \sigma^2 = \sigma_0^2, \quad H_1: \sigma^2 > \sigma_0^2$$
3. **左片側検定**：σ^2 がある値 σ_0^2 より小さいかどうかを検定する
$$H_0: \sigma^2 = \sigma_0^2, \quad H_1: \sigma^2 < \sigma_0^2$$

正規母集団から抽出される標本の不偏分散を U^2 とすると，

$$\frac{(n-1)U^2}{\sigma^2} \sim \chi^2(n-1) \tag{10.9}$$

が成り立ちます（8.5.2項参照）．したがって，母分散の検定では，検定統計量は

$$\chi^2 = \frac{(n-1)U^2}{\sigma_0^2} \tag{10.10}$$

であり，帰無仮説 $H_0: \sigma^2 = \sigma_0^2$ の下で，χ^2 は自由度 $n-1$ の χ^2 分布に従います．検定統計量の実現値 χ_0^2 を計算し，帰無仮説を棄却するかどうかを判定します．χ^2 分布に従う統計量を検定統計量とする検定を **χ^2 検定** (chi-square test) といい，χ_0^2 を **χ^2 値** (chi-square value) といいます．

●正規母集団の母分散の検定

検定統計量

分散 σ^2 の正規母集団から大きさ n の標本を抽出するとき，不偏分散を U^2 とすると，検定統計量は

$$\chi^2 = \frac{(n-1)U^2}{\sigma_0^2}$$

であり，帰無仮説 $H_0: \sigma^2 = \sigma_0^2$ の下で，$\chi^2 \sim \chi^2(n-1)$．

棄却域と採択域

検定統計量の実現値

$$\chi_0^2 = \frac{(n-1)u^2}{\sigma_0^2}$$

を計算し，以下の判定を行う．

1. 両側検定 ($H_0 : \sigma^2 = \sigma_0^2$, $H_1 : \sigma^2 \neq \sigma_0^2$)

$$\begin{cases} \chi_0^2 < \chi_{1-\alpha/2}^2(n-1) \text{ または } \chi_0^2 > \chi_{\alpha/2}^2(n-1) \text{ のとき,} \\ H_0 \text{ を棄却する} \\ \chi_{1-\alpha/2}^2(n-1) < \chi_0^2 < \chi_{\alpha/2}^2(n-1) \text{ のとき, } H_0 \text{ を棄却しない} \end{cases}$$

2. 右片側検定 ($H_0 : \sigma^2 = \sigma_0^2$, $H_1 : \sigma^2 > \sigma_0^2$)

$$\begin{cases} \chi_0^2 > \chi_\alpha^2(n-1) \text{ のとき, } H_0 \text{ を棄却する} \\ \chi_0^2 \leq \chi_\alpha^2(n-1) \text{ のとき, } H_0 \text{ を棄却しない} \end{cases}$$

3. 左片側検定 ($H_0 : \sigma^2 = \sigma_0^2$, $H_1 : \sigma^2 < \sigma_0^2$)

$$\begin{cases} \chi_0^2 < \chi_{1-\alpha}^2(n-1) \text{ のとき, } H_0 \text{ を棄却する} \\ \chi_0^2 \geq \chi_{1-\alpha}^2(n-1) \text{ のとき, } H_0 \text{ を棄却しない} \end{cases}$$

例題 10.2

分散 σ^2 の正規母集団から大きさ 6 の標本

$$21, 17, 19, 14, 16, 15$$

を抽出したとき，σ^2 は 10 より小さいといえるか有意水準 5% で検定せよ．

解答

帰無仮説と対立仮説を

$$H_0 : \sigma^2 = 10, \quad H_1 : \sigma^2 < 10$$

として，左片側検定を行う．$u^2 = 6.8$ より，検定統計量の実現値は

$$\chi_0^2 = \frac{(6-1)6.8}{10} = 3.4.$$

$\chi_{0.95}^2(5) = 1.15$ であるから，$\chi_0^2 \geq \chi_{0.95}^2(5)$ より，有意水準 5% で帰無仮説は棄却されない．よって，σ^2 は 10 より小さいとはいえない．

R には母分散の検定を行う関数は用意されていませんが，母分散の検定における p 値は，χ^2 分布の関数 `pchisq()` を用いて求めることができます．例題 10.2 におけ

る p 値は，自由度 5 の χ^2 分布において，検定統計量の実現値より小さい値をとる確率であるため，次のように求めることができます．

```
> # 標本の観測値を x に代入
> x <- c(21,17,19,14,16,15)
>
> # 検定統計量の実現値
> chisq <- (6-1)*var(x)/10
> chisq
[1] 3.4
>
> # p 値
> pchisq(chisq,5)
[1] 0.3614301
```

p 値が 0.3614301 で有意水準 5% より大きいため，帰無仮説は棄却されません．

10.3　中心極限定理を用いる検定

これまで，正規母集団の母数の検定方法を紹介してきましたが，母集団分布が常に正規分布とは限りません．中心極限定理を用いることにより，母集団分布が正規分布ではない母集団の母数も検定することができます．

あるテレビ番組の視聴率の検定する場合を考えてみましょう．母集団分布は，ある世帯があるテレビ番組を見たか，見なかったかという二値の値をとりうるため，母比率 p のベルヌーイ分布に従うと仮定できます．ベルヌーイ母集団の母比率の検定の帰無仮説は，$H_0 : p = p_0$ であり，対立仮説の違いにより，次の 3 つの検定が考えられます．

1. **両側検定**：p がある値 p_0 と異なるかどうかを検定する
$$H_0 : p = p_0, \quad H_1 : p \neq p_0$$
2. **右片側検定**：p がある値 p_0 より大きいかどうかを検定する
$$H_0 : p = p_0, \quad H_1 : p > p_0$$
3. **左片側検定**：p がある値 p_0 より小さいかどうかを検定する
$$H_0 : p = p_0, \quad H_1 : p < p_0$$

中心極限定理は，母集団分布の平均を μ，分散を σ^2 とすると，n が十分に大きければ，母集団分布がどのような分布であっても，標本平均の分布は $N(\mu, \sigma^2/n)$ に近似できることを保証します．ベルヌーイ分布の平均は p，分散は $p(1-p)$ であるため，n が十分に大きければ，標本比率 $\bar{X}$ の分布は平均 p，分散 $p(1-p)/n$ の正規分布に近似できます．したがって，検定統計量は

$$Z = \frac{\bar{X} - p_0}{\sqrt{p_0(1-p_0)/n}} \tag{10.11}$$

であり，n が十分に大きいとき，帰無仮説 $H_0 : p = p_0$ の下で，Z は標準正規分布に近似できます．検定統計量の実現値 z_0 を計算し，帰無仮説を棄却するかどうかを判定します．

●ベルヌーイ母集団の母比率の検定

検定統計量

母比率 p のベルヌーイ母集団から大きさ n の標本を抽出するとき，標本比率を $\bar{X}$ とすると，検定統計量は

$$Z = \frac{\bar{X} - p_0}{\sqrt{p_0(1-p_0)/n}}$$

であり，n が十分に大きければ，帰無仮説 $H_0 : p = p_0$ の下で，Z は標準正規分布に近似できる．

棄却域と採択域

検定統計量の実現値

$$z_0 = \frac{\bar{x} - p_0}{\sqrt{p_0(1-p_0)/n}}$$

を計算し，以下の判定を行う．

1. 両側検定（$H_0 : p = p_0$, $H_1 : p \neq p_0$）

$$\begin{cases} |z_0| > z_{\alpha/2} \text{ のとき，} H_0 \text{ を棄却する} \\ |z_0| \leq z_{\alpha/2} \text{ のとき，} H_0 \text{ を棄却しない} \end{cases}$$

2. 右片側検定（$H_0 : p = p_0$, $H_1 : p > p_0$）

$$\begin{cases} z_0 > z_\alpha \text{ のとき，} H_0 \text{ を棄却する} \\ z_0 \leq z_\alpha \text{ のとき，} H_0 \text{ を棄却しない} \end{cases}$$

3. 左片側検定（$H_0 : p = p_0$, $H_1 : p < p_0$）

$$\begin{cases} z_0 < -z_\alpha \text{ のとき,}\ H_0 \text{ を棄却する} \\ z_0 \geq -z_\alpha \text{ のとき,}\ H_0 \text{ を棄却しない} \end{cases}$$

例題 10.3
母比率 p のベルヌーイ母集団から大きさ 100 の標本を抽出したとき,標本比率 $\bar{x} = 0.6$ だった.母比率 p は 0.5 より大きいといえるか有意水準 5% で検定せよ.

解答
帰無仮説と対立仮説を

$$H_0 : p = 0.5, \quad H_1 : p > 0.5$$

として,右片側検定を行う.検定統計量の実現値は

$$z_0 = \frac{0.6 - 0.5}{\sqrt{0.5(1-0.5)/100}} = 2.$$

$z_{0.05} = 1.64$ であるから,$z_0 > z_{0.05}$ より,有意水準 5% で帰無仮説は棄却される.よって,p は 0.5 より大きいといえる.

母比率の検定では,正規分布の確率を求める関数 pnorm() を用いて,p 値を求めることができます.例題 10.3 の検定における p 値は,標準正規分布において,2 より大きい値をとる確率であるため,次のように求めることができます.

```
> # p 値
> 1-pnorm(2,0,1)
[1] 0.02275013
```

● 10.4　χ^2 検定

有名な χ^2 検定として,**適合度の検定**(test of goodness of fit)と**独立性の検定**(test of independence)があります.いずれの検定も母集団分布が多項分布のときの検定方法です.**多項分布**(multinomial distribution)とは,観測値が有限個の離散値をとりうる分布であり,二項分布を一般化した離散型の確率分布です.適合度の検定は,ある母集団が何らかの多項分布に従っているかどうかを検定し,独立性の検定は,多項分布に従う 2 つの変数が独立かどうかを検定します.

10.4.1 適合度の検定

あるサイコロに歪みがあるかを検証したいとします．もし歪みがなければ，サイコロを 300 回振ったとき，出る目の度数の期待値はいずれも 300/6 = 50 となります．度数の期待値を**期待度数** (expected frequency) といい，各目の期待度数は表 10.1 のようにまとめることができます．

表 10.1 歪みのないサイコロの目の期待度数

サイコロの目	1	2	3	4	5	6
期待度数	50	50	50	50	50	50

一方，実際にサイコロを振って出た目の度数を**観測度数** (observed frequency) といいます．実際にサイコロを 300 回振り，期待度数と観測度数の差が小さければこのサイコロは歪みがないといえますが，反対に，いずれかの目の度数が極端に多かったり，少なかったりすれば，歪みがあるといえます．適合度の検定では，期待度数と観測度数の差に着目し，母集団分布が特定の多項分布といえるかどうかを検定します．

適合度の検定を一般化して説明します．標本がいくつかのカテゴリーに分類されるとき，その分類基準を属性といいます．ある属性が k 個のカテゴリーを持っていて，大きさ n の標本が各カテゴリー $A_1, A_2, \ldots, A_k$ に分類されるとき，各カテゴリーに属する観測度数を $o_1, o_2, \ldots, o_k$ とします．また，各カテゴリーに分類される確率が $p_1, p_2, \ldots, p_k$ のとき，期待度数は $np_1, np_2, \ldots, np_k$ となります（表 10.2）．

表 10.2 観測度数と期待度数

カテゴリー	A_1	A_2	$\cdots$	A_k	計
観測度数	o_1	o_2	$\cdots$	o_k	n
理論確率	p_1	p_2	$\cdots$	p_k	1
期待度数	np_1	np_2	$\cdots$	np_k	n

標本がカテゴリー A_i に分類される確率を $P(A_i)$ と表すと，適合度の検定では，帰無仮説と対立仮説を

$$H_0 : P(A_1) = p_1, P(A_2) = p_2, \ldots, P(A_k) = p_k$$
$$H_1 : H_0 は正しくない$$

とします．A_i の期待度数を $e_i = np_i$ とすると，検定統計量は

$$\chi^2 = \frac{(o_1 - np_1)^2}{np_1} + \frac{(o_2 - np_2)^2}{np_2} + \cdots + \frac{(o_k - np_k)^2}{np_k}$$

$$= \sum_{i=1}^{k} \frac{(o_i - e_i)^2}{e_i} \tag{10.12}$$

であり，n が十分に大きいとき，帰無仮説 $H_0: P(A_1) = p_1, P(A_2) = p_2, \ldots, P(A_k) = p_k$ の下で，χ^2 は自由度 $k-1$ の χ^2 分布に近似できることが知られています．観測度数と期待度数の差が大きければ，帰無仮説は誤っていると考えられるため，検定統計量の実現値 χ_0^2 を計算し，右片側検定を行います．一般的に，各カテゴリーへ属する観測度数 o_i がいずれも 5 以上であれば，検定するのに十分な大きさの標本であるといわれています．

●適合度の検定

検定統計量

大きさ n の標本が k 個のカテゴリー $A_1, A_2, \ldots, A_k$ に分類されるとき，A_i に属する観測度数を o_i，A_i に分類される確率を p_i，A_i の期待度数を $e_i = np_i$ とすると，検定統計量は

$$\chi^2 = \sum_{i=1}^{k} \frac{(o_i - e_i)^2}{e_i}$$

であり，n が十分に大きければ，帰無仮説 $H_0: P(A_1) = p_1, P(A_2) = p_2, \ldots, P(A_k) = p_k$ の下で，χ^2 は自由度 $k-1$ の χ^2 分布に近似できる．

棄却域と採択域

検定統計量の実現値 χ_0^2 を計算し，以下の判定を行う（右片側検定）．

$$\begin{cases} \chi_0^2 > \chi_\alpha^2(k-1) \text{ のとき, } H_0 \text{ を棄却する} \\ \chi_0^2 \leq \chi_\alpha^2(k-1) \text{ のとき, } H_0 \text{ を棄却しない} \end{cases}$$

例題 10.4

あるプロ野球のグッズショップでは，ある日における球団別のグッズの売上数量は，以下の表の通りであった．

球団	巨人	ヤクルト	広島	横浜	中日	阪神	計
売上数量	13	7	8	14	7	11	60

グッズの売上数量は，球団によって差があるといえるか有意水準 5% で検定せよ．

解答

各球団のグッズが購買される確率を p_i, 帰無仮説と対立仮説を

$$H_0: p_1 = p_2 = \cdots = p_6 = 1/6$$
$$H_1: H_0 は正しくない$$

として, 適合度の検定を行う. 各球団の売上数量の期待度数は $60/6 = 10$ であるため, 検定統計量の実現値は

$$\chi_0^2 = \frac{(13-10)^2}{10} + \frac{(7-10)^2}{10} + \cdots + \frac{(11-10)^2}{10}$$
$$= 4.8.$$

$\chi_{0.05}^2(5) = 11.07$ であるから, $\chi_0^2 < \chi_{0.05}^2(5)$ より, 有意水準 5% で帰無仮説は棄却されない. よって, 球団によって差があるとはいえない.

適合度の検定を行う R の関数

R では, 適合度の検定を関数 chisq.test() で行うことができます. 引数として, 観測度数が要素のベクトルと帰無仮説の確率 (p) を指定します.

●適合度の検定を行う R の関数

観測度数を o, 帰無仮説の確率を prob に代入し, 以下のコマンドを実行する.
　　chisq.test(x, p=prob)

以下は, 例題 10.4 を関数 chisq.test() を用いて検定した結果です.

```
> # 観測度数を o に代入
> o <- c(13,7,8,14,7,11)
>
> # 帰無仮説の確率を p に代入
> prob <- c(1/6, 1/6, 1/6, 1/6, 1/6, 1/6)
>
> # 適合度の検定
> chisq.test(o, p=prob)

        Chi-squared test for given probabilities

data:  o
X-squared = 4.8, df = 5, p-value = 0.4408
```

chisq.test() では，引数 p を何も指定しなければ，すべての確率は等しいという帰無仮説の下での検定が行われます．例題 10.4 では，すべての出る目の確率は等しいという帰無仮説であるため，引数 p を指定しなくても同一の結果を得ることができます．p 値は，自由度 5 の χ^2 分布において，検定統計量の実現値より大きい値をとる確率であるため，次のように求めることができます．

```
> # 期待度数
> e <- sum(o)/6
> e
[1] 10
>
> # 検定統計量の実現値
> chisq <- sum((o-e)^2/e)
> chisq
[1] 4.8
>
> # p 値
> 1-pchisq(chisq,5)
[1] 0.440773
```

10.4.2 独立性の検定

独立性の検定は，2 つの属性が独立かどうかを検定します．大きさ n の標本に対して，2 つの異なる属性 A, B を同時に観測したとします．A は $A_1, A_2, \ldots, A_r$ のカテゴリーに，B は $B_1, B_2, \ldots, B_c$ のカテゴリーに分割されているとすると，表 10.3 のような観測度数 o_{ij} で構成される分割表が作成できます．行ごとまたは列ごとの度数の和 $o_{i\cdot}$, $o_{\cdot j}$ を，**周辺度数**（marginal frequency）といいます．

表 10.3 分割表

	B_1	B_2	$\cdots$	B_c	計
A_1	o_{11}	o_{12}	$\cdots$	o_{1c}	$o_{1\cdot}$
A_2	o_{21}	o_{22}	$\cdots$	o_{2c}	$o_{2\cdot}$
$\vdots$	$\vdots$	$\vdots$	$\ddots$	$\vdots$	$\vdots$
A_r	o_{r1}	o_{r2}	$\cdots$	o_{rc}	$o_{r\cdot}$
計	$o_{\cdot 1}$	$o_{\cdot 2}$	$\cdots$	$o_{\cdot c}$	n

（属性 A，属性 B）

独立性の検定では，2 つの属性が独立であるときの期待度数と観測度数の差に着

目し，2つの属性が独立かどうかを判定します．属性 A が A_i かつ属性 B が B_j に分類される同時確率 $P(A_i, B_j)$ を p_{ij} と表し，属性 A が A_i に分類される確率 $P(A_i)$，属性 B が B_j に分類される確率 $P(B_j)$ をそれぞれ $P(A_i) = p_{i \cdot} = \sum_{j=1}^{c} p_{ij}$，$P(B_j) = p_{\cdot j} = \sum_{i=1}^{r} p_{ij}$ と表すと，属性 A と属性 B が独立であれば，すべての i, j に対して，$p_{ij} = p_{i \cdot} p_{\cdot j}$ が成り立ちます (5.4.1 項参照)．

$p_{i \cdot}$ と $p_{\cdot j}$ の推定値はそれぞれ $\hat{p}_{i \cdot} = o_{i \cdot}/n$，$\hat{p}_{\cdot j} = o_{\cdot j}/n$ であるため，属性 A と属性 B が独立のとき，p_{ij} の推定値は

$$\begin{aligned} \hat{p}_{ij} &= \hat{p}_{i \cdot} \hat{p}_{\cdot j} = \frac{o_{i \cdot}}{n} \times \frac{o_{\cdot j}}{n} \\ &= \frac{o_{i \cdot} o_{\cdot j}}{n^2} \end{aligned} \tag{10.13}$$

となります．したがって，属性 A と属性 B が独立のとき，A_i かつ B_j の期待度数 e_{ij} は

$$\begin{aligned} e_{ij} &= n \hat{p}_{i \cdot} \hat{p}_{\cdot j} = n \times \frac{o_{i \cdot} o_{\cdot j}}{n^2} \\ &= \frac{o_{i \cdot} o_{\cdot j}}{n} \end{aligned} \tag{10.14}$$

となります．

独立性の検定では，2つの属性が独立かどうかを検定するため，帰無仮説と対立仮説を

$$H_0 : 2 つの属性は独立である$$
$$H_1 : 2 つの属性は独立ではない$$

とします．検定統計量は

$$\begin{aligned} \chi^2 &= \frac{(o_{11} - e_{11})^2}{e_{11}} + \frac{(o_{12} - e_{12})^2}{e_{12}} + \cdots + \frac{(o_{rc} - e_{rc})^2}{e_{rc}} \\ &= \sum_{i=1}^{r} \sum_{j=1}^{c} \frac{(o_{ij} - e_{ij})^2}{e_{ij}} \end{aligned} \tag{10.15}$$

であり，n が十分に大きいとき，帰無仮説 H_0：「2つの属性は独立」の下で，χ^2 は自由度 $(r-1) \times (c-1)$ の χ^2 分布に近似できることが知られています．適合度の検定と同様に，検定統計量の実現値 χ_0^2 を計算し，右片側検定を行います．

10.4 χ^2 検定

●独立性の検定

検定統計量

大きさ n の標本が属性 A のカテゴリー $A_1, A_2, \ldots, A_r$ と属性 B のカテゴリー $B_1, B_2, \ldots, B_c$ に同時に分類されるとき，A_i かつ B_j に属する観測度数を o_{ij}，A_i，B_j の周辺度数をそれぞれ $o_{i\cdot}$，$o_{\cdot j}$，A_i かつ B_j の期待度数を $e_{ij} = o_{i\cdot} o_{\cdot j}/n$ とすると，検定統計量は

$$\chi^2 = \sum_{i=1}^{r} \sum_{j=1}^{c} \frac{(o_{ij} - e_{ij})^2}{e_{ij}}$$

であり，n が十分に大きければ，帰無仮説 H_0：「2 つの属性は独立」の下で，χ^2 は自由度 $(r-1) \times (c-1)$ の χ^2 分布に近似できる．

棄却域と採択域

検定統計量の実現値 χ_0^2 を計算し，以下の判定を行う（右片側検定）．

$$\begin{cases} \chi_0^2 > \chi_\alpha^2((r-1) \times (c-1)) \text{ のとき，} H_0 \text{ を棄却する} \\ \chi_0^2 \leq \chi_\alpha^2((r-1) \times (c-1)) \text{ のとき，} H_0 \text{ を棄却しない} \end{cases}$$

例題 10.5

ある洋菓子店では，顧客 200 人に対して，ケーキ，プリン，クッキー，チョコレートの中でどれが最も好きかを聞いた．以下の表は，最も好きと答えた種類の人数を男女別に示している．

	ケーキ	プリン	クッキー	チョコレート
女性	42	19	16	23
男性	28	11	24	37

男女で好きなスイーツの種類に違いがあるといえるか有意水準 5% で検定せよ．

解答

帰無仮説と対立仮説を

H_0：男女で好きなスイーツの種類に違いがない（2 つの属性は独立である）

H_1 : 男女で好きなスイーツの種類に違いがある（2つの属性は独立ではない）

として，独立性の検定を行う．検定統計量 χ^2 の自由度は，$(2-1) \times (4-1) = 3$ であり，検定統計量の実現値は

$$\chi_0^2 = \frac{(42 - 100 \times 70/200)^2}{100 \times 70/200} + \frac{(19 - 100 \times 30/200)^2}{100 \times 30/200} + \cdots + \frac{(37 - 100 \times 60/200)^2}{100 \times 60/200}$$
$$= 9.8.$$

$\chi_{0.05}^2(3) = 7.82$ であるから，$\chi_0^2 > \chi^2(3)$ より，有意水準 5% で帰無仮説は棄却される．よって，男女で好きなスイーツの種類に違いがあるといえる．

独立性の検定を行う R の関数

適合度の検定と同様に，関数 chisq.test() により，独立性の検定を行うことができます．引数として観測度数の行列を指定します．

●独立性の検定を行う R の関数

観測度数の行列を o に代入し，以下のコマンドを実行する．
　chisq.test(o)

では，例題 10.5 を関数 chisq.test() を用いて検定してみましょう．観測度数の行列は，関数 matrix() を用いて作成できます．matrix() では，引数として，標本の観測値が要素のベクトルと行数（nrow）または列数（ncol）を指定します．

```
> # 観測度数を o に代入
> o <- matrix(c(42,28,19,11,16,24,23,37), nrow=2)
> o
     [,1] [,2] [,3] [,4]
[1,]   42   19   16   23
[2,]   28   11   24   37
>
> # 独立性の検定
> chisq.test(o)

        Pearson's Chi-squared test

data:  o
X-squared = 9.8, df = 3, p-value = 0.02034
```

10.4 χ^2 検定

chisq.test() を使わずに，p 値を求めてみましょう．まず，観測度数の行列を用いて，標本の大きさを n，行の周辺度数 o.row，列の周辺度数 o.col に代入します．標本の大きさは，観測度数の行列に対して，合計値を求める関数 sum() を用いることにより求めることができます．行の周辺度数は，行ごとに合計値を求める関数 rowSums()，列の周辺度数は，列ごとに合計値を求める関数 colSums() を用いることにより求めることができます．

```
> # 標本の大きさを n に代入
> n <- sum(o)
> n
[1] 200
>
> # 行の周辺度数を o.row，列の周辺度数を o.col に代入
> o.row <- rowSums(o)
> o.col <- colSums(o)
> o.row
[1] 100 100
> o.col
[1] 70 30 40 60
```

次に，期待度数を求めます．期待度数は，対応する行の周辺度数と列の周辺度数の積を標本の大きさ n で割ることにより求めることができます．ここでは，値が入っていない 2 行 4 列の行列 e を作成した後，そこに期待度数を代入していきます．e[1,1] は，行列 e の 1 行 1 列目の要素です．

```
> e <- matrix(NA, nrow=2, ncol=4)
> e[1,1] <- o.row[1]*o.col[1] / n
> e[1,2] <- o.row[1]*o.col[2] / n
> e[1,3] <- o.row[1]*o.col[3] / n
> e[1,4] <- o.row[1]*o.col[4] / n
> e[2,1] <- o.row[2]*o.col[1] / n
> e[2,2] <- o.row[2]*o.col[2] / n
> e[2,3] <- o.row[2]*o.col[3] / n
> e[2,4] <- o.row[2]*o.col[4] / n
> e
     [,1] [,2] [,3] [,4]
[1,]   35   15   20   30
[2,]   35   15   20   30
```

最後に，期待度数と観測度数を用いて，p 値を求めます．p 値は，自由度 3 の χ^2 分布において，検定統計量の実現値より大きい値をとる確率であるため，次のように求

めることができます．

```
> # 検定統計量の実現値
> chisq <- sum((o-e)^2/e)
> chisq
[1] 9.8
>
> # p値
> 1-pchisq(chisq,3)
[1] 0.020345
```

練習問題

10.1 ある弁当屋が無作為に抽出した顧客 10 人に対して昼食にいくらまで支出できるか調査したところ，支出できる金額の平均値は 600 円，不偏分散は 16,000 円だった．支出できる金額は正規分布に従うと仮定して，母平均は 500 円より高いといえるか有意水準 5% で検定せよ．

10.2 あるテレビ番組の関東地区の視聴率を調査するために無作為に 400 世帯の標本を抽出した結果，標本の視聴率は 16% だった．関東地区全体の視聴率は 20% より低いといえるか有意水準 5% で検定せよ．

10.3 「顧客データ」を用いて，性別によって DM への反応の有無に違いがあるといえるか有意水準 5% で検定せよ．

第IV部

統計分析編

第11章
2標本検定―特別陳列の有無による売上の差を検証する―

11.1 2標本検定とは

2つの母集団について，それらの平均や分散などの母数が異なるかどうか検定することを **2標本検定**（two-sample test）といいます．たとえば，雨の日と晴れの日で売上に差があるかどうか，または，ある2つの店舗では売上のばらつきに差があるかどうかといった問題に対して2標本検定が用いられます．本章では，2つの母集団分布が正規分布と仮定できるとき，それぞれの母集団の平均の差および分散の比を検定する方法を紹介します．

2つの正規母集団に関する検定では，母平均の差や母分散の比の区間推定のときと同様に，ある正規母集団 $N(\mu_1, \sigma_1^2)$ から大きさ n_1 の標本 $X_1, X_2, \ldots, X_{n_1}$，もう1つの正規母集団 $N(\mu_2, \sigma_2^2)$ から大きさ n_2 の標本 $Y_1, Y_2, \ldots, Y_{n_2}$ をそれぞれ独立に抽出すると仮定します．

11.2 2つの正規母集団の母平均の差の検定

母平均の差の検定では，2つの母平均 μ_1 と μ_2 を比較します．実際の検定では，母分散が未知の場合がほとんどのため，本章では，母分散は未知であると仮定します．この検定の帰無仮説は，$H_0 : \mu_1 = \mu_2$ であり，対立仮説の違いにより，次の3つの検定が考えられます．

---

1. **両側検定**：μ_1 と μ_2 が異なるかどうかを検定する

$$H_0 : \mu_1 = \mu_2, \quad H_1 : \mu_1 \neq \mu_2$$

2. **右片側検定**：μ_1 が μ_2 より大きいかどうかを検定する

$$H_0 : \mu_1 = \mu_2, \quad H_1 : \mu_1 > \mu_2$$

3. **左片側検定**：μ_1 が μ_2 より小さいかどうかを検定する

$$H_0 : \mu_1 = \mu_2, \quad H_1 : \mu_1 < \mu_2$$

2つの母分散 σ_1^2, σ_2^2 が等しいときとそうでないときでは，標本平均の差 $\bar{X} - \bar{Y}$ の分布が異なるため，母分散が等しいときとそうでないときで検定に用いる検定統計量が異なります．まずは2つの母分散が等しい場合を考え，次に2つの母分散が異なる場合を考えていきましょう．

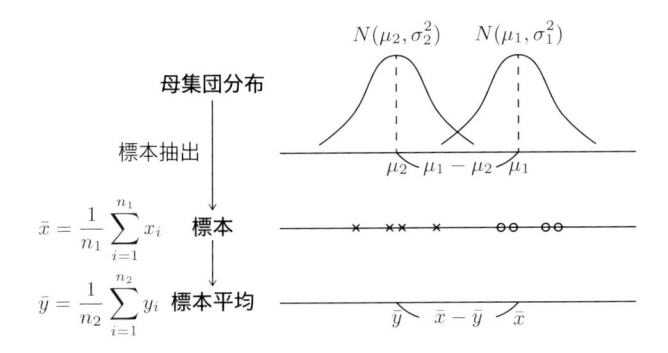

図 11.1 2つの正規母集団に関する検定

2つの母分散は未知であるが等しいとき

母分散 σ_1^2, σ_2^2 が未知であるが等しいとき（$\sigma_1^2 = \sigma_2^2 = \sigma^2$），2つの標本を合わせた不偏分散を

$$U^2 = \frac{\sum_{i=1}^{n_1}(X_i - \bar{X})^2 + \sum_{j=1}^{n_2}(Y_j - \bar{Y})^2}{n_1 + n_2 - 2}$$
$$= \frac{(n_1 - 1)U_1^2 + (n_2 - 1)U_2^2}{n_1 + n_2 - 2} \tag{11.1}$$

とすると，

$$\frac{\bar{X} - \bar{Y} - (\mu_1 - \mu_2)}{\sqrt{U^2 \left(\frac{1}{n_1} + \frac{1}{n_2}\right)}} \sim t(n_1 + n_2 - 2) \tag{11.2}$$

が成り立ちます（8.6.1 項参照）．したがって，検定統計量は，

$$t = \frac{\bar{X} - \bar{Y}}{\sqrt{U^2 \left(\frac{1}{n_1} + \frac{1}{n_2}\right)}} \tag{11.3}$$

であり，帰無仮説 $H_0 : \mu_1 = \mu_2$ の下で，t は自由度 $n_1 + n_2 - 2$ の t 分布に従います．正規母集団の母平均の検定と同様に，検定統計量の実現値 t_0 を計算し，帰無仮説

を棄却するかどうかを判定します．この検定は，**2 標本 t 検定** (two-sample t test) とよばれます．

● **2 標本 t 検定（母分散は未知であるが等しいとき）**

検定統計量

2 つの正規母集団 $N(\mu_1, \sigma_1^2)$，$N(\mu_2, \sigma_2^2)$ からそれぞれ抽出される標本について，標本の大きさを n_1，n_2，標本平均を $\bar{X}$，$\bar{Y}$，2 つの標本を合わせた不偏分散を U^2 とすると，検定統計量は

$$t = \frac{\bar{X} - \bar{Y}}{\sqrt{U^2\left(\frac{1}{n_1} + \frac{1}{n_2}\right)}}$$

であり，帰無仮説 $H_0 : \mu_1 = \mu_2$ の下で，$t \sim t(n_1 + n_2 - 2)$．

棄却域と採択域

検定統計量の実現値 t_0 を計算し，以下の判定を行う．

1. 両側検定（$H_0 : \mu_1 = \mu_2$，$H_1 : \mu_1 \neq \mu_2$）

$$\begin{cases} |t_0| > t_{\alpha/2}(n_1 + n_2 - 2) \text{ のとき，} H_0 \text{ を棄却する} \\ |t_0| \leq t_{\alpha/2}(n_1 + n_2 - 2) \text{ のとき，} H_0 \text{ を棄却しない} \end{cases}$$

2. 右片側検定（$H_0 : \mu_1 = \mu_2$，$H_1 : \mu_1 > \mu_2$）

$$\begin{cases} t_0 > t_\alpha(n_1 + n_2 - 2) \text{ のとき，} H_0 \text{ を棄却する} \\ t_0 \leq t_\alpha(n_1 + n_2 - 2) \text{ のとき，} H_0 \text{ を棄却しない} \end{cases}$$

3. 左片側検定（$H_0 : \mu_1 = \mu_2$，$H_1 : \mu_1 < \mu_2$）

$$\begin{cases} t_0 < -t_\alpha(n_1 + n_2 - 2) \text{ のとき，} H_0 \text{ を棄却する} \\ t_0 \geq -t_\alpha(n_1 + n_2 - 2) \text{ のとき，} H_0 \text{ を棄却しない} \end{cases}$$

---

2 つの母分散が未知であり等しいとは限らないとき

母分散 σ_1^2，σ_2^2 が未知であり等しいとは限らないとき，2 つの標本の不偏分散をそれぞれ U_1^2，U_2^2 とすると，ウェルチの近似法により，

$$t = \frac{\bar{X} - \bar{Y} - (\mu_1 - \mu_2)}{\sqrt{\frac{U_1^2}{n_1} + \frac{U_2^2}{n_2}}} \tag{11.4}$$

は，自由度が

$$\nu = \frac{\left(\frac{U_1^2}{n_1} + \frac{U_2^2}{n_2}\right)^2}{\frac{(U_1^2/n_1)^2}{n_1-1} + \frac{(U_2^2/n_2)^2}{n_2-1}} \tag{11.5}$$

の t 分布に近似できます（8.6.1 項参照）．したがって，検定統計量は，

$$t = \frac{\bar{X} - \bar{Y}}{\sqrt{\frac{U_1^2}{n_1} + \frac{U_2^2}{n_2}}} \tag{11.6}$$

であり，帰無仮説 $H_0 : \mu_1 = \mu_2$ の下で，t は自由度 ν の t 分布に近似できます．母分散が等しいときと同様に，検定統計量 t の実現値 t_0 を計算し，帰無仮説を棄却するかどうかを判定します．母分散が等しいとは限らないときの母平均の差の検定は，ウェルチの近似法を用いるため，**ウェルチの t 検定**とよばれます．

● 2 標本 t 検定（母分散が未知であり等しいとは限らないとき）

検定統計量

2 つの正規母集団 $N(\mu_1, \sigma_1^2)$, $N(\mu_2, \sigma_2^2)$ からそれぞれ抽出される標本について，標本の大きさを n_1, n_2, 標本平均を $\bar{X}$, $\bar{Y}$, 不偏分散を U_1^2, U_2^2 とすると，検定統計量は

$$t = \frac{\bar{X} - \bar{Y}}{\sqrt{\frac{U_1^2}{n_1} + \frac{U_2^2}{n_2}}}$$

であり，帰無仮説 $H_0 : \mu_1 = \mu_2$ の下で，t は自由度

$$\nu = \frac{\left(\frac{U_1^2}{n_1} + \frac{U_2^2}{n_2}\right)^2}{\frac{(U_1^2/n_1)^2}{n_1-1} + \frac{(U_2^2/n_2)^2}{n_2-1}}$$

の t 分布に近似できる．

棄却域と採択域

検定統計量の実現値 t_0 を計算し，以下の判定を行う．

1. 両側検定（$H_0 : \mu_1 = \mu_2$, $H_1 : \mu_1 \neq \mu_2$）

$$\begin{cases} |t_0| > t_{\alpha/2}(\nu) \text{ のとき，} H_0 \text{ を棄却する} \\ |t_0| \leq t_{\alpha/2}(\nu) \text{ のとき，} H_0 \text{ を棄却しない} \end{cases}$$

2. 右片側検定（$H_0 : \mu_1 = \mu_2$, $H_1 : \mu_1 > \mu_2$）

$$\begin{cases} t_0 > t_{\alpha}(\nu) \text{ のとき，} H_0 \text{ を棄却する} \\ t_0 \leq t_{\alpha}(\nu) \text{ のとき，} H_0 \text{ を棄却しない} \end{cases}$$

3. 左片側検定（$H_0: \mu_1 = \mu_2$, $H_1: \mu_1 < \mu_2$）

$$\begin{cases} t_0 < -t_\alpha(\nu) \text{ のとき, } H_0 \text{ を棄却する} \\ t_0 \geq -t_\alpha(\nu) \text{ のとき, } H_0 \text{ を棄却しない} \end{cases}$$

例題 11.1

以下の表は，あるコンビニエンスストアにおいて，雨の日と晴れの日のパフェの売上数量を比較したものである．

雨	7	8	5	6	4		
晴れ	10	12	10	11	14	13	14

雨の日の売上数量は正規分布 $N(\mu_1, \sigma_1^2)$ に従い，晴れの日の売上数量は正規分布 $N(\mu_2, \sigma_2^2)$ に従うと仮定して，以下の問いに答えよ．
(1) σ_1^2, σ_2^2 は未知であるが等しいとき，μ_1 と μ_2 は異なるといえるか有意水準 5% で検定せよ．
(2) σ_1^2, σ_2^2 が未知であり等しいとは限らないとき，μ_1 は μ_2 より小さいといえるか有意水準 10% で検定せよ．

解答

(1) 帰無仮説と対立仮説を

$$H_0: \mu_1 = \mu_2, \quad H_1: \mu_1 \neq \mu_2$$

として，両側検定を行う．$\bar{x} = 6$, $\bar{y} = 12$, $u^2 = 2.8$ より，検定統計量の実現値は

$$t_0 = \frac{6 - 12}{\sqrt{2.8 \left(\frac{1}{5} + \frac{1}{7} \right)}} = -6.12.$$

$t_{0.025}(10) = 2.23$ であるから，$|t_0| > t_{0.025}(10)$ より，有意水準 5% で帰無仮説は棄却される．よって，μ_1 と μ_2 は異なるといえる．

(2) 帰無仮説と対立仮説を

$$H_0: \mu_1 = \mu_2, \quad H_1: \mu_1 < \mu_2$$

として，左片側検定を行う．$u_1^2 = 2.5$, $u_2^2 = 3$ より，検定統計量の実現値は

$$t_0 = \frac{6 - 12}{\sqrt{\frac{2.5}{5} + \frac{3}{7}}} = -6.23.$$

検定統計量 t の自由度は

$$\nu = \frac{\left(\frac{2.5}{5} + \frac{3}{7}\right)^2}{\frac{(2.5/5)^2}{5-1} + \frac{(3/7)^2}{7-1}} = 9.26 \approx 9.$$

$t_{0.1}(9) = 1.38$ であるから，$t_0 < -t_{0.1}(9)$ より，有意水準 10% で帰無仮説は棄却される[*1]．よって，μ_1 は μ_2 より小さいといえる．

2 標本 t 検定を行う R の関数

R で母平均の差の検定を行うには，母平均の検定と同様に，関数 t.test() を用います．引数として，標本の観測値が要素の 2 つのベクトルを指定します．また，引数として，var.equal=T と指定すれば，母分散が等しいと仮定した検定を行い，とくに何も指定しなければ母分散が等しいとは限らないと仮定した検定を行います．さらに，alternative="greater" と指定すれば右片側検定を行い，alternative="less" と指定すれば左片側検定を行います．とくに何も指定しなければ，両側検定を行います．

● 2 標本 t 検定を行う R の関数

標本の観測値を x, y にそれぞれ代入し，以下のコマンドを実行する（2 つの母分散は等しいと仮定する場合）．

1. 両側検定（$H_0 : \mu_1 = \mu_2$, $H_1 : \mu_1 \neq \mu_2$）
    ```
    t.test(x, y, var.equal=T)
    ```
2. 右片側検定（$H_0 : \mu_1 = \mu_2$, $H_1 : \mu_1 > \mu_2$）
    ```
    t.test(x, y, var.equal=T, alternative="greater")
    ```
3. 左片側検定（$H_0 : \mu_1 = \mu_2$, $H_1 : \mu_1 < \mu_2$）
    ```
    t.test(x, y, var.equal=T, alternative="less")
    ```

以下は，例題 11.1(1) を関数 t.test() を用いて検定した結果です．

```
> # 雨の日の売上を ame，晴れの日の売上を hare に代入
> ame  <- c(7,8,5,6,4)
> hare <- c(10,12,10,11,14,13,14)
>
> # 2 標本 t 検定（2 つの母分散は等しいと仮定）
> t.test(ame, hare, var.equal=T)

        Two Sample t-test
```

[*1] R を用いれば，t 分布の自由度が小数点以下の値をとる場合のパーセント点も求めることができます．

```
data: ame and hare
t = -6.1237, df = 10, p-value = 0.0001121
alternative hypothesis: true difference in means is not equal to 0
95 percent confidence interval:
 -8.183121 -3.816879
sample estimates:
mean of x mean of y
        6        12
```

p 値は，自由度 10 の t 分布において，検定統計量の実現値の絶対値より大きい値をとる確率の 2 倍であるため，次のように求めることができます．

```
> # 2 つの標本を合わせた不偏分散
> u2 <- ((5-1)*var(ame)+(7-1)*var(hare)) / (5+7-2)
> u2
[1] 2.8
>
> # 検定統計量の実現値
> t <- (mean(ame)-mean(hare)) / sqrt(u2*(1/5 + 1/7))
> t
[1] -6.123724
>
> # p 値
> 2*(1-pt(abs(t),10))
[1] 0.0001121308
```

例題 11.1(2) は，母分散が等しいとは限らないと仮定した左片側検定であるため，引数として，alternative="less" と指定します．

```
> # ウェルチの t 検定（2 つの母分散は等しくないと仮定）
> t.test(ame, hare, alternative="less")

        Welch Two Sample t-test

data:  ame and hare
t = -6.2265, df = 9.2603, p-value = 6.816e-05
alternative hypothesis: true difference in means is less than 0
95 percent confidence interval:
      -Inf -4.239204
sample estimates:
mean of x mean of y
        6        12
```

p 値は，自由度 ν の t 分布において，検定統計量の実現値より小さい値をとる確率であるため，次のように求めることができます．

```
> # 検定統計量の実現値
> t <- (mean(ame)-mean(hare)) / sqrt(var(ame)/5+var(hare)/7)
> t
[1] -6.226494
>
> # 検定統計量の自由度
> nu.num   <- (var(ame)/5+var(hare)/7)^2                    # 分子
> nu.denom <- (var(ame)/5)^2/(5-1)+(var(hare)/7)^2/(7-1)    # 分母
> nu <- nu.num / nu.denom
> nu
[1] 9.260274
>
> # p 値
> pt(t, nu)
[1] 6.816396e-05
```

11.3　2つの正規母集団の母分散の比の検定

母分散の比の検定の帰無仮説は，$H_0 : \sigma_1^2 = \sigma_2^2$ であり，対立仮説の違いにより，次の3つの検定が考えられます．

> 1. **両側検定**：σ_1^2 と σ_2^2 が異なるかどうかを検定する
> $$H_0 : \sigma_1^2 = \sigma_2^2, \quad H_1 : \sigma_1^2 \neq \sigma_2^2$$
> 2. **右片側検定**：σ_1^2 が σ_2^2 より大きいかどうかを検定する
> $$H_0 : \sigma_1^2 = \sigma_2^2, \quad H_1 : \sigma_1^2 > \sigma_2^2$$
> 3. **左片側検定**：σ_1^2 が σ_2^2 より小さいかどうかを検定する
> $$H_0 : \sigma_1^2 = \sigma_2^2, \quad H_1 : \sigma_1^2 < \sigma_2^2$$

2つの標本の不偏分散をそれぞれ U_1^2，U_2^2 とすると，

$$\frac{\frac{(n_1-1)U_1^2}{\sigma_1^2}\big/(n_1-1)}{\frac{(n_2-1)U_2^2}{\sigma_2^2}\big/(n_2-1)} = \frac{\sigma_2^2}{\sigma_1^2} \cdot \frac{U_1^2}{U_2^2} \sim F(n_1-1, n_2-1) \tag{11.7}$$

が成り立ちます（8.6.2 項参照）．したがって，検定統計量は

$$F = \frac{U_1^2}{U_2^2} \tag{11.8}$$

であり，帰無仮説 $H_0 : \sigma_1^2 = \sigma_2^2$ の下で F は自由度 $(n_1 - 1, n_2 - 1)$ の F 分布に従います．検定統計量の実現値 F_0 を計算し，帰無仮説を棄却するかどうかを判定します．F 分布に従う統計量を検定統計量とする検定を F **検定**（F test）といい，F_0 を **F 値**（F value）といいます．2 つの母分散の比の検定は，**等分散性の検定**とよばれます．

●等分散性の検定

検定統計量

2 つの正規母集団 $N(\mu_1, \sigma_1^2)$，$N(\mu_2, \sigma_2^2)$ からそれぞれ抽出される標本について，標本の大きさを n_1，n_2，不偏分散を U_1^2，U_2^2 とすると，検定統計量は

$$F = \frac{U_1^2}{U_2^2}$$

であり，帰無仮説 $H_0 : \sigma_1^2 = \sigma_2^2$ の下で，$F \sim F(n_1 - 1, n_2 - 1)$．

棄却域と採択域

検定統計量の実現値 F_0 を計算し，以下の判定を行う．

1. 両側検定（$H_0 : \sigma_1^2 = \sigma_2^2$，$H_1 : \sigma_1^2 \neq \sigma_2^2$）

$$\begin{cases} F_0 < F_{1-\alpha/2}(n_1 - 1, n_2 - 1) \text{ または } F_0 > F_{\alpha/2}(n_1 - 1, n_2 - 1) \text{ のとき，} \\ H_0 \text{ を棄却する} \\ F_{1-\alpha/2}(n_1 - 1, n_2 - 1) \leq F_0 \leq F_{\alpha/2}(n_1 - 1, n_2 - 1) \text{ のとき，} \\ H_0 \text{ を棄却しない} \end{cases}$$

2. 右片側検定（$H_0 : \sigma_1^2 = \sigma_2^2$，$H_1 : \sigma_1^2 > \sigma_2^2$）

$$\begin{cases} F_0 > F_{\alpha}(n_1 - 1, n_2 - 1) \text{ のとき，} H_0 \text{ を棄却する} \\ F_0 \leq F_{\alpha}(n_1 - 1, n_2 - 1) \text{ のとき，} H_0 \text{ を棄却しない} \end{cases}$$

3. 左片側検定（$H_0 : \sigma_1^2 = \sigma_2^2$，$H_1 : \sigma_1^2 < \sigma_2^2$）

$$\begin{cases} F_0 < F_{1-\alpha}(n_1 - 1, n_2 - 1) \text{ のとき，} H_0 \text{ を棄却する} \\ F_0 \geq F_{1-\alpha}(n_1 - 1, n_2 - 1) \text{ のとき，} H_0 \text{ を棄却しない} \end{cases}$$

例題 11.2

以下の表は，ある自動車販売会社の関東エリア 4 店舗と関西エリア 6 店舗の 1 か月

あたりの新車の販売台数を比較したものである．

関東	3	6	7	9		
関西	8	11	15	19	13	9

関東エリアの店舗の販売台数は分散 σ_1^2 の正規分布に従い，関西エリアの店舗の販売台数は分散 σ_2^2 の正規分布に従うとする．母分散 σ_1^2 と σ_2^2 は異なるといえるか有意水準 5% で検定せよ．

解答
帰無仮説と対立仮説を

$$H_0: \sigma_1^2 = \sigma_2^2, \quad H_1: \sigma_1^2 \neq \sigma_2^2$$

として，両側検定を行う．$u_1^2 = 6.25$, $u_2^2 = 16.7$ より，検定統計量の実現値は

$$F_0 = \frac{6.25}{16.7} = 0.37.$$

$F_{0.025}(3,5) = 7.76$, $F_{0.975}(3,5) = 1/F_{0.025}(5,3) = 0.07$ であるから，$F_{0.975}(3,5) < F_0 < F_{0.025}(3,5)$ より，有意水準 5% で帰無仮説は棄却されない．よって，σ_1^2 と σ_2^2 は異なるとはいえない．

等分散性の検定を行う R の関数

等分散性の検定を行う R の関数は，var.test() です．引数として，標本の観測値が要素の 2 つのベクトルを指定します．

●等分散性の検定を行う R の関数

標本の観測値を x, y にそれぞれ代入し，以下のコマンドを実行する．

1. 両側検定（$H_0: \sigma_1^2 = \sigma_2^2$, $H_1: \sigma_1^2 \neq \sigma_2^2$）
    ```
    var.test(x, y)
    ```
2. 右片側検定（$H_0: \sigma_1^2 = \sigma_2^2$, $H_1: \sigma_1^2 > \sigma_2^2$）
    ```
    var.test(x, y, alternative="greater")
    ```
3. 左片側検定（$H_0: \sigma_1^2 = \sigma_2^2$, $H_1: \sigma_1^2 < \sigma_2^2$）
    ```
    var.test(x, y, alternative="less")
    ```

以下は，例題 11.2 を関数 var.test() を用いて検定した結果です．

```
> # 関東の販売台数を kanto, 関西の販売台数を kansai に代入
> kanto <- c(3,6,7,9)
> kansai <- c(8,11,15,19,13,9)
>
> # 等分散性の検定
> var.test(kanto, kansai)

        F test to compare two variances

data:  kanto and kansai
F = 0.37425, num df = 3, denom df = 5, p-value = 0.4482
alternative hypothesis: true ratio of variances is not equal to 1
95 percent confidence interval:
 0.04820599 5.57066726
sample estimates:
ratio of variances
         0.3742515
```

F=0.37425 は検定統計量 F の実現値（F 値），num df=3 と denom df=5 は検定統計量 F の自由度です．alternative hypothesis: true ratio of variances is not equal to 1 は「対立仮説：母分散の比は 1 ではない」と訳され，対立仮説 $H_1 : \sigma_1^2 \neq \sigma_2^2$ の両側検定を行ったことを意味しています．

p 値は，自由度 $(3,5)$ の F 分布において，検定統計量の実現値より小さい値をとる確率の 2 倍であるため，次のように求めることができます．

```
> # 検定統計量の実現値
> F <- var(kanto) / var(kansai)
> F
[1] 0.3742515
>
> # p 値
> 2*pf(F,3,5)
[1] 0.4481831
```

練習問題

「売上データ」を用いて，以下の分析をせよ．

11.1 特別陳列があるときとないときで売上数量は異なるといえるか有意水準

5%で検定せよ．ただし，特別陳列があるときとないときで売上数量の分散は等しいとする．
11.2 特別陳列があるときとないときで売上数量は異なるといえるか有意水準5%で検定せよ．ただし，特別陳列があるときとないときで売上数量の分散は異なるとする．
11.3 特別陳列があるときとないときで売上数量の分散は異なるといえるか有意水準5%で検定せよ．

第12章 分散分析―チラシの種類による売上の差を検証する―

12.1 分散分析とは

　前章で紹介した2標本t検定やウェルチのt検定では，2つの正規母集団の母平均が等しいかどうかを検定しました．では，正規母集団が3つあり，それらの母平均に差があるかどうかを検定したいとき，どのようにしたらよいでしょうか．母平均のすべての組み合わせに対して，2標本t検定やウェルチのt検定を3回行うこともできますが，この方法では正しい検定結果を得ることができません．

　分散分析（analysis of variance: ANOVA）は，3つ以上の正規母集団の母平均が異なるかどうかを検定する方法です．分散分析という名前から，分散に関する分析を想像しますが，母分散が検定の対象なのではなく，母平均の差を検定するために分散を用いることからこのような名前が付けられています．本章では，分散分析の中でもとくに用いられることの多い一元配置分散分析と二元配置分散分析を紹介します．

12.2 一元配置分散分析

12.2.1 一元配置分散分析のモデル

　一元配置分散分析（one-way analysis of variance）は，平均μ_i，分散σ^2のm個の正規母集団を仮定し，それらの母集団から抽出される標本に基づいて，母平均の差について検定します．各母集団の母分散はσ^2で共通とし，母平均$\mu_1, \mu_2, \ldots, \mu_m$が異なるかどうかを検定するため，帰無仮説と対立仮説をそれぞれ

$$H_0: \mu_1 = \mu_2 = \cdots = \mu_m$$
$$H_1: H_0 は正しくない$$

とします．つまり，ある母平均が1つでも他の母平均と異なるということがいえれば，帰無仮説は棄却されます．

　各母集団から，大きさ$n_1, n_2, \ldots, n_m$の標本をそれぞれ独立に抽出し，i番目の母集団の標本におけるj番目の要素をX_{ij}とすると，

$$X_{ij} \sim N(\mu_i, \sigma^2) \quad (i = 1, 2, \ldots, m, \quad j = 1, 2, \ldots, n_m) \tag{12.1}$$

と表すことができます．ここで，母平均の平均を μ，各母平均の特性値を a_i とすると，各母平均 μ_i は

$$\mu_i = \mu + a_i \tag{12.2}$$

と表すことができ，

$$\sum_{i=1}^{m} a_i = 0 \tag{12.3}$$

が成り立ちます．a_i を用いると，帰無仮説と対立仮説は

$$H_0 : a_1 = a_2 = \cdots = a_m = 0$$
$$H_1 : H_0 は正しくない$$

と等価であることがわかります．また，X_{ij} は

$$X_{ij} \sim N(\mu + a_i, \sigma^2) \tag{12.4}$$

と表すことができ，さらに，$\varepsilon_{ij} \sim N(0, \sigma^2)$ とすると，

$$X_{ij} = \mu + a_i + \varepsilon_{ij} \tag{12.5}$$

と書くことができます．

12.2.2 一元配置分散分析の検定方法

一元配置分散分析における統計量として，全体の標本平均 $\bar{X}_{..}$ と各母集団の標本平均 $\bar{X}_{i\cdot}$ があります．標本の大きさの合計を $n = \sum_{i=1}^{m} n_i$ とすると，これらは

$$\bar{X}_{..} = \frac{1}{n} \sum_{i=1}^{m} \sum_{j=1}^{n_i} X_{ij}$$
$$\bar{X}_{i\cdot} = \frac{1}{n_i} \sum_{j=1}^{n_i} X_{ij} \tag{12.6}$$

と定義され，

$$E(\bar{X}_{..}) = \mu, \quad E(\bar{X}_{i\cdot}) = \mu_i \tag{12.7}$$

であるため，$\bar{X}_{..}$ は μ の推定量であり，$\bar{X}_{i\cdot}$ は μ_i の推定量です．

標本の各要素 X_{ij} と全体の標本平均 $\bar{X}_{..}$ との差の平方和を**総変動** V_T（total variation）といい，

$$V_T = \sum_{i=1}^{m} \sum_{j=1}^{n_i} (X_{ij} - \bar{X}_{..})^2 \tag{12.8}$$

と表されます．総変動は，すべての標本のばらつきを表す統計量といえます．

標本の各要素 X_{ij} と各母集団の標本平均 $\bar{X}_{i\cdot}$ との差の平方和を**群内変動** V_W（within-group variation），各母集団の標本平均 $\bar{X}_{i\cdot}$ と全体の標本平均 $\bar{X}_{..}$ との差の平方和を**群間変動** V_B（between-group variation）といい，それぞれ

$$V_W = \sum_{i=1}^{m} \sum_{j=1}^{n_i} (X_{ij} - \bar{X}_{i\cdot})^2, \quad V_B = \sum_{i=1}^{m} n_i (\bar{X}_{i\cdot} - \bar{X}_{..})^2 \tag{12.9}$$

と表されます．群内変動 V_W は各母集団のばらつきを表す統計量であり，群間変動 V_B は母平均の母集団間のばらつきを表す統計量といえます．

総変動 V_T は

$$\begin{aligned}
V_T &= \sum_{i=1}^{m} \sum_{j=1}^{n_i} (X_{ij} - \bar{X}_{..})^2 \\
&= \sum_{i=1}^{m} \sum_{j=1}^{n_i} (X_{ij} - \bar{X}_{i\cdot} + \bar{X}_{i\cdot} - \bar{X}_{..})^2 \\
&= \sum_{i=1}^{m} \sum_{j=1}^{n_i} (X_{ij} - \bar{X}_{i\cdot})^2 + \sum_{i=1}^{m} \sum_{j=1}^{n_i} (\bar{X}_{i\cdot} - \bar{X}_{..})^2 \\
&= \sum_{i=1}^{m} \sum_{j=1}^{n_i} (X_{ij} - \bar{X}_{i\cdot})^2 + \sum_{i=1}^{m} n_i (\bar{X}_{i\cdot} - \bar{X}_{..})^2 \\
&= V_W + V_B
\end{aligned} \tag{12.10}$$

のように分解することができるため，

$$総変動\ V_T = 群内変動\ V_W + 群間変動\ V_B \tag{12.11}$$

と書くことができます．一元配置分散分析では，標本全体のばらつき（総変動）を各母集団内のばらつき（群内変動）と母平均の母集団間のばらつき（群間変動）に分解し，母平均の母集団間のばらつきが各母集団内のばらつきと比べて相対的に大きけれ

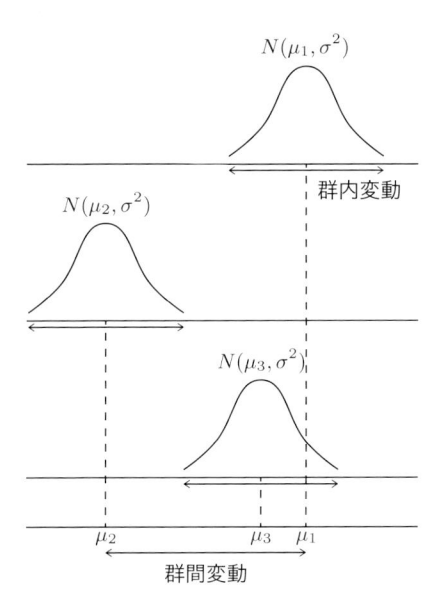

図 12.1 一元配置分散分析

ば，母平均に差があると考えます（図 12.1）．

帰無仮説 $H_0: \mu_1 = \mu_2 = \cdots = \mu_m$ の下で，

$$\frac{V_W}{\sigma^2} \sim \chi^2(n-m), \quad \frac{V_B}{\sigma^2} \sim \chi^2(m-1) \tag{12.12}$$

が成り立つことが知られています．式 6.21 の F 分布の定義より，

$$\frac{\frac{V_B}{\sigma^2(m-1)}}{\frac{V_W}{\sigma^2(n-m)}} \sim F(m-1, n-m) \tag{12.13}$$

が成り立つため，検定統計量は

$$F = \frac{V_B/(m-1)}{V_W/(n-m)} \tag{12.14}$$

であり，帰無仮説 $H_0: \mu_1 = \mu_2 = \cdots = \mu_m$ の下で，F は自由度 $(m-1, n-m)$ の F 分布に従います．ここで，$V_B/(m-1)$, $V_W/(n-m)$ を**平均平方** (mean square) といいます．

一元配置分散分析では，$V_B/(m-1)$ の実現値が $V_W/(n-m)$ の実現値と比べて偶然とはいえないほど大きい値のとき，H_0 を棄却します．したがって，右片側検定を行います．検定統計量の実現値 F_0 を計算し，$F_0 > F_\alpha(m-1, n-m)$ のとき，

集団を示すベクトルを指定します．分散分析表を出力するには，関数 summary() の引数に aov() を指定し，それを実行します．

> ●一元配置分散分析を行う R の関数
> 標本の観測値を y，母集団を示すベクトルを x に代入し，以下のコマンドを実行する．
>   model <- aov(y ~ x)
>   summary(model)

例題 12.1 を関数 aov() を用いて検定してみましょう．まず，各店舗の販売台数を要素とするベクトル A, B, C を作成し，次に，それらを 1 つにまとめたベクトル units を作成します．

```
> # 各店舗の販売台数を A, B, C にそれぞれ代入
> A <- c(21,19,25,23,27)
> B <- c(14,15,19,16,21)
> C <- c(22,18,18,19,23)
>
> # すべての店舗の販売台数を units に代入
> units <- c(A, B, C)
> units
 [1] 21 19 25 23 27 14 15 19 16 21 22 18 18 19 23
```

次に，標本の要素に対応する店舗を示すベクトル store を作成します．関数 rep() は，連続する値を要素とするベクトルを作成する関数であり，1 つ目の引数として，要素となる値，2 つ目の引数として，連続する値の数を指定します．要素となる値が文字型であることを示すために，各値をダブルクォーテーションマークでくくります．

```
> # 母集団を示すベクトルを作成
> store <- c(rep("A",5), rep("B",5), rep("C",5))
> store
 [1] "A" "A" "A" "A" "A" "B" "B" "B" "B" "B" "C" "C" "C" "C" "C"
```

最後に，関数 aov() と summary() を用いて，分散分析の結果を出力します．

```
> # 一元配置分散分析
> model.cars <- aov(units ~ store)
```

12.2 一元配置分散分析

```
> summary(model.cars)
            Df Sum Sq Mean Sq F value Pr(>F)
store        2     90      45   5.625 0.0189 *
Residuals   12     96       8
---
Signif. codes:  0 '***' 0.001 '**' 0.01 '*' 0.05 '.' 0.1 ' ' 1
```

実行結果として，分散分析表が出力されます．Pr(>F) の下の値が p 値を示しており，0.0189 で有意水準 5% より小さいため，帰無仮説は棄却されます．

では，検定統計量の実現値と p 値を aov() を使わずに R で求めてみましょう．この計算をするには，行列を用いると便利です．関数 rbind() は，複数のベクトルから行列を作成する関数であり，次のように各店舗の販売台数の行列 all を作成することができます．

```
> # 各店舗の販売台数の行列を作成
> all <- rbind(A, B, C)
> all
  [,1] [,2] [,3] [,4] [,5]
A   21   19   25   23   27
B   14   15   19   16   21
C   22   18   18   19   23
```

次に，全体の標本平均と各店舗の標本平均を求めます．全体の標本平均は，関数 mean() を用いて求めることができ，各店舗の標本平均は，行ごとの平均を求める関数 rowMeans() を用いて求めることができます．

```
> # 全体の標本平均
> mean.all <- mean(all)
> mean.all
[1] 20
>
> # 各店舗の標本平均
> mean.store <- rowMeans(all)
> mean.store
 A  B  C
23 17 20
```

総変動は，すべての観測値と全体の標本平均との差の平方和であるため，次のように求めることができます．

````
> # 総変動
> vT <- sum((all-mean.all)^2)
> vT
[1] 186
```

群間変動は，全体の標本平均と各店舗の標本平均との差の二乗に各店舗の標本の大きさをかけ，それらを足し合わせたものなので，次のように求めることができます．

```
> # 群間変動
> vB <- sum(5*(mean.store-mean.all)^2)
> vB
[1] 90
```

群内変動を求めるには，各店舗の標本平均を要素とする行列を用いると便利です．関数 matrix() は，行列を作成する関数であり，引数として，行列の要素と行数 nrow，または，列数 ncol を指定します．ここでは，3 行 5 列の行列を作成したいため，nrow=3 とします．

```
> # 各店舗の標本平均の行列
> mean.store.mat <- matrix(rep(mean.store,5), nrow=3)
> mean.store.mat
     [,1] [,2] [,3] [,4] [,5]
[1,]   23   23   23   23   23
[2,]   17   17   17   17   17
[3,]   20   20   20   20   20
```

群内変動は，すべての観測値と各店舗の標本平均との差の平方和であるため，次のように求めることができます．

```
> # 群内変動
> vW <- sum((all-mean.store.mat)^2)
> vW
[1] 96
```

検定統計量の実現値は，式 12.14 を用いて求めることができます．また，$p$ 値は，自由度 $(3-1, 15-3)$ の $F$ 分布において，検定統計量の実現値より大きい値をとる確率であるため，次のように求めることができます．

```
> # 検定統計量の実現値
> F <- (vB/(3-1)) / (vW/(15-3))
```

```
> F
[1] 5.625
>
> # p 値
> 1-pf(F,2,12)
[1] 0.01890383
```

## 12.3　二元配置分散分析

### 12.3.1　二元配置分散分析のモデル

　一元配置分散分析は，3つ以上の正規母集団の平均の差を検定する方法でしたが，母平均の差を生む原因が1つの場合を想定していたと考えることができます．分散分析では，この原因のことを**要因**（factor）といいます．例題12.1では，店舗という要因が販売数量の差を生むと考えていたといえます．

　**二元配置分散分析**（two-way analysis of variance）は，母平均の差を生む要因が2つあると考えます．たとえば，店舗に加えて平日か休日かということも売上に影響を与えているかどうかも検定したい場合，二元配置分散分析を用います．各要因がとりうる値を**水準**（level）といいます．この場合，店舗の水準は「A店」，「B店」，「C店」であり，曜日の水準は「平日」，「休日」です．

　二元配置分散分析では，要因1は $L$ 個，要因2は $M$ 個の水準を持っており，$L \times M$ 個の正規母集団からそれぞれ $n$ 個の標本を抽出すると考えます．たとえば，要因1が2個，要因2が3個の水準を持っているとすると，全部で $2 \times 3 = 6$ 個の正規母集団を仮定することになります．要因1が $i$，要因2が $j$ の母集団から抽出される標本の $k$ 番目の要素を $X_{ijk}$ とすると，

$$X_{ijk} \sim N(\mu_{ij}, \sigma^2) \quad (i=1,2,\ldots,L, \quad j=1,2,\ldots,M, \quad k=1,2,\ldots,n) \tag{12.15}$$

と表すことができます．

　二元配置分散分析では，要因の効果には主効果と交互作用効果があると考えます．**主効果**（main effect）とは，各要因の単独の効果のことをいいます．一方，**交互作用効果**（interaction effect）とは，ある要因が観測変数に与える影響の大きさが別の要因によって異なる効果のことをいいます．たとえば，売上の要因が特別陳列とチラシだとすると，チラシがあるときとないときで特別陳列が売上に与える影響が変わるとき，交互作用効果があるといいます．主効果は，各要因の単体の効果であるのに対して，交互作用効果は，要因間の関係から生じる複合的な効果といえます．

## 12.3.2 二元配置分散分析の検定方法

要因 1 が $i$, 要因 2 が $j$ の母集団の平均 $\mu_{ij}$ は, 全体の母平均 $\mu$, 要因 1 の特性値 $a_i$, 要因 2 の特性値 $b_j$, 交互作用効果 $c_{ij}$ の和であると仮定し,

$$\mu_{ij} = \mu + a_i + b_j + c_{ij} \quad (i = 1, 2, \ldots, L, \quad j = 1, 2, \ldots M) \tag{12.16}$$

と表すと,

$$\sum_{i=1}^{L} a_i = 0, \quad \sum_{j=1}^{M} b_j = 0, \quad \sum_{i=1}^{L}\sum_{j=1}^{M} c_{ij} = 0 \tag{12.17}$$

が成り立ちます. 二元配置分散分析では, 2 つの要因の主効果と交互作用効果について, 以下のように帰無仮説と対立仮説を設定します.

---

1. **要因 1 の主効果の検定**

$$H_0 : a_1 = a_2 = \cdots = a_L = 0$$

$$H_1 : H_0 は正しくない$$

2. **要因 2 の主効果の検定**

$$H_0 : b_1 = b_2 = \cdots = b_M = 0$$

$$H_1 : H_0 は正しくない$$

3. **交互作用の検定**

$$H_0 : c_{11} = c_{12} = \cdots = c_{LM}$$

$$H_1 : H_0 は正しくない$$

---

標本の要素 $X_{ijk}$ は

$$X_{ijk} \sim N(\mu + a_i + b_j + c_{ij}, \sigma^2) \tag{12.18}$$

と表すことができ, さらに, $\varepsilon_{ij} \sim N(0, \sigma^2)$ とすると,

$$X_{ijk} = \mu + a_i + b_j + c_{ij} + \varepsilon_{ijk} \tag{12.19}$$

と書くことができます.

二元配置分散分析では, 全体の標本平均 $\bar{X}_{\cdots}$, 要因 1 の標本平均 $\bar{X}_{i\cdot\cdot}$, 要因 2 の標本平均 $\bar{X}_{\cdot j\cdot}$, 各母集団の標本平均 $\bar{X}_{ij\cdot}$ をそれぞれ

$$\bar{X}_{...} = \frac{1}{LMn}\sum_{i=1}^{L}\sum_{j=1}^{M}\sum_{k=1}^{n}X_{ijk}$$

$$\bar{X}_{i..} = \frac{1}{Mn}\sum_{j=1}^{M}\sum_{k=1}^{n}X_{ijk}$$

$$\bar{X}_{\cdot j \cdot} = \frac{1}{Ln}\sum_{i=1}^{L}\sum_{k=1}^{n}X_{ijk}$$

$$\bar{X}_{ij \cdot} = \frac{1}{n}\sum_{k=1}^{n}X_{ijk} \tag{12.20}$$

と定義します.また,一元配置分散分析と同様に,総変動 $V_T$ は標本の各要素 $X_{ijk}$ と全体の標本平均 $\bar{X}_{...}$ との差の平方和であり,

$$V_T = \sum_{i=1}^{L}\sum_{j=1}^{M}\sum_{k=1}^{n}(X_{ijk}-\bar{X}_{...})^2 \tag{12.21}$$

と表されます.

二元配置分散分析では,要因 1 の変動 $V_1$,要因 2 の変動 $V_2$,交互作用変動 $V_I$,誤差変動 $V_E$ を

$$V_1 = Mn\sum_{i=1}^{L}(\bar{X}_{i..}-\bar{X}_{...})^2$$

$$V_2 = Ln\sum_{j=1}^{M}(\bar{X}_{\cdot j \cdot}-\bar{X}_{...})^2$$

$$V_I = n\sum_{i=1}^{L}\sum_{j=1}^{M}(\bar{X}_{ij \cdot}-\bar{X}_{i..}-\bar{X}_{\cdot j \cdot}-\bar{X}_{...})^2$$

$$V_E = \sum_{i=1}^{L}\sum_{j=1}^{M}\sum_{k=1}^{n}(X_{ijk}-\bar{X}_{ij \cdot})^2 \tag{12.22}$$

と定義します.総変動 $V_T$ は

$$V_T = \sum_{i=1}^{L}\sum_{j=1}^{M}\sum_{k=1}^{n}(X_{ijk}-\bar{X}_{...})^2$$
$$= Mn\sum_{i=1}^{L}(\bar{X}_{i..}-\bar{X}_{...})^2 + Ln\sum_{j=1}^{M}(\bar{X}_{\cdot j \cdot}-\bar{X}_{...})^2$$

$$+ n \sum_{i=1}^{L} \sum_{j=1}^{M} (\bar{X}_{ij\cdot} - \bar{X}_{i\cdot\cdot} - \bar{X}_{\cdot j\cdot} - \bar{X}_{\cdots})^2$$

$$+ \sum_{i=1}^{L} \sum_{j=1}^{M} \sum_{k=1}^{n} (X_{ijk} - \bar{X}_{ij\cdot})^2$$

$$= V_1 + V_2 + V_I + V_E \tag{12.23}$$

のように分解できるため,

$$\text{総変動 } V_T = \text{要因 1 の変動 } V_1 + \text{要因 2 の変動 } V_2$$
$$+ \text{交互作用変動 } V_I + \text{誤差変動 } V_E \tag{12.24}$$

と書くことができます.

帰無仮説 $H_0 : a_1 = a_2 = \cdots = a_L = 0$ の下で,

$$F = \frac{V_1/(L-1)}{V_E/LM(n-1)} \sim F(L-1, LM(n-1)), \tag{12.25}$$

帰無仮説 $H_0 : b_1 = b_2 = \cdots = b_M = 0$ の下で,

$$F = \frac{V_2/(M-1)}{V_E/LM(n-1)} \sim F(M-1, LM(n-1)), \tag{12.26}$$

帰無仮説 $H_0 : c_{11} = c_{12} = \cdots = c_{LM}$ の下で,

$$F = \frac{V_I/(L-1)(M-1)}{V_E/LM(n-1)} \sim F((L-1)(M-1), LM(n-1)) \tag{12.27}$$

が成り立つことが知られています. 要因 1 の主効果, 要因 2 の主効果, 交互作用効果の検定は, それぞれ以下のようにまとめることができます.

---

●**要因 1 の主効果の検定**

**検定統計量**

要因 1 の水準数を $L$, 要因 2 の水準数を $M$, 各母集団の標本の大きさを $n$, 総変動を $V_T$, 要因 1 の変動を $V_1$ とすると, 検定統計量は

$$F = \frac{V_1/(L-1)}{V_E/LM(n-1)}$$

であり, 帰無仮説 $H_0 : a_1 = a_2 = \cdots = a_L$ の下で, $F \sim F(L-1, LM(n-1))$.

### 棄却域と採択域

検定統計量の実現値 $F_0$ を計算し，以下の判定を行う（右片側検定）．

$$\begin{cases} F_0 > F_\alpha(L-1, LM(n-1)) \text{ のとき，} H_0 \text{ を棄却する} \\ F_0 \leq F_\alpha(L-1, LM(n-1)) \text{ のとき，} H_0 \text{ を棄却しない} \end{cases}$$

## ●要因2の主効果の検定

### 検定統計量

要因1の水準数を $L$，要因2の水準数を $M$，各母集団の標本の大きさを $n$，総変動を $V_T$，要因2の変動を $V_2$ とすると，検定統計量は

$$F = \frac{V_2/(M-1)}{V_E/LM(n-1)}$$

であり，帰無仮説 $H_0 : b_1 = b_2 = \cdots = b_M$ の下で，$F \sim F(M-1, LM(n-1))$.

### 棄却域と採択域

検定統計量の実現値 $F_0$ を計算し，以下の判定を行う（右片側検定）．

$$\begin{cases} F_0 > F_\alpha(M-1, LM(n-1)) \text{ のとき，} H_0 \text{ を棄却する} \\ F_0 \leq F_\alpha(M-1, LM(n-1)) \text{ のとき，} H_0 \text{ を棄却しない} \end{cases}$$

## ●交互作用効果の検定

### 検定統計量

要因1の水準数を $L$，要因2の水準数を $M$，各母集団の標本の大きさを $n$，総変動を $V_T$，交互作用変動を $V_I$ とすると，検定統計量は

$$F = \frac{V_I/(L-1)(M-1)}{V_E/LM(n-1)}$$

であり，帰無仮説 $H_0 : c_{11} = c_{12} = \cdots = c_{LM}$ の下で，$F \sim F((L-1)(M-1), LM(n-1))$.

### 棄却域と採択域

検定統計量の実現値 $F_0$ を計算し，以下の判定を行う（右片側検定）．

$$\begin{cases} F_0 > F_\alpha((L-1)(M-1), LM(n-1)) \text{ のとき, } H_0 \text{ を棄却する} \\ F_0 \leq F_\alpha((L-1)(M-1), LM(n-1)) \text{ のとき, } H_0 \text{ を棄却しない} \end{cases}$$

二元配置分散分析の分散分析表は，以下のようになります．

表 12.2　二元配置分散分析の分散分析表

|  | 自由度 | 平方和 | 平均平方 | $F$ 値 |
| --- | --- | --- | --- | --- |
| 要因 1 | $L-1$ | $v_1$ | $v_1/(L-1)$ | $\frac{v_1/(L-1)}{v_E/LM(n-1)}$ |
| 要因 2 | $M-1$ | $v_2$ | $v_2/(M-1)$ | $\frac{v_2/(M-1)}{v_E/LM(n-1)}$ |
| 交互作用 | $(L-1)(M-1)$ | $v_I$ | $v_I/(L-1)(M-1)$ | $\frac{v_I/(L-1)(M-1)}{v_E/LM(n-1)}$ |
| 誤差 | $LM(n-1)$ | $v_E$ | $v_E/LM(n-1)$ | — |
| 総変動 | $LMn-1$ | $v_T$ | — | — |

## 例題 12.2

ある家具店では，これまでに 3 種類のイベントを休日と平日にそれぞれ 5 日間ずつ行ってきた．以下の表は，対応する日のソファの販売数量を示したものである．

| 休日 ||| 平日 |||
| --- | --- | --- | --- | --- | --- |
| イベント A | イベント B | イベント C | イベント A | イベント B | イベント C |
| 14 | 23 | 27 | 14 | 26 | 17 |
| 10 | 20 | 31 | 13 | 18 | 15 |
| 18 | 21 | 26 | 20 | 12 | 16 |
| 16 | 32 | 32 | 11 | 16 | 20 |
| 22 | 24 | 34 | 17 | 13 | 22 |

休日の主効果，イベントの主効果，交互作用効果はあるといえるか有意水準 5% で検定せよ．

### 解答

分散分析表は，以下の通り作成できる．

|  | 自由度 | 平方和 | 平均平方 | $F$ 値 |
| --- | --- | --- | --- | --- |
| 休日 | 1 | 333.3 | 333.3 | 18.868 |
| イベント | 2 | 365.0 | 182.5 | 10.330 |
| 交互作用 | 2 | 151.7 | 75.8 | 4.292 |
| 誤差 | 24 | 424.0 | 17.7 | — |
| 総変動 | 29 | — | — | — |

休日の主効果については，$F_0 = 18.868$，$F_{0.05}(1, 24) = 4.26$ であるから，$F_0 > F_{0.05}(1, 24)$ より，有意水準 5% で帰無仮説は棄却される．よって，休日の主効果はあるといえる．

イベントの主効果については，$F_0 = 10.330$，$F_{0.05}(2, 24) = 3.40$ であるから，$F_0 > F_{0.05}(2, 24)$ より，有意水準 5% で帰無仮説は棄却される．よって，イベントの主効果はあるといえる．

交互作用効果については，$F_0 = 4.292$，$F_{0.05}(2, 24) = 3.40$ であるから，$F_0 > F_{0.05}(2, 24)$ より，有意水準 5% で帰無仮説は棄却される．よって，交互作用効果はあるといえる．

## 二元配置分散分析を行う R の関数

一元配置分散分析と同様，二元配置分散分析を行う R の関数は aov() です．二元配置分析では，要因が 2 つあるため，それらを示すベクトルを「*」でつなぎます．「+」でつなぐこともでき，その場合は，交互作用効果を考慮しない検定を行います．

> ●二元配置分散分析を行う R の関数
> 
> 標本の観測値を y，要因を示すベクトルを x1，x2 に代入し，以下のコマンドを実行する．
> 
> ```
> model <- aov(y ~ x1 * x2)
> summary(model)
> ```

例題 12.2 を関数 aov() を用いて検定してみましょう．まず，すべてのソファの販売数量を 1 つのベクトル units.all にまとめて代入します．

## 第 12 章 分散分析—チラシの種類による売上の差を検証する—

```
> # すべてのソファの販売数量を units.all に代入
> x1 <- c(14,10,18,16,22)
> x2 <- c(23,20,21,32,24)
> x3 <- c(27,31,26,32,34)
> x4 <- c(14,13,20,11,17)
> x5 <- c(26,18,12,16,13)
> x6 <- c(17,15,16,20,22)
> units.all <- c(x1,x2,x3,x4,x5,x6)
> units.all
 [1] 14 10 18 16 22 23 20 21 32 24 27 31 26 32 34 14 13 20 11 17
[21] 26 18 12 16 13 17 15 16 20 22
```

次に，各要因の水準を示すベクトル event, holiday を作成します．

```
> # 各要因の水準を示すベクトルを作成
> holiday <- c(rep("holiday",15), rep("weekday",15))
> event   <- c(rep(c(rep("A",5), rep("B",5), rep("C",5)), 2))
> holiday
 [1] "holiday" "holiday" "holiday" "holiday" "holiday" "holiday"
 [7] "holiday" "holiday" "holiday" "holiday" "holiday" "holiday"
[13] "holiday" "holiday" "holiday" "weekday" "weekday" "weekday"
[19] "weekday" "weekday" "weekday" "weekday" "weekday" "weekday"
[25] "weekday" "weekday" "weekday" "weekday" "weekday" "weekday"
> event
 [1] "A" "A" "A" "A" "A" "B" "B" "B" "B" "B" "C" "C" "C" "C" "C"
[16] "A" "A" "A" "A" "A" "B" "B" "B" "B" "B" "C" "C" "C" "C" "C"
```

最後に，関数 aov() と summary() を用いて分散分析の結果を出力します．

```
> # 二元配置分散分析
> model.sofa <- aov(units.all ~ holiday * event)
> summary(model.sofa)
              Df Sum Sq Mean Sq F value  Pr(>F)
holiday        1  333.3   333.3  18.868 0.00022 ***
event          2  365.0   182.5  10.330 0.00058 ***
holiday:event  2  151.7    75.8   4.292 0.02549 *
Residuals     24  424.0    17.7
---
Signif. codes:  0 '***' 0.001 '**' 0.01 '*' 0.05 '.' 0.1
```

二元配置分散分析の結果，要因 1，要因 2，交互作用の $p$ 値がいずれも有意水準 5% より小さいため，要因 1 と要因 2 の主効果および交互作用効果はあるといえます．

## 練習問題

「売上データ」を用いて，以下の分析をせよ．

12.1 チラシの種類によって売上数量は異なるといえるか有意水準 5% で検定せよ．

12.2 チラシと特別陳列による交互作用効果はあるといえるか有意水準 5% で検定せよ．

# 第13章
# 回帰分析―価格や特別陳列が売上に与える影響を予測する―

## ● 13.1　相関と回帰

### 13.1.1　2つの量的変数間の関係を検証する

　第4章において，2つの量的変数間の関係を表す指標として相関係数を紹介しました．母集団の相関係数を**母相関係数** (population correlation coefficient) といい，2つの変数間の母集団の相関関係を検証したい場合，母相関係数の検定を行います．

　相関と似た概念に回帰があります．**回帰**とは，変数間の説明の関係のことであり，ある変数がそれとは異なる変数を説明することを意味します．つまり，相関の考える上では，2つの変数間に違いはありませんが，回帰を考える上では，2つの変数が説明する側と説明される側に分かれます．

　1つの変数が他の1つの変数を説明する関係を分析することを**単回帰分析** (simple regression analysis) といい，2つ以上の変数が他の1つの変数を説明する関係を分析することを**重回帰分析** (multiple regression analysis) といいます．単回帰分析と重回帰分析との違いは説明変数が1つか2つ以上かということであり，両者には多くの共通点があります．本章では，まず母相関係数の検定を紹介し，次に単回帰分析と重回帰分析を紹介します．

### 13.1.2　母相関係数の検定

　2つの変数間の母相関係数 $\rho$ が0のとき，それらの変数間には相関関係がないといえます．したがって，$\rho$ が0かどうかを検定することにより，2つの変数間に相関関係があるかどうかを検証することができます．母相関係数の検定の帰無仮説は，$H_0: \rho = 0$ であり，対立仮説の違いにより，以下の3つの検定が考えられます．

1. **両側検定**：$\rho$ が0かどうかを検定する

$$H_0: \rho = 0, \quad H_1: \rho \neq 0$$

2. **右片側検定**：$\rho$ が0より大きいかどうかを検定する

$$H_0: \rho = 0, \quad H_1: \rho > 0$$

3. **左片側検定**：$\rho$ が 0 より小さいかどうかを検定する

$$H_0: \rho = 0, \quad H_1: \rho < 0$$

標本相関係数を $R$，変数の組数を $n$ とすると，検定統計量は

$$t = R\sqrt{\frac{n-2}{1-R^2}} \tag{13.1}$$

であり，帰無仮説 $H_0: \rho = 0$ の下で，$t$ は自由度 $n-2$ の $t$ 分布に従うことが知られています．母相関係数の検定では，帰無仮説を母相関係数 $\rho = 0$ として検定するため，**無相関検定**とよばれます．

### ●無相関検定

**検定統計量**

標本相関係数を $R$，標本の組数を $n$ とすると，検定統計量は

$$t = R\sqrt{\frac{n-2}{1-R^2}}$$

であり，帰無仮説 $H_0: \rho = 0$ の下で，$t \sim t(n-2)$．

**棄却域と採択域**

検定統計量の実現値 $t_0$ を計算し，以下の判定を行う．

1. 両側検定（$H_0: \rho = 0, \quad H_1: \rho \neq 0$）

$$\begin{cases} |t_0| > t_{\alpha/2}(n-2) \text{ のとき，} H_0 \text{ を棄却する} \\ |t_0| \leq t_{\alpha/2}(n-2) \text{ のとき，} H_0 \text{ を棄却しない} \end{cases}$$

2. 右片側検定（$H_0: \rho = 0, \quad H_1: \rho > 0$）

$$\begin{cases} t_0 > t_\alpha(n-2) \text{ のとき，} H_0 \text{ を棄却する} \\ t_0 \leq t_\alpha(n-2) \text{ のとき，} H_0 \text{ を棄却しない} \end{cases}$$

3. 左片側検定（$H_0: \rho = 0, \quad H_1: \rho < 0$）

$$\begin{cases} t_0 < -t_\alpha(n-2) \text{ のとき，} H_0 \text{ を棄却する} \\ t_0 \geq -t_\alpha(n-2) \text{ のとき，} H_0 \text{ を棄却しない} \end{cases}$$

### 例題 13.1

以下は，あるスーパーマーケットの顧客 8 人について，年齢とある月の来店回数をま

とめたものである．

| 年齢 | 22 | 21 | 29 | 37 | 27 | 41 | 43 | 36 |
|---|---|---|---|---|---|---|---|---|
| 来店回数 | 13 | 14 | 20 | 27 | 18 | 23 | 21 | 24 |

年齢と来店回数の間には相関があるといえるか有意水準 5% で検定せよ．ただし，標本相関係数 $r = 0.822$ である．

**解答**
母相関係数を $\rho$，帰無仮説と対立仮説を

$$H_0 : \rho = 0, \quad H_1 : \rho \neq 0$$

として，両側検定を行う．標本相関係数 $r = 0.822$ より，検定統計量の実現値は

$$t_0 = 0.822 \times \sqrt{\frac{8-2}{1-0.822^2}} = 3.54.$$

$t_{0.025}(6) = 2.45$ であるから，$|t_0| > t_{0.025}(6)$ より，有意水準 5% で帰無仮説は棄却される．よって，年齢と来店回数の間には正の相関があるといえる．

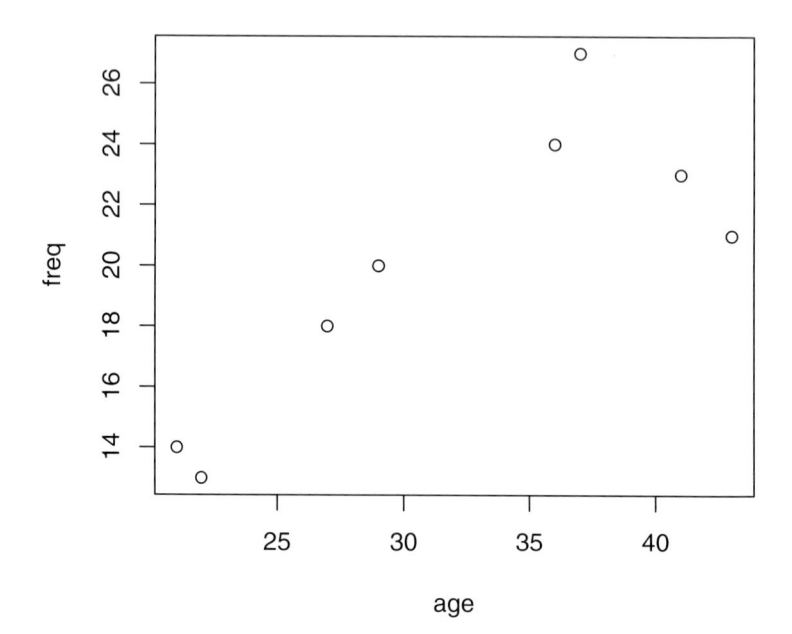

図 13.1 「年齢」と「来店回数」の散布図

## 無相関検定を行う R の関数

無相関検定を行う R の関数は，cor.test() です．引数として，標本の観測値が要素の 2 つのベクトルを指定します．

> ●無相関検定を行う R の関数
> 標本の観測値を x, y にそれぞれ代入し，以下のコマンドを実行する．
> 1. 両側検定（$H_0: \rho = 0,\quad H_1: \rho \neq 0$）
>     cor.test(x, y)
> 2. 右片側検定（$H_0: \rho = 0,\quad H_1: \rho > 0$）
>     cor.test(x, y, alternative="greater")
> 3. 左片側検定（$H_0: \rho = 0,\quad H_1: \rho < 0$）
>     cor.test(x, y, alternative="less")

以下は，関数 cor.test() を用いて，例題 13.1 を検定した結果です．

```
> # 年齢を age，来店回数を freq に代入
> age  <- c(22,21,29,37,27,41,43,36)
> freq <- c(13,14,20,27,18,23,21,24)
>
> # 無相関検定
> cor.test(age, freq)

        Pearson's product-moment correlation

data:  age and freq
t = 3.5396, df = 6, p-value = 0.01222
alternative hypothesis: true correlation is not equal to 0
95 percent confidence interval:
 0.2797051 0.9667739
sample estimates:
      cor
0.8223018
```

$p$ 値は，自由度 $n-2$ の $t$ 分布において，検定統計量の実現値の絶対値より大きい値をとる確率の 2 倍であるため，次のように求めることができます．

```
> # 標本相関係数
> r <- cor(age, freq)
> r
[1] 0.8223018
```

```
>
> # 検定統計量の実現値
> n <- 8
> t <- r * sqrt((n-2)/(1-r^2))
> t
[1] 3.539609
>
> # p 値
> 2*(1-pt(abs(t), n-2))
[1] 0.01222468
```

## ● 13.2 単回帰分析
### 13.2.1 単回帰モデル

　回帰分析では，説明される変数を**目的変数**（objective variable）または**従属変数**（dependent variable）といい，一般的に $Y$ で表します．また，説明する変数を**説明変数**（explanatory variable）または**独立変数**（independent variable）といい，一般的に $X$ で表します．単回帰分析では，

$$Y_i = \beta_0 + \beta_1 X_i + \varepsilon_i \quad (i = 1, 2, \ldots, n) \tag{13.2}$$

と表される**単回帰モデル**を仮定します．ここで，$\beta_0$，$\beta_1$ を**母回帰係数**（population regression coefficient），$\varepsilon_i$ は**誤差項**（error term）といいます．回帰分析では，目的変数 $Y$ は説明変数 $X$ により説明できる部分と説明できない部分に分けることができると考えます．具体的には，$X_i$ を定数（確定した値）とすることで，$\beta_0 + \beta_1 X_i$ は $X$ により $Y$ が説明できる部分と考え，$\varepsilon_i$ を確率変数とすることで，$\varepsilon_i$ は $X$ により $Y$ が説明できない不確実な部分と考えます．さらに，$\varepsilon_i$ について，以下の 3 つを仮定します．

---
●誤差項の仮定

(1) $E(\varepsilon_i) = 0 \quad (i = 1, 2, \ldots, n)$
(2) $V(\varepsilon_i) = \sigma^2 \quad (i = 1, 2, \ldots, n)$
(3) $Cov(\varepsilon_i, \varepsilon_j) = 0 \quad (i \neq j)$

---

誤差項 $\varepsilon_i$ の仮定より，$Y_i$ の期待値 $E(Y_i)$ について，

$$E(Y_i) = E(\beta_0 + \beta_1 X_i + \varepsilon_i)$$

$$= \beta_0 + \beta_1 X_i + E(\varepsilon_i)$$
$$= \beta_0 + \beta_1 X_i \tag{13.3}$$

が成り立ちます．つまり，$\beta_0$ は $X$ が 0 のときの $Y$ の期待値，$\beta_1$ は $X$ が 1 単位増加したときの $Y$ の平均的な増加量と解釈できます．

### 13.2.2 母回帰係数の推定

母回帰係数 $\beta_0$, $\beta_1$ の推定では，誤差項

$$\varepsilon_i = Y_i - (\beta_0 + \beta_1 X_i) \tag{13.4}$$

のばらつきが小さくなるような $\beta_0$, $\beta_1$ が良い推定量と考えます．一般的に，母回帰係数は最小二乗法とよばれる推定法により推定されます．**最小二乗法**（least squares method）とは，誤差の二乗和を最小とする推定法であり，

$$\begin{aligned} S &= \sum_{i=1}^n \varepsilon_i^2 \\ &= \sum_{i=1}^n \{Y_i - (\beta_0 + \beta_1 X_i)\}^2 \end{aligned} \tag{13.5}$$

を最小にする $\beta_0$, $\beta_1$ を推定量とします．最小二乗法により得られる推定量は**最小二乗推定量**（least squares estimator）とよばれ，上式の一次の偏微分を 0 とおいた 2 つの方程式を解くことによって求めることができます．$\beta_0$, $\beta_1$ の最小二乗推定量 $\hat{\beta}_0$, $\hat{\beta}_1$ は，それぞれ

$$\hat{\beta}_1 = \frac{\sum_i (X_i - \bar{X})(Y_i - \bar{Y})}{\sum_i (X_i - \bar{X})^2}, \tag{13.6}$$

$$\hat{\beta}_0 = \bar{Y} - \hat{\beta}_1 \bar{X} \tag{13.7}$$

と求められます．これらは，標本から得られる回帰係数であるため，**標本回帰係数**（sample regression coefficient）とよばれます．標本回帰係数を用いて得られる直線

$$y = \hat{\beta}_0 + \hat{\beta}_1 x \tag{13.8}$$

は，$X$ と $Y$ の関係を表す直線であり，**標本回帰直線**（sample regression line）とよばれます．$\hat{\beta}_0$, $\hat{\beta}_1$ はそれぞれ切片（intercept）と傾き（slope）を意味します．

### 13.2.3 回帰残差と決定係数

$Y_i$ の期待値 $E(Y_i)$ の推定量

$$\hat{Y}_i = \hat{\beta}_0 + \hat{\beta}_1 X_i \tag{13.9}$$

を**回帰値** (regression value) または**予測値** (predicted value) といいます．観測値 $Y_i$ と回帰値 $\hat{Y}_i$ とのずれ

$$\begin{aligned}\hat{e}_i &= Y_i - \hat{Y}_i \\ &= Y_i - (\hat{\beta}_0 + \hat{\beta}_1 X_i)\end{aligned} \tag{13.10}$$

は $X$ により $Y$ を説明できない分であり，**回帰残差** (residual) とよばれます．誤差項 $\varepsilon_i$ の分散 $\sigma^2$ の不偏推定量は，

$$U^2 = \frac{\sum_{i=1}^n \hat{e}_i^2}{n-2} \tag{13.11}$$

であることが知られています．

$Y_i$ のばらつきの総和 $\sum_{i=1}^n (Y_i - \bar{Y})^2$ は，

$$\begin{aligned}\sum_{i=1}^n (Y_i - \bar{Y})^2 &= \sum_{i=1}^n (\hat{Y}_i - \bar{Y})^2 + \sum_{i=1}^n (Y_i - \hat{Y}_i)^2 \\ &= \sum_{i=1}^n (\hat{Y}_i - \bar{Y})^2 + \sum_{i=1}^n \hat{e}_i^2\end{aligned} \tag{13.12}$$

のように分解することができます．$Y_i$ のばらつきのうち，$X_i$ により説明できる部分の割合を**決定係数** $\eta^2$ といい，

$$\eta^2 = 1 - \frac{\sum_{i=1}^n \hat{e}_i^2}{\sum_{i=1}^n (Y_i - \bar{Y})^2} = \frac{\sum_{i=1}^n (\hat{Y}_i - \bar{Y})^2}{\sum_{i=1}^n (Y_i - \bar{Y})^2} \tag{13.13}$$

と定義されます．$\eta^2$ の値が大きいほど，$X_i$ により $Y_i$ を説明できるといえます．また，$\eta^2$ は 0 から 1 の間の値をとり，標本相関係数 $R$ の二乗と等しくなります．

### 13.2.4 母回帰係数の検定

回帰分析において，母回帰係数の検定も主要な目的の1つです．母回帰係数の検定を行うためには，これまでの仮説検定と同様に，標本分布を知る必要があります．標本回帰係数の推定では，誤差項 $\varepsilon_i$ がどのような分布であるかについては考慮しませ

んでしたが，標本分布を求めるためには，

$$\varepsilon_i \sim N(0, \sigma^2) \tag{13.14}$$

という仮定を新たに置きます．この仮定により，標本回帰係数 $\hat{\beta}_1$ の標本分布は

$$\hat{\beta}_1 \sim N\left(\beta_1, \frac{\sigma^2}{\sum_{i=1}^n (X_i - \bar{X})^2}\right) \tag{13.15}$$

であることが知られています．推定量の標準偏差を**標準誤差**（standard error）といいます．$\sigma^2$ の不偏推定量 $U^2$ を用いて，$\hat{\beta}_1$ の標準誤差の推定量を

$$s.e.(\hat{\beta}_1) = \sqrt{\frac{U^2}{\sum_{i=1}^n (X_i - \bar{X})^2}} \tag{13.16}$$

とすると，

$$t = \frac{\hat{\beta}_1 - \beta_1}{s.e.(\hat{\beta}_1)} \tag{13.17}$$

は自由度 $n-2$ の $t$ 分布に従うことが知られています．

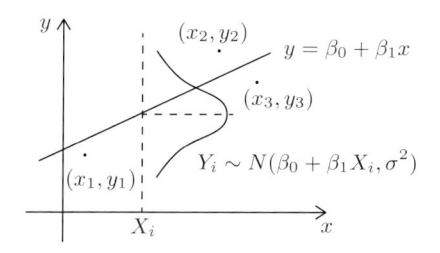

図 13.2 単回帰モデル

単回帰分析では，$X$ が $Y$ を説明するかどうかを検証することが目的であるため，$\beta_1$ が 0 かどうかということに関心が置かれ，多くの場合，帰無仮説と対立仮説を

$$H_0: \beta_1 = 0, \quad H_1: \beta_1 \neq 0$$

とする両側検定を行います．帰無仮説を棄却できれば，$X$ が $Y$ を説明するといえます．検定統計量は

$$t = \frac{\hat{\beta}_1}{s.e.(\hat{\beta}_1)} \tag{13.18}$$

であり，帰無仮説 $H_0 : \beta_1 = 0$ の下で，$t$ は自由度 $n-2$ の $t$ 分布に従います．検定統計量 $t$ の実現値 $t_0$ を計算し，以下の判定を行います．

$$\begin{cases} |t_0| > t_{\alpha/2}(n-2) \text{ のとき，} H_0 \text{ を棄却する} \\ |t_0| \leq t_{\alpha/2}(n-2) \text{ のとき，} H_0 \text{ を棄却しない} \end{cases}$$

ただし，後述する回帰分析を行う R の関数は，臨界値 $t_{\alpha/2}(n-2)$ の代わりに $p$ 値を返します．したがって，$p$ 値が有意水準 $\alpha$ より小さいとき，$H_0$ を棄却します．

第 11 章で紹介した 2 標本 $t$ 検定は単回帰モデルを用いて表すことができます．今，ある正規母集団 $N(\mu_1, \sigma^2)$ から大きさ $m$ の標本 $Y_1, Y_2, \ldots, Y_m$，もう 1 つの正規母集団 $N(\mu_2, \sigma^2)$ から大きさ $n$ の標本 $Y_{m+1}, Y_{m+2}, \ldots, Y_{m+n}$ をそれぞれ独立に抽出するとします．つまり，母分散が等しい 2 つの正規母集団から抽出される標本を考えます．0 または 1 の値をとる変数を**ダミー変数** (dummy variable) といい，説明変数 $X$ を

$$X_i = \begin{cases} 1 & (i = 1, 2, \ldots, m) \\ 0 & (i = m+1, m+2, \ldots, m+n) \end{cases} \tag{13.19}$$

と定義されるダミー変数とします．$\varepsilon_i \sim N(0, \sigma^2)$ とすると，目的変数 $Y$，説明変数 $X$ の単回帰モデルは

$$\begin{aligned} Y_i &= \beta_0 + \beta_1 X_i + \varepsilon_i \\ &= \begin{cases} \beta_0 + \beta_1 + \varepsilon_i & (i = 1, 2, \ldots, m) \\ \beta_0 + \varepsilon_i & (i = m+1, m+2, \ldots, m+n) \end{cases} \end{aligned} \tag{13.20}$$

と書くことができます．つまり，このモデルの母回帰係数 $\beta_0$，$\beta_1$ は

$$\mu_1 = \beta_0 + \beta_1, \quad \mu_2 = \beta_0 \tag{13.21}$$

と対応できるため，$\beta_1$ の検定は，$\mu_1 - \mu_2$ の検定と等価であることがわかります．つまり，ダミー変数を用いた単回帰分析は，母分散が未知であるが等しいときの母平均の差の検定（2 標本 $t$ 検定）と同じです．

## 単回帰分析を行う R の関数

単回帰分析を行う R の関数は，`lm()` です．引数として，目的変数と説明変数を指定し，それらを「~」でつなぎます．データファイルのデータを分析する場合，引数 `data` にデータ名を指定します．分散分析のときと同様に，検定統計量の実現値や $p$ 値を出力するには，関数 `summary()` の引数に `lm()` を指定し，それを実行します．

## ●単回帰分析を行う R の関数

目的変数を y, 説明変数を x に代入し, 以下のコマンドを実行する.
　　model <- lm(y ~ x)
　　summary(model)

では, 例題 13.1 のデータを用いて, 年齢を説明変数, 来店回数を目的変数とする単回帰分析を行ってみましょう.

```
> # 年齢を age, 来店回数を freq に代入
> age  <- c(22,21,29,37,27,41,43,36)
> freq <- c(13,14,20,27,18,23,21,24)
>
> # 単回帰分析
> model.store <- lm(freq ~ age)
> summary(model.store)

Call:
lm(formula = freq ~ age)

Residuals:
    Min      1Q  Median      3Q     Max
-4.1908 -1.5055 -0.2249  1.5899  4.6406

Coefficients:
            Estimate Std. Error t value Pr(>|t|)
(Intercept)   4.8996     4.3939   1.115   0.3075
age           0.4719     0.1333   3.540   0.0122 *
---
Signif. codes:  0 '***' 0.001 '**' 0.01 '*' 0.05 '.' 0.1 ' ' 1

Residual standard error: 2.975 on 6 degrees of freedom
Multiple R-squared:  0.6762,    Adjusted R-squared:  0.6222
F-statistic: 12.53 on 1 and 6 DF,  p-value: 0.01222
```

Coefficients の下に主な推定結果がまとめられており, Estimate は推定値, Std.Error は標準誤差, t value は $t$ 値, Pr(>|t|) は $p$ 値を意味します. $\hat{\beta}_0 = 4.8996$, $\hat{\beta}_1 = 0.4719$ と推定されたため, 標本回帰直線を

$$y = 4.8996 + 0.4719x \tag{13.22}$$

と書くことができます．また，年齢が40歳の顧客の来店回数の予測値は，

$$\hat{Y} = 4.8996 + 0.4719 \times 40$$
$$= 23.7756 \tag{13.23}$$

と求めることができます．年齢の $p$ 値は 0.0122 であるため，有意水準 5% で検定する場合，帰無仮説 $H_0 : \beta_1 = 0$ は棄却され，年齢は来店回数に影響を与えるといえます．ここで，年齢の $p$ 値が先ほどの無相関検定の $p$ 値と等しいことがわかります（p.191 参照）．実は，単回帰モデルの傾き $\beta_1$ の検定は，説明変数と目的変数の無相関検定と等価です（13.3.2 項参照）．

## 13.3 重回帰分析

### 13.3.1 重回帰モデル

説明変数が2つ以上の回帰モデルを**重回帰モデル**といい，説明変数が $p$ 個の重回帰モデルは

$$Y_i = \beta_0 + \beta_1 X_{1i} + \beta_2 X_{2i} + \cdots + \beta_p X_{pi} + \varepsilon_i \quad (i = 1, 2, \ldots, n) \tag{13.24}$$

と表されます．重回帰分析においても，単回帰分析と同様に，最小二乗法により母回帰係数 $\beta_0, \beta_1, \cdots, \beta_p$ を推定します．重回帰モデルの誤差項は

$$\varepsilon_i = Y_i - (\beta_0 + \beta_1 X_{1i} + \beta_2 X_{2i} + \cdots + \beta_p X_{pi}) \tag{13.25}$$

であり，この二乗和

$$S = \sum_{i=1}^{n} \varepsilon_i^2 \tag{13.26}$$

を最小にする $\beta_0, \beta_1, \ldots, \beta_p$ を推定量とします．標本回帰係数 $\hat{\beta}_0, \hat{\beta}_1, \ldots, \hat{\beta}_p$ を用いて，$Y_i$ の期待値 $E(Y_i)$ の推定量は

$$\hat{Y}_i = \hat{\beta}_0 + \hat{\beta}_1 X_{1i} + \hat{\beta}_2 X_{2i} + \cdots + \hat{\beta}_p X_{pi} \tag{13.27}$$

と書くことができます．単回帰分析と同様に，観測値 $Y_i$ と回帰値 $\hat{Y}_i$ とのずれ $\hat{e}_i = Y_i - \hat{Y}_i$ は回帰残差とよばれます．誤差項 $\varepsilon_i$ の分散 $\sigma^2$ の不偏推定量は

$$U^2 = \frac{\sum_{i=1}^{n} \hat{e}_i^2}{n - p - 1} \tag{13.28}$$

であることが知られています．

$Y_i$ のばらつきの総和 $\sum_{i=1}^{n}(Y_i - \bar{Y})^2$ は

$$\sum_{i=1}^{n}(Y_i - \bar{Y})^2 = \sum_{i=1}^{n}(\hat{Y}_i - \bar{Y})^2 + \sum_{i=1}^{n}(Y_i - \hat{Y}_i)^2$$
$$= \sum_{i=1}^{n}(\hat{Y}_i - \bar{Y})^2 + \sum_{i=1}^{n}\hat{e}_i^2 \tag{13.29}$$

のように，$X_{1i}, X_{2i}, \ldots X_{pi}$ により説明できる部分と説明できない部分に分解することができます．重回帰モデルにおいても，単回帰モデルと同様に，決定係数 $\eta^2$ は

$$\eta^2 = 1 - \frac{\sum_{i=1}^{n}\hat{e}_i^2}{\sum_{i=1}^{n}(Y_i - \bar{Y})^2} = \frac{\sum_{i=1}^{n}(\hat{Y}_i - \bar{Y})^2}{\sum_{i=1}^{n}(Y_i - \bar{Y})^2} \tag{13.30}$$

と定義されます．また，決定係数の平方根を**重相関係数** (multiple correlation coefficient) といい，$R$ で表します．

重回帰分析においても，ダミー変数を説明変数として用いることができます．重回帰モデルの目的変数 $Y$ を売上数量，説明変数 $X_1$, $X_2$ をそれぞれ価格と特別陳列の有無とした場合，売上数量の回帰値は

$$\hat{Y}_i = \hat{\beta}_0 + \hat{\beta}_1 X_{1i} + \hat{\beta}_2 X_{2i}$$
$$= \begin{cases} \hat{\beta}_0 + \hat{\beta}_1 X_{1i} & (X_{2i} = 0) \\ \hat{\beta}_0 + \hat{\beta}_1 X_{1i} + \hat{\beta}_2 & (X_{2i} = 1) \end{cases} \tag{13.31}$$

と表されます．ここで，$\hat{\beta}_1$ は価格を 1 円増加したときの売上数量の平均的な増加量，$\hat{\beta}_2$ は特別陳列を実施したときの売上数量の平均的な増加量と解釈することができます．

## 13.3.2　母回帰係数の検定

重回帰分析においても，単回帰分析と同様に，説明変数 $X$ が目的変数 $Y$ を説明するかどうかを検証することが主な目的であり，多くの場合，帰無仮説と対立仮説を

$$H_0 : \beta_k = 0, \quad H_1 : \beta_k \neq 0 \quad (k = 1, 2, \ldots, p)$$

とする両側検定を行います．検定統計量は

$$t_k = \frac{\hat{\beta}_k}{s.e.(\hat{\beta}_k)} \tag{13.32}$$

であり，帰無仮説 $H_0 : \beta_k = 0$ の下で，$t_k$ は自由度 $n-p-1$ の $t$ 分布に従うことが知られています．検定統計量 $t_k$ の実現値 $t_0$ を計算し，以下の判定を行います．

$$\begin{cases} |t_0| > t_{\alpha/2}(n-p-1) \text{ のとき，} H_0 \text{ を棄却する} \\ |t_0| \leq t_{\alpha/2}(n-p-1) \text{ のとき，} H_0 \text{ を棄却しない} \end{cases}$$

重回帰分析では，いくつかの母回帰係数についての仮説を同時に検定したい場合があります．たとえば，売上 $Y$ に影響を与えると考えられる変数として価格 $X_1$ と広告出稿量 $X_2$ があるとき，それら双方の効果はないという帰無仮説は

$$H_0 : \beta_1 = 0 \quad \text{かつ} \quad \beta_2 = 0$$

であり，少なくともどちらかの効果はあるという対立仮説は

$$H_1 : \beta_1 \neq 0 \quad \text{または} \quad \beta_2 \neq 0$$

となります．

このような複数のパラメータで構成される仮説を**複合仮説** (composite hypothesis) といいます．重回帰モデルにおいて，説明変数 $X_1, X_2, \ldots, X_p$ のどれか 1 つでも目的変数 $Y$ を説明するかどうかを検証するには，帰無仮説と対立仮説を

$$H_0 : \beta_1 = \beta_2 = \cdots = \beta_p = 0$$
$$H_1 : H_0 \text{ は正しくない}$$

とする検定を行います．今，帰無仮説の下での回帰残差の二乗和を $S_0$ とします．つまり，$S_0 = \sum_{i=1}^n (Y_i - \bar{Y})^2$ となります．一方，重回帰モデルの回帰残差の二乗和を $S_1 = \sum_{i=1}^n \hat{e}_i^2$ とします．検定統計量は

$$F = \frac{(S_0 - S_1)/p}{S_1/(n-p-1)} \tag{13.33}$$

であり，帰無仮説の下で，$F$ は自由度 $(p, n-p-1)$ の $F$ 分布に従うことが知られています．検定統計量の実現値 $F_0$ を計算し，以下の判定を行います．

$$\begin{cases} F_0 > F_\alpha(p, n-p-1) \text{ のとき，} H_0 \text{ を棄却する} \\ F_0 \leq F_\alpha(p, n-p-1) \text{ のとき，} H_0 \text{ を棄却しない} \end{cases}$$

単回帰モデルでは，説明変数が 1 つしかないため，母回帰係数 $\beta_1$ の検定と $F$ 検定の結果は等しくなるはずです．標本相関係数 $R$ の二乗は決定係数 $\eta^2$ と等しいため

(式 13.13 参照),

$$R^2 = 1 - \frac{\sum_{i=1}^n \hat{e}_i^2}{\sum_{i=1}^n (Y_i - \bar{Y})^2} \tag{13.34}$$

と書くことができます．したがって，$p = 1$ であるため，$F$ 検定の検定統計量は

$$\begin{aligned} F &= \frac{(S_0 - S_1)/1}{S_1/(n-2)} \\ &= \frac{\{\sum_{i=1}^n (Y_i - \bar{Y})^2 - \sum_{i=1}^n \hat{e}_i^2\}/1}{\sum_{i=1}^n \hat{e}_i^2/(n-2)} \\ &= \frac{R^2/1}{(1-R^2)/(n-2)} \\ &= \left(R\sqrt{\frac{n-2}{1-R^2}}\right)^2 \end{aligned} \tag{13.35}$$

となります．この式の最後は，母相関係数の検定の検定統計量 $t$ の二乗です（式 13.1 参照）．自由度 $n-2$ の $t$ 分布の二乗は，自由度 $(1, n-2)$ の $F$ 分布に従うため（式 6.28 参照），母相関係数の検定と単回帰モデルの $\beta_1$ の検定は等価です．

---

●回帰モデル

**モデル**

目的変数を $Y_i$，説明変数を $X_{1i}, X_{2i}, \ldots, X_{pi}$ として，

$$\begin{cases} Y_i = \beta_0 + \beta_1 X_{1i} + \beta_2 X_{2i} + \cdots + \beta_p X_{pi} + \varepsilon_i \quad (i = 1, 2, \ldots, n) \\ \varepsilon_i \sim N(0, \sigma^2) \end{cases}$$

と表す．

**仮説検定**

母回帰係数 $\beta_k$ の検定では，検定統計量は

$$t_k = \frac{\hat{\beta}_k}{s.e.(\hat{\beta}_k)}$$

であり，帰無仮説 $H_0 : \beta_k = 0$ の下で，$t_k$ は自由度 $n - p - 1$ の $t$ 分布に従う．よって，検定統計量の実現値 $t_0$ を用いて，以下の判定を行う（両側検定）．

$$\begin{cases} |t_0| > t_{\alpha/2}(n-p-1) \text{ のとき, } H_0 \text{ を棄却する} \\ |t_0| \leq t_{\alpha/2}(n-p-1) \text{ のとき, } H_0 \text{ を棄却しない} \end{cases}$$

## 重回帰分析を行うRの関数

単回帰分析と同様，重回帰分析を行うRの関数は，lm() です．重回帰分析では，説明変数が2つ以上であるため，説明変数を「+」でつなぎます．実行結果は単回帰分析とほぼ同じであり，Coefficients の下に主な推定結果がまとめられています．

---

**●重回帰分析を行うRの関数**

目的変数を y，説明変数を x1, x2 にそれぞれ代入し，以下のコマンドを実行する（説明変数が2つの場合）．

```
model <- lm(y ~ x1 + x2)
summary(model)
```

---

## 練習問題

「売上データ」を用いて，以下の分析をせよ．

13.1 価格と売上数量の間に相関があるといえるか有意水準5%で検定せよ．

13.2 売上数量を目的変数，価格，特別陳列，最高気温を説明変数として重回帰分析を行い，各説明変数は目的変数に影響を与えるといえるか有意水準5%で検定せよ．

13.3 価格が120円，特別陳列があり，最高気温が30度のときの売上数量の予測値を求めよ．

# 第14章
# 一般化線形モデル―DMへの反応・サイトアクセス回数を予測する―

## 14.1 一般化線形モデルとは

　回帰モデルは，目的変数の誤差項に正規分布を仮定するモデルでした．しかしながら，我々の周りには，目的変数に正規分布以外の確率分布を仮定して，どのような変数が目的変数に影響を与えるかを検証したいということがしばしばあります．たとえば，ダイレクトメールへの反応の有無が年齢や性別によって異なるかどうかを明らかにしたい場合，目的変数が二値変数であるため，通常の回帰モデルを用いることは適切ではありません．**一般化線形モデル** (generalized linear model: GLM) は，正規分布以外の現象に回帰モデルを適用できるように一般化したものです．

　一般化線形モデルは，変量成分，系統的成分，リンク関数の3つで構成されます．変量成分は，目的変数が従う確率分布を仮定します．系統的成分は，目的変数の期待値と説明変数との関係を表します．リンク関数は，変量成分と系統的成分をつなぐ役割を果たします．

### 14.1.1 変量成分

　**変量成分** (random component) は，目的変数 $Y_i$ $(i = 1, 2, \ldots, n)$ が従う確率分布を仮定します．たとえば，$Y_i$ のとりうる値が「成功」または「失敗」のような二値の場合や「成功」の回数である場合，変量成分に二項分布を仮定します．また，$Y_i$ のとりうる値が0以上の自然数であれば，変量成分にポアソン分布を仮定します．通常の回帰モデルも一般化線形モデルで表すことができ，回帰モデルは，変量成分に正規分布を仮定するモデルといえます．つまり，回帰モデルの変量成分は，$Y_i \sim N(\mu_i, \sigma^2)$ と表されます．

### 14.1.2 系統的成分

　**系統的成分** (systematic component) は，目的変数を説明する説明変数を表します．たとえば，説明変数を $X_{1i}, X_{2i}, \ldots, X_{pi}$ とすると，系統的成分は，線形結合により，

$$\beta_0 + \beta_1 X_{1i} + \beta_2 X_{2i} + \ldots + \beta_p X_{pi} \qquad (14.1)$$

と表されます．

### 14.1.3 リンク関数

**リンク関数** (link function) は，目的変数 $Y_i$ の期待値 $\mu_i$ と系統的成分との関係を表し，

$$g(\mu_i) = \beta_0 + \beta_1 X_{1i} + \beta_2 X_{2i} + \ldots + \beta_p X_{pi} \tag{14.2}$$

となる関数 $g$ を指定します．最も単純なリンク関数は $g(\mu_i) = \mu_i$ であり，このリンク関数は，**恒等リンク** (identity link) とよばれます．通常の回帰モデルは，変量成分 $Y_i \sim N(\mu_i, \sigma^2)$ に対して，

$$\mu_i = \beta_0 + \beta_1 X_{1i} + \beta_2 X_{2i} + \ldots + \beta_p X_{pi} \tag{14.3}$$

と書くことができるため，恒等リンクを用いるモデルといえます．他の代表的なリンク関数として，

$$\log(\mu_i) = \beta_0 + \beta_1 X_{1i} + \beta_2 X_{2i} + \ldots + \beta_p X_{pi} \tag{14.4}$$

と表される**対数リンク** (log link) があります．対数リンクの両辺の指数をとると，

$$\mu_i = \exp(\beta_0 + \beta_1 X_{1i} + \beta_2 X_{2i} + \ldots + \beta_p X_{pi}) \tag{14.5}$$

となり，$\mu_i$ は必ず正の値をとります．ポアソン分布では，期待値が正の値をとるため，後述するポアソン回帰モデルでは，通常，リンク関数に対数リンクを用います．

## ● 14.2 ロジスティック回帰モデル

### 14.2.1 ロジスティック回帰モデルとは

**ロジスティック回帰モデル** (logistic regression model) は，目的変数が二値変数の場合に用いられる回帰モデルです．ロジスティック回帰モデルでは，**オッズ** (odds) とよばれる指標を用います．

ベルヌーイ分布に従う確率変数の成功確率を $p$ とおくと，$p$ のオッズは

$$\text{odds}(p) = \frac{p}{1-p} \tag{14.6}$$

と定義されます．たとえば，$p = 0.8$ のとき，$\text{odds}(p) = 0.8/(1-0.8) = 4$ であり，$p = 0.5$ のとき，$\text{odds}(p) = 0.5/(1-0.5) = 1$ です．オッズは必ず正の値をとり，成功確率 $p$ が失敗確率 $1-p$ より大きいとき，オッズは 1 より大きい値をとります．ま

た，オッズの対数を**ロジット** (logit) といい，

$$\text{logit}(p) = \log\left(\frac{p}{1-p}\right) \tag{14.7}$$

と定義されます．

ロジスティック回帰モデルでは，変量成分にベルヌーイ分布を用いて，目的変数 $Y_i$ は成功確率 $p_i$ のベルヌーイ分布に従うと仮定します．さらに，**ロジットリンク** (logit link) をリンク関数として用いて，

$$\begin{cases} Y_i \sim Bern(p_i) \quad (i = 1, 2, \ldots n) & (14.8) \\ \text{logit}(p_i) = \log\left(\dfrac{p_i}{1-p_i}\right) = \beta_0 + \beta_1 X_i & (14.9) \end{cases}$$

と表します．ここで，2つ目の式の両辺の指数をとると，

$$\begin{aligned} \frac{p_i}{1-p_i} &= \exp(\beta_0 + \beta_1 X_i) \\ &= \exp(\beta_0)\exp(\beta_1)^{X_i} \end{aligned} \tag{14.10}$$

と書くことができます．つまり，ロジスティック回帰モデルでは，**$X$ が 1 単位増加すると，オッズが $e^{\beta_1}$ 倍になる**と解釈できます．したがって，ロジスティック回帰モデルでは，線形回帰モデルとは異なり，$X$ が 1 単位増加するときの $Y$ の増加量は $X$ の値に依存します．また，$X_i = 0$ のとき，オッズは $\exp(\beta_0)$ となります．説明変数 $X_i$ に対する成功確率 $p_i$ は，

$$p_i = \frac{\exp(\beta_0 + \beta_1 X_i)}{1 + \exp(\beta_0 + \beta_1 X_i)} \tag{14.11}$$

と書くことができます．

ロジスティック回帰モデルにおいても，重回帰モデルと同様に，

$$\log\left(\frac{p_i}{1-p_i}\right) = \beta_0 + \beta_1 X_{1i} + \beta_2 X_{2i} + \cdots + \beta_p X_{pi} \tag{14.12}$$

のように説明変数を2つ以上にすることもできます．ある説明変数 $X_{ki}$ を除いた $p-1$ 個の説明変数を一定としたとき，$X_{ki}$ が 1 単位増加すると，オッズが $e^{\beta_k}$ 倍になると解釈できます．

## 14.2.2 パラメータの推定と仮説検定

ロジスティック回帰モデルのパラメータの推定には，通常，最尤法とよばれる推定法が用いられます．**最尤法**（maximum likelihood estimation）とは，モデルの尤度を最大にするパラメータを推定量とする推定法です．**尤度**（likelihood）とは，モデルのデータへの当てはまりを表す量で，モデルのパラメータを $\theta$ とすると，

$$L(\theta) = f(x_1) \times f(x_2) \times \cdots \times f(x_n)$$
$$= \prod_{i=1}^{n} f(x_i) \tag{14.13}$$

と定義されます．尤度 $L(\theta)$ は，確率密度関数 $f(x_i)$ の積で表されますが，標本 $x_1, x_2, \ldots, x_n$ が与えられた下での $\theta$ の関数という点が確率密度関数の積とは異なります[*1]．尤度が大きいほど，モデルはデータに当てはまっているといえます．最尤法により推定される推定量を**最尤推定量**（maximum likelihood estimator: MLE）といいます．

最尤法では，通常，尤度の対数をとった**対数尤度**（log likelihood）

$$l(\theta) = \log\{L(\theta)\} \tag{14.14}$$

の最大化を行います．対数尤度を用いる理由は，$n$ が大きいとき，尤度は非常に小さい値をとることがあり，コンピュータを用いても正確な値を求めることができないことがあるためです．対数尤度を用いればそのようなことはなく，対数尤度を最大化しても得られる解は変わりません．

ロジスティック回帰モデルでは，目的変数はベルヌーイ分布に従うと仮定するため，モデルの尤度は

$$L(\theta) = p_1^{x_1}(1-p_1)^{1-x_1} \times p_2^{x_2}(1-p_2)^{1-x_2} \times \cdots \times p_n^{x_n}(1-p_n)^{1-x_n}$$
$$= \prod_{i=1}^{n} p_i^{x_i}(1-p_i)^{1-x_i} \tag{14.15}$$

と書くことができます．よって，対数尤度は

$$l(\theta) = \sum_{i=1}^{n} \{x_i \log(p_i) + (1-x_i)\log(1-p_i)\} \tag{14.16}$$

---

[*1] 確率密度関数は，パラメータ $\theta$ が与えられた下での $x$ の関数 $f(x)$ です．

となります．この $l(\theta)$ を最大とするパラメータが最尤推定量 $\hat{\beta}_0, \hat{\beta}_1, \ldots, \hat{\beta}_p$ となります．ただし，通常，ロジスティック回帰モデルの最尤推定量は解析的には求められないため，R などの統計ソフトウェアを用いて数値的に推定します．

パラメータの推定値を用いて，説明変数がある値のときの成功確率を予測することができます．式 14.11 と同様に，説明変数 $X_{1i}, X_{2i}, \ldots, X_{pi}$ に対する成功確率の予測値 $\hat{p}_i$ は

$$\hat{p}_i = \frac{\exp(\hat{\beta}_0 + \hat{\beta}_1 X_{1i} + \hat{\beta}_2 X_{2i} + \cdots + \hat{\beta}_p X_{pi})}{1 + \exp(\hat{\beta}_0 + \hat{\beta}_1 X_{1i} + \hat{\beta}_2 X_{2i} + \cdots + \hat{\beta}_p X_{pi})} \tag{14.17}$$

と求めることができます．

通常の回帰分析と同様に，説明変数 $X_k$ が目的変数に影響を与えるかどうかを検証するには，帰無仮説と対立仮説を

$$H_0 : \beta_k = 0, \quad H_1 : \beta_k \neq 0 \tag{14.18}$$

とする両側検定を行います．$n$ が十分に大きいとき，最尤推定量 $\hat{\beta}_k$ の分布は，正規分布 $N(\beta_k, V(\hat{\beta}_k))$ に近似できることが知られています．したがって，検定統計量は

$$Z = \frac{\hat{\beta}_k}{s.e.(\hat{\beta}_k)} \tag{14.19}$$

であり，帰無仮説 $H_0 : \beta_k = 0$ の下で，$Z$ は標準正規分布に近似できます．検定統計量の実現値 $z_0$ を計算し，以下の判定を行います．

$$\begin{cases} |z_0| > z_{\alpha/2} \text{ のとき，} H_0 \text{ を棄却する} \\ |z_0| \leq z_{\alpha/2} \text{ のとき，} H_0 \text{ を棄却しない} \end{cases} \tag{14.20}$$

回帰分析と同様に，ロジスティック回帰分析を行う R の関数は，臨界値 $z_{\alpha/2}$ の代わりに $p$ 値を返すため，$p$ 値が有意水準 $\alpha$ より小さいとき，$H_0$ を棄却します．

●**ロジスティック回帰モデル**

**モデル**

目的変数を $Y_i$，説明変数を $X_{1i}, X_{2i}, \ldots, X_{pi}$ として，

$$\begin{cases} Y_i \sim Bern(p_i) \quad (i = 1, 2, \ldots, n) \\ \text{logit}(p_i) = \log\left(\frac{p_i}{1-p_i}\right) = \beta_0 + \beta_1 X_{1i} + \beta_2 X_{2i} + \cdots + \beta_p X_{pi} \end{cases}$$

と表す．

**仮説検定**

母回帰係数 $\beta_k$ の検定では，検定統計量は

$$Z = \frac{\hat{\beta}_k}{s.e.(\hat{\beta}_k)}$$

であり，$n$ が十分に大きいとき，帰無仮説 $H_0 : \beta_k = 0$ の下で，$Z$ は標準正規分布に近似できる．よって，検定統計量の実現値 $z_0$ を用いて，以下の判定を行う（両側検定）．

$$\begin{cases} |z_0| > z_{\alpha/2} \text{ のとき，} H_0 \text{ を棄却する} \\ |z_0| \leq z_{\alpha/2} \text{ のとき，} H_0 \text{ を棄却しない} \end{cases}$$

## ロジスティック回帰分析を行うRの関数

一般化線形モデルの分析を行う関数は，glm() です．ロジスティック回帰分析では，変量成分が二項分布であることを指定するために，引数として，family="binomial" と指定します．変量成分に二項分布を指定すると，とくに何も指定しなければ，リンク関数にロジットリンクが用いられます．説明変数が2つ以上になる場合は，重回帰分析のときと同様に，説明変数を「+」でつなぎます．回帰分析を行う関数 lm() と同様に，Coefficients の下にパラメータの推定結果が出力されます．

**●ロジスティック回帰分析を行うRの関数**

目的変数を y，説明変数を x に代入し，以下のコマンドを実行する．
```
model <- glm(y ~ x, family="binomial")
summary(model)
```

## 例題 14.1

ある化粧品会社では，自社製品を使ったことのある顧客に対してキャンペーンを行った．以下の表は，顧客12人のこれまでの自社製品の購買回数とキャンペーンの応募の有無（応募があれば1，なければ0）を示したものである．

| 購買回数 | 16 | 19 | 8 | 9 | 11 | 6 | 13 | 22 | 15 | 11 | 18 | 3 |
|---|---|---|---|---|---|---|---|---|---|---|---|---|
| 応募の有無 | 1 | 1 | 0 | 0 | 1 | 0 | 0 | 1 | 1 | 0 | 1 | 0 |

ロジスティック回帰分析により，自社製品の購買回数がキャンペーンの応募の有無に影響を与えるといえるか有意水準 10% で検定せよ．

**解答**

```
> # 購買回数を num，応募の有無を apply に代入
> num   <- c(16,19,8,9,11,6,13,22,15,11,18,3)
> apply <- c(1,1,0,0,1,0,0,1,1,0,1,0)
>
> # ロジスティック回帰分析
> model.apply <- glm(apply ~ num, family="binomial")
> summary(model.apply)

Call:
glm(formula = apply ~ num, family = "binomial")

Deviance Residuals:
     Min       1Q   Median       3Q      Max
-1.36345  -0.28149  -0.00076  0.21252  1.67257

Coefficients:
            Estimate Std. Error z value Pr(>|z|)
(Intercept)  -9.5992     5.7703  -1.664   0.0962 .
num           0.7713     0.4643   1.661   0.0967 .
---
Signif. codes:  0 '***' 0.001 '**' 0.01 '*' 0.05 '.' 0.1 ' ' 1

(Dispersion parameter for binomial family taken to be 1)

    Null deviance: 16.6355  on 11  degrees of freedom
Residual deviance:  5.8656  on 10  degrees of freedom
AIC: 9.8656

Number of Fisher Scoring iterations: 7
```

ロジスティック回帰分析の結果，購買回数の $p$ 値が 0.0967 で有意水準 10% より小さいため，自社製品の購買回数はキャンペーンの応募の有無に影響を与えるといえる．

例題 14.1 の分析結果を用いて，購買回数が 10 回の顧客がキャンペーンに応募する確率を予測してみましょう．R の実行結果より，パラメータの推定値は $\hat{\beta}_0 = -9.5992$, $\hat{\beta}_1 = 0.7713$ であることがわかりますが，より正確な値を用いるために，`model.apply` の Coefficients に格納されている値を用います．次のコマン

ドにより，$\hat{\beta}_0$ の推定値を b0, $\hat{\beta}_1$ の推定値を b1 に代入します．

```
> # パラメータの推定値
> b0 <- model.apply$coefficients[[1]]
> b1 <- model.apply$coefficients[[2]]
> b0
[1] -9.599196
> b1
[1] 0.7712752
```

式 14.17 より，$X = 10$ のときの成功確率の予測値 $\hat{p}$ は，

$$\hat{p} = \frac{\exp(\hat{\beta}_0 + \hat{\beta}_1 \times 10)}{1 + \exp(\hat{\beta}_0 + \hat{\beta}_1 \times 10)} \tag{14.21}$$

を計算することにより求めることができます．

```
> # 購買回数が 10 回の顧客が応募する確率
> exp(b0+b1*10)/(1+exp(b0+b1*10))
[1] 0.1316505
```

購買回数が 10 回の顧客がキャンペーンに応募する確率は 13.1% であることがわかりました．関数 curve() と関数 plot() を用いて，購買回数とキャンペーンに応募する確率の関係をグラフで表すことができます．複数のグラフを重ねて描くには，par(new=T) を実行します．

```
> # パラメータの推定値を用いた応募確率の予測値
> curve(exp(b0+b1*x)/(1+exp(b0+b1*x)), 0, 25,
+       xlab=NA, ylab=NA, axes=F)
> par(new=T)
> plot(num, apply, xlim=c(0,25))
```

図 14.1 の曲線は，パラメータの推定値に基づいて計算された購買回数に対するキャンペーンの応募確率を示しており，点は実際にキャンペーンに応募したかどうかを示しています．購買回数が多いほど，キャンペーンに応募する確率が高くなり，実際に，購買回数が多い顧客はキャンペーンに応募する傾向があることがわかります．

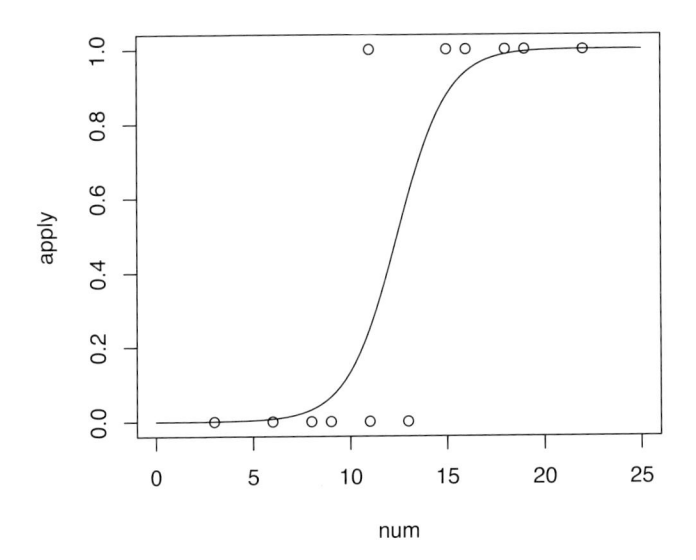

図 14.1　パラメータの推定値を用いた応募確率の予測値

## 14.3　ポアソン回帰モデル

### 14.3.1　ポアソン回帰モデルとは

**ポアソン回帰モデル**（Poisson regression model）は，目的変数が自然数の値をとる場合に用いられる回帰モデルです．つまり，ポアソン回帰モデルでは，変量成分にポアソン分布を用います．ポアソン回帰モデルは，目的変数のとりうる値が小さいときに，現象をより的確に表すことができます．一方，ポアソン分布は，期待値が大きいとき，正規分布に近似できるため，目的変数が自然数の値をとる場合でも，とりうる値が大きければ，通常の回帰モデルを用いても問題ありません．

ポアソン回帰モデルでは，目的変数 $Y_i$ は期待値 $\lambda_i$ のポアソン分布に従うと仮定し，対数リンクを用いて，

$$\begin{cases} Y_i \sim Pois(\lambda_i) \quad (i = 1, 2, \ldots, n) & (14.22) \\ \log(\lambda_i) = \beta_0 + \beta_1 X_i & (14.23) \end{cases}$$

と表します．ここで，2つ目の式の両辺の指数をとると，

$$\begin{aligned} \lambda_i &= \exp(\beta_0 + \beta_1 X_i) \\ &= \exp(\beta_0) \exp(\beta_1)^{X_i} \end{aligned} \quad (14.24)$$

と書くことができるため，ポアソン回帰モデルでは，$X$ が 1 単位増加すると，$Y$ の期待値が $e^{\beta_1}$ 倍になると解釈できます．

ポアソン回帰モデルにおいても

$$\log(\lambda_i) = \beta_0 + \beta_1 X_{1i} + \beta_2 X_{2i} + \cdots + \beta_p X_{pi} \tag{14.25}$$

のように説明変数を 2 つ以上にすることもできます．この場合，ある説明変数 $X_{ki}$ を除いた $p-1$ 個の説明変数を一定としたとき，$X_{ki}$ が 1 単位増加すると，$Y$ の期待値が $e^{\beta_k}$ 倍になると解釈できます．

### 14.3.2　パラメータの推定と仮説検定

ロジスティック回帰モデルと同様に，一般的に，最尤法によりポアソン回帰モデルのパラメータを推定します．ポアソン回帰モデルの尤度は

$$\begin{aligned} L(\theta) &= e^{-\lambda_i} \frac{\lambda_i^{x_1}}{x_1!} \times e^{-\lambda_i} \frac{\lambda_i^{x_2}}{x_2!} \times \cdots \times e^{-\lambda_i} \frac{\lambda_i^{x_n}}{x_n!} \\ &= \prod_{i=1}^{n} \left( e^{-\lambda_i} \frac{\lambda_i^{x_i}}{x_i!} \right) \end{aligned} \tag{14.26}$$

と書くことができます．よって，対数尤度は

$$l(\theta) = \sum_{i=1}^{n} \{-\lambda_i + x_i \log(\lambda_i) - \log(x_i!)\} \tag{14.27}$$

であり，$l(\theta)$ を最大とするパラメータが最尤推定量です．

パラメータの推定値を用いて，説明変数がある値のときの目的変数の期待値を予測することができます．説明変数 $X_{1i}, X_{2i}, \ldots, X_{pi}$ に対する目的変数の期待値 $\hat{\lambda}_i$ は

$$\hat{\lambda}_i = \exp(\hat{\beta}_0 + \hat{\beta}_1 X_{1i} + \hat{\beta}_2 X_{2i} + \cdots + \hat{\beta}_p X_{pi}) \tag{14.28}$$

と求めることができます．

ポアソン回帰モデルの仮説検定は，ロジスティック回帰モデルと同様に行うことができます．説明変数 $X_k$ が目的変数に影響を与えるかどうかを検証するには，帰無仮説と対立仮説を

$$H_0 : \beta_k = 0, \quad H_1 : \beta_k \neq 0 \tag{14.29}$$

とする両側検定を行います．検定統計量は

$$Z = \frac{\hat{\beta}_k}{s.e.(\hat{\beta}_k)} \tag{14.30}$$

であり，帰無仮説 $H_0 : \beta_k = 0$ の下で，$Z$ は標準正規分布に近似できます．検定統計量の実現値 $z_0$ を計算し，以下の判定を行います．

$$\begin{cases} |z_0| > z_{\alpha/2} \text{ のとき，} H_0 \text{ を棄却する} \\ |z_0| \leq z_{\alpha/2} \text{ のとき，} H_0 \text{ を棄却しない} \end{cases} \tag{14.31}$$

ポアソン回帰分析を行う R の関数は，ロジスティック回帰分析を行う関数と同じであり，臨界値 $z_{\alpha/2}$ の代わりに $p$ 値を返すため，$p$ 値が有意水準 $\alpha$ より小さいとき，$H_0$ を棄却します．

---

### ●ポアソン回帰モデル

**モデル**

目的変数を $Y_i$，説明変数を $X_{1i}, X_{2i}, \ldots, X_{pi}$ として，

$$\begin{cases} Y_i \sim Pois(\lambda_i) \quad (i = 1, 2, \ldots, n) \\ \log(\lambda_i) = \beta_0 + \beta_1 X_{1i} + \beta_2 X_{2i} + \cdots + \beta_p X_{pi} \end{cases}$$

と表す．

**仮説検定**

母回帰係数 $\beta_k$ の検定では，検定統計量は

$$Z = \frac{\hat{\beta}_k}{s.e.(\hat{\beta}_k)}$$

であり，$n$ が十分に大きいとき，帰無仮説 $H_0 : \beta_k = 0$ の下で，$Z$ は標準正規分布に近似できる．よって，検定統計量の実現値 $z_0$ を用いて，以下の判定を行う（両側検定）．

$$\begin{cases} |z_0| > z_{\alpha/2} \text{ のとき，} H_0 \text{ を棄却する} \\ |z_0| \leq z_{\alpha/2} \text{ のとき，} H_0 \text{ を棄却しない} \end{cases}$$

---

## ポアソン回帰分析を行う R の関数

ロジスティック回帰分析と同様に，ポアソン回帰分析を行う R の関数は，`glm()` です．ポアソン回帰モデルでは，変量成分にポアソン分布を用いるため，引数として，

family="poisson" と指定します．実行結果の読み方は，ロジスティック回帰分析と同じです．

> ●ポアソン回帰分析を行う R の関数
>
> 目的変数を y，説明変数を x に代入し，以下のコマンドを実行する．
>     model <- glm(y ~ x, family="poisson")
>     summary(model)

### 例題 14.2

ある人材派遣会社では，自社のウェブサイトを訪れたことのある顧客に対して，求人に関するインターネット広告を配信した．以下の表は，顧客 10 人に対する広告の表示回数（インプレッション数）と広告をクリックした回数（クリック数）を示したものである．

| インプレッション数 | 7 | 9 | 3 | 1 | 5 | 13 | 15 | 18 | 2 | 10 |
|---|---|---|---|---|---|---|---|---|---|---|
| クリック数 | 0 | 1 | 1 | 0 | 1 | 2 | 4 | 7 | 0 | 2 |

ポアソン回帰分析により，インプレッション数はクリック数に影響を与えているといえるか有意水準 5% で検定せよ．

### 解答

```
> # インプレッション数を imp，クリック数を click に代入
> imp   <- c(7,9,3,1,5,13,15,18,2,10)
> click <- c(0,1,1,0,1,2,4,7,0,2)
>
> # ポアソン回帰分析
> model.click <- glm(click ~ imp, family="poisson")
> summary(model.click)

Call:
glm(formula = click ~ imp, family = "poisson")

Deviance Residuals:
    Min       1Q   Median       3Q      Max
-1.2454  -0.6050  -0.0559   0.3765   0.8939

Coefficients:
```

```
              Estimate Std. Error z value Pr(>|z|)
(Intercept) -1.64573    0.75547  -2.178 0.029375 *
imp          0.19880    0.05189   3.831 0.000127 ***
---
Signif. codes:  0 '***' 0.001 '**' 0.01 '*' 0.05 '.' 0.1 ' ' 1

(Dispersion parameter for poisson family taken to be 1)

    Null deviance: 22.7180  on 9  degrees of freedom
Residual deviance:  4.1241  on 8  degrees of freedom
AIC: 26.425

Number of Fisher Scoring iterations: 5
```

ポアソン回帰分析の結果，インプレッション数の $p$ 値が $0.000127$ で有意水準 $5\%$ より小さいため，インプレッション数はクリック数に影響を与えているといえる．

例題 14.2 の分析結果を用いて，インプレッション数が 16 回の顧客のクリック数を予測してみましょう．次のコマンドにより，$\hat{\beta}_0$ の推定値を b0，$\hat{\beta}_1$ の推定値を b1 に代入します．

```
> # パラメータの推定値
> b0 <- model.click$coefficients[[1]]
> b1 <- model.click$coefficients[[2]]
> b0
[1] -1.645725
> b1
[1] 0.1987957
```

式 14.28 より，$X = 16$ のときの目的変数の期待値 $\hat{\lambda}$ は，

$$\hat{\lambda} = \exp(\hat{\beta}_0 + \hat{\beta}_1 \times 16) \tag{14.32}$$

を計算することにより求めることができます．

```
> # インプレッション数が 16 回の顧客のクリック数の予測値
> exp(b0+b1*16)
[1] 4.641353
```

インプレッション数が 16 回の顧客のクリック数の予測値は 4.64 回であることがわかりました．

## 第 14 章 一般化線形モデル—DM への反応・サイトアクセス回数を予測する—

次に，インプレッション数とクリック数の関係をグラフで表してみましょう．ここでは，ポアソン回帰分析によって得られた予測値と同じデータに対して通常の回帰分析を行って得られた予測値を同時に表します．関数 abline() の引数に回帰分析の実行結果を指定して実行すると，標本回帰直線を描くことができます．

```
> # 回帰分析
> model.click.lm <- lm(click ~ imp)
>
> # パラメータの推定値を用いたクリック数の予測値
> curve(exp(b0+b1*x), 0, 25, xlim=c(0,20), ylim=c(0,8),
+       xlab=NA, ylab=NA, axes=F)
> par(new=T)
> plot(imp, click, xlim=c(0,20), ylim=c(0,8))
> abline(model.click.lm)
```

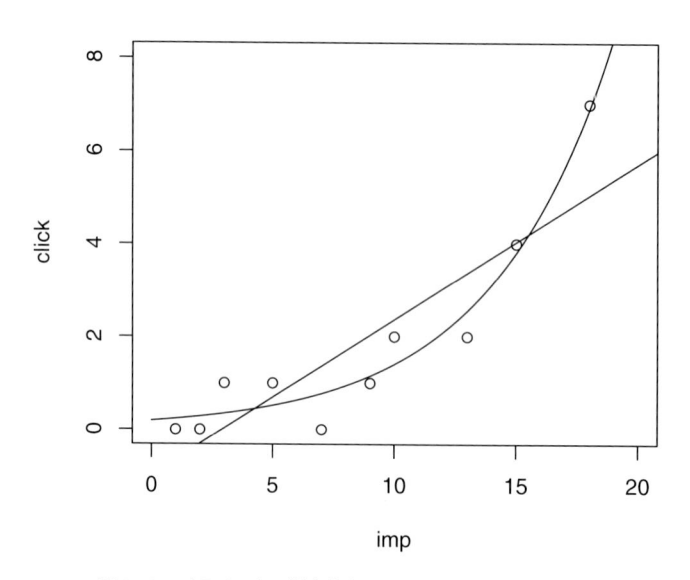

図 14.2　パラメータの推定値を用いたクリック数の予測値

図 14.2 は，インプレッション数とクリック数の散布図，ポアソン回帰モデルによる回帰曲線，通常の回帰モデルによる標本回帰直線を同時に表したものです．回帰モデルの推定値を用いてクリック数を予測すると，インプレッション数が少ないとき，クリック数の予測値が負の値をとってしまっています．ポアソン回帰モデルは，予測

値が負になることがないため，説明変数の値にかかわらず，適切な予測値を求めることができます．

## 14.4 AICによる変数選択

本節では，複数の説明変数の中から最も予測能力の高い変数の選択方法を紹介します．統計モデルを用いて，不確実な将来をより正確に予測することも統計分析の主要な目的の 1 つです．ただし，候補となる説明変数が複数存在する場合，必ずしもすべての説明変数を予測に用いることが適切とは限りません．複数の説明変数の中から最も予測能力の高い変数を選択することを**変数選択**（variable selection）といいます．

変数選択の方法は多数存在しますが，情報量規準 AIC を用いる方法は，最も広く利用されている方法の 1 つです．**AIC**（Akaike's information criterion: 赤池情報量規準）は

$$\text{AIC} = -2 \times (最大対数尤度) + 2 \times (パラメータ数) \tag{14.33}$$

と定義されます．比較対象のモデルの中で AIC が最小のモデルが最も予測能力が高いモデルといえます．AIC を用いて変数選択を行うには，まず，候補となる説明変数を含むすべてのモデルを推定します．次に，各モデルの AIC を計算し，AIC が最小のモデルに用いた説明変数を最も予測能力が高い説明変数として選択します．

### AIC による変数選択を行う R の関数

AIC による変数選択を行う R の関数は，`step()` です．関数 `step()` を使うには，まず，候補となる説明変数をすべて含むモデルの推定を行い，その実行結果をこの関数の引数として指定します．

> ● **AIC による変数選択を行う R の関数**
> 
> 候補となる説明変数をすべて含むモデルの実行結果を `model` に代入し，以下のコマンドを実行する．
> `step(model)`

「顧客データ」を用いて，どの説明変数の組み合わせが「サイトアクセス回数」を予測する上で最も予測能力が高いか調べてみましょう．以下は，「サイトアクセス回数」を目的変数，「性別」，「年齢」，「DM への反応の有無」を説明変数の候補として，ポアソン回帰モデルの推定を行い，AIC による変数選択を行った結果です．

```
> # 顧客データの読み込み
> customer <- read.table("customer.txt", header=T)
>
> # ポアソン回帰分析
> model.freq <- glm(freq ~ gender + age + DM, family="poisson",
+                   data=customer)
>
> # AIC による変数選択
> step(model.freq)
Start:  AIC=72.12
freq ~ gender + age + DM

         Df Deviance    AIC
- age     1   17.038 70.210
- DM      1   18.015 71.188
- gender  1   18.859 72.031
<none>        16.952 72.124

Step:  AIC=70.21
freq ~ gender + DM

         Df Deviance    AIC
- DM      1   18.042 69.214
<none>        17.038 70.210
- gender  1   19.212 70.384

Step:  AIC=69.21
freq ~ gender

         Df Deviance    AIC
<none>        18.042 69.214
- gender  1   24.950 74.122

Call:  glm(formula = freq ~ gender, family = "poisson", data = customer)

Coefficients:
(Intercept)       gender
     0.2624       0.8362

Degrees of Freedom: 19 Total (i.e. Null);  18 Residual
Null Deviance:      24.95
Residual Deviance: 18.04       AIC: 69.21
```

関数 step() は，まず，すべての説明変数を含むモデルの AIC を計算します．ここ

では，Start:AIC=72.12 がそれを示しています．次に，説明変数をどれか 1 つ外したときのモデルを推定し，そのときの AIC を計算します．上記の分析では，AIC は，age を外したとき 70.210，DM を外したとき 71.188，gender を外したとき 72.031，何も外さないとき（<none>）72.124 であることがわかります．AIC が小さいモデルが予測能力が高いモデルといえるため，まず，age を説明変数の候補から除外します．

これ以降，最適な説明変数を得るまで，上記の手続きを繰り返します．DM と gender を外したときのモデルを推定し，AIC を計算します．すると，AIC は，DM を外したとき 69.214，何も外さないとき（<none>）70.210，gender を外したとき 70.384 となり，DM を外したときのモデルの AIC が 69.214 で最小となりました．したがって，DM を説明変数の候補から除外します．

最後に，gender を含むモデルと含まないモデルの AIC を計算し，gender を含むモデルの AIC が 69.214，含まないモデルの AIC が 74.122 であるため，説明変数に gender のみを含むモデルが最も予測能力が高いといえます．

ここで行った変数選択の方法は，すべての説明変数の候補から変数を 1 つずつ減らしていく方法であり，変数減少法といいます．とくに何も指定しなければ，関数 step() は，変数減少法による変数選択を行います[*2]．

## 付節：最尤法

最尤法とは，尤度 $L(\theta)$ が最大となるようなパラメータ $\theta$ を推定量とする推定法であり，最尤法によって推定された推定量を最尤推定量 $\hat{\theta}$ といいます．ここでは，最尤法の具体例として，母集団分布がポアソン分布のとき，最尤法により母平均 $\lambda$ を推定する方法を紹介します．ポアソン回帰モデルと同様に，尤度にポアソン分布の確率密度関数を用いますが，ここでは，同一のポアソン母集団からの標本を考えるため，$\lambda$ に添え字 $i$ が付きません．

ポアソン分布の確率密度関数は

$$f(x) = e^{-\lambda}\frac{\lambda^x}{x!} \quad (x = 0, 1, 2, \ldots; \quad \lambda > 0)$$

です．したがって，平均 $\lambda$ のポアソン母集団から大きさ $n$ の標本を抽出するとき，尤度関数は

$$\begin{aligned}L(\lambda) &= e^{-\lambda}\frac{\lambda^{x_1}}{x_1!} \times e^{-\lambda}\frac{\lambda^{x_2}}{x_2!} \times \cdots \times e^{-\lambda}\frac{\lambda^{x_n}}{x_n!} \\ &= \prod_{i=1}^{n}\left(e^{-\lambda}\frac{\lambda^{x_i}}{x_i!}\right)\end{aligned}$$

---

[*2] 他の変数選択の方法として，変数を増やしていく変数増加法や変数の増減を交互に行う変数増減法などがあります．

$$= e^{-n\lambda} \frac{\lambda^{\sum_{i=1}^{n} x_i}}{\prod_{i=1}^{n} x_i!}$$

であり，対数尤度関数は

$$l(\lambda) = \log\{L(\lambda)\}$$
$$= -n\lambda + \sum_{i=1}^{n} x_i \log(\lambda) - \sum_{i=1}^{n} \log(x_i!)$$

と書くことができます．この式を $\lambda$ で微分すると，

$$\frac{\partial l(\theta)}{\partial \lambda} = -n + \frac{\sum_{i=1}^{n} x_i}{\lambda}$$

が得られます． $\lambda$ の最尤推定量 $\hat{\lambda}$ は，

$$-n + \frac{\sum_{i=1}^{n} x_i}{\lambda} = 0$$

を解くことにより，

$$\hat{\lambda} = \frac{1}{n}\sum_{i=1}^{n} x_i = \bar{x}$$

と求めることができます．つまり，母平均 $\lambda$ の最尤推定量は，標本平均 $\bar{X}$ です．

この例のように，尤度関数をシンプルな形で表せるときは，最尤推定量を解析的に求めることができます．しかしながら，一般化線形モデルでは，多くの場合，解析的に求めることができないため，統計ソフトウェアを用いて，数値的に求めます．

## 練習問題

「顧客データ」を用いて，以下の分析をせよ．

14.1 性別，年齢，サイトアクセス回数を説明変数の候補として，ダイレクトメールへの反応の有無を予測する上で最も予測能力の高い説明変数を選択せよ．

14.2 最も予測能力の高い説明変数を用いて，サイトアクセス回数が 2 回の 30 歳女性のダイレクトメールへの反応確率を求めよ．

# 第15章

# 多項ロジットモデル—ブランド選択行動の要因を探る—

## ● 15.1 多項ロジットモデルとは

　本書で最後に紹介する統計手法は，多項ロジットモデルです．**多項ロジットモデル**（multinomial logit model）とは，目的変数が多値の離散値をとる回帰モデルです．マーケティングの分野では，多項ロジットモデルはマーケティング変数がブランド選択に与える影響を検証するために広く用いられており，そのためのモデルは，**ブランド選択モデル**（brand choice model）とよばれます．他に多項ロジットモデルがよく用いられる分野として，交通工学が挙げられます．交通工学の分野では，旅行者が，飛行機，電車，自動車などの交通手段を選ぶ要因としてどのようなものがあるかを明らかにするために用いられます．

　多項ロジットモデルでは，目的変数 $Y_i$ ($i = 1, 2, \ldots, n$) は $m$ 個の順序に意味がない離散値 $1, 2, \ldots, m$ のいずれかをとり，$j$ をとる確率を

$$P(Y_i = j) = \frac{\exp(V_{ij})}{\exp(V_{i1}) + \exp(V_{i2}) + \cdots + \exp(V_{im})}$$
$$= \frac{\exp(V_{ij})}{\sum_{k=1}^{m} \exp(V_{ik})} \tag{15.1}$$

と表します．ここで，$V_{ij}$ は目的変数の $i$ 番目の要素が $j$ をとる確率を定めるものであり，説明変数 $X$ を用いて，

$$V_{ij} = \alpha_j + \beta X_{ij} \tag{15.2}$$

と表します．$X_{ij}$ は目的変数の $i$ 番目の要素に影響を与える $j$ に関する説明変数です．$\alpha_j$ は $X$ の影響を除いた $j$ のとりやすさと解釈することができ，$j$ によって異なります．また，$\alpha_j$ は回帰モデルの切片に相当しますが，$\alpha_1, \alpha_2, \ldots, \alpha_m$ の間の差のみが目的変数に影響を与えるため，どれか 1 つを 0 に固定します．$\beta$ は $X$ の影響度を表し，通常，$j$ にかかわらず共通とします．

　では，ブランド選択モデルにおいて，多項ロジットモデルがどのように用いられるか考えていきましょう．ブランド選択モデルでは，価格や特別陳列などのマーケティ

ング変数がブランド選択に与える影響を検証することが目的であるため，目的変数 $Y$ をあるカテゴリーにおいて選択肢となりうるブランドとします．たとえば，あるカテゴリーにおいて，3つのブランド A，B，C があるとします．価格がブランド選択に影響を与えるかどうかを検証したいときは，価格を説明変数 $X$ として，各ブランドが選択される確率を

$$P(Y_i = A) = \frac{\exp(\alpha_A + \beta X_{iA})}{\exp(\alpha_A + \beta X_{iA}) + \exp(\alpha_B + \beta X_{iB}) + \exp(\beta X_{iC})}$$

$$P(Y_i = B) = \frac{\exp(\alpha_B + \beta X_{iB})}{\exp(\alpha_A + \beta X_{iA}) + \exp(\alpha_B + \beta X_{iB}) + \exp(\beta X_{iC})}$$

$$P(Y_i = C) = \frac{\exp(\beta X_{iC})}{\exp(\alpha_A + \beta X_{iA}) + \exp(\alpha_B + \beta X_{iB}) + \exp(\beta X_{iC})}$$

と表します．$X_{ij}$ は $i$ 番目の購買機会のブランド $j$ の価格を意味します．$\alpha$ はブランド固有の魅力度と解釈することができ，ここでは，$\alpha_C = 0$ に固定しています．したがって，$\alpha_A$ の推定値の符号が正であれば，ブランド A とブランド C の価格が等しいとき，ブランド C と比べて，ブランド A が選択される確率が高いということになります．$\beta$ は価格がブランド選択に与える影響度を表すため，推定値の符号は負であることが予想されます．ブランド選択モデルでは，ある購買機会において，あるブランドが選択される確率を**ブランド選択確率** (brand choice probability) といいます．

説明変数が価格以外にも特別陳列やチラシなど複数考えられるときは，$V_{ij}$ を

$$V_{ij} = \alpha_j + \beta_1 X_{1ij} + \beta_2 X_{2ij} + \cdots + \beta_p X_{pij} \tag{15.3}$$

と表します．多項ロジットモデルでは，通常，一般化線形モデルと同様に，最尤法によりパラメータを推定します．

$k$ 番目のマーケティング変数のパラメータ $\beta_k$ が 0 でなければ，その変数がブランド選択に影響を与えるといえるので，一般的に，帰無仮説と対立仮説を

$$H_0 : \beta_k = 0, \quad H_1 : \beta_k \neq 0$$

とする両側検定を行います．検定統計量は

$$Z = \frac{\hat{\beta_k}}{s.e.(\hat{\beta_k})} \tag{15.4}$$

であり，$n$ が十分に大きいとき，帰無仮説 $H_0 : \beta_k = 0$ の下で，$Z$ は標準正規分布に近似できます．検定統計量の実現値 $z_0$ を計算し，以下の判定を行います．

$$\begin{cases} |z_0| > z_{\alpha/2} \text{ のとき，} H_0 \text{ を棄却する} \\ |z_0| \leq z_{\alpha/2} \text{ のとき，} H_0 \text{ を棄却しない} \end{cases}$$

一般化線形モデルと同様に，多項ロジット分析を行う R の関数は，臨界値 $z_{\alpha/2}$ の代わりに $p$ 値を返すため，$p$ 値が有意水準 $\alpha$ より小さいとき，$H_0$ を棄却します．

---

●**多項ロジットモデル**

**モデル**

目的変数 $Y_i$ は $m$ 個の順序に意味がない離散値 $1, 2, \ldots, m$ のいずれかをとり，説明変数を $X_{1ij}, X_{2ij}, \ldots, X_{pij}$ として，

$$\begin{cases} P(Y_i = j) = \dfrac{\exp(V_{ij})}{\sum_{k=1}^{m} \exp(V_{ik})} \quad (i = 1, 2, \ldots, n, \quad j = 1, 2, \ldots, m) \\ V_{ij} = \alpha_j + \beta_1 X_{1ij} + \beta_2 X_{2ij} + \cdots + \beta_p X_{pij} \end{cases}$$

と表す．

**仮説検定**

母回帰係数 $\beta_k$ の検定では，検定統計量は

$$Z = \frac{\hat{\beta}_k}{s.e.(\hat{\beta}_k)}$$

であり，$n$ が十分大きいとき，帰無仮説 $H_0 : \beta_k = 0$ の下で，$Z$ は標準正規分布に従う．よって，検定統計量の実現値 $z_0$ を用いて，以下の判定を行う（両側検定）．

$$\begin{cases} |z_0| > z_{\alpha/2} \text{ のとき，} H_0 \text{ を棄却する} \\ |z_0| \leq z_{\alpha/2} \text{ のとき，} H_0 \text{ を棄却しない} \end{cases}$$

---

## 15.2　サンプルデータを用いた分析

R で多項ロジットモデルの分析を行うためには，「mlogit」というパッケージ[*1]をインストールする必要があります．新たにパッケージをインストールする際は，「管理者として実行」でR を開き，関数 `install.packages()` を用いて，次のようにインストールします．

---

[*1] 最初から R にすべての分析手法がインストールされているわけではないので，必要に応じてパッケージをインストールします．

## 第15章 多項ロジットモデル―ブランド選択行動の要因を探る―

```
> # パッケージ「mlogit」のインストール
> install.packages("mlogit")
```

上記のコマンドを実行すると，使用するミラーサイトを選択する画面が表示されるので，一番近いサイト[*2]を選択し，「OK」をクリックします．パッケージがインストールされたら，それをRに読み込みます．パッケージを読み込むためには，関数library()を用います．

```
> # パッケージ「mlogit」の読み込み
> library(mlogit)
```

これで，パッケージ「mlogit」がRに読み込まれました．このパッケージには，ケチャップのブランド選択に関するサンプルデータが含まれていますので，これを用いて，多項ロジットモデルの分析を行いましょう．まず，ケチャップデータをRに読み込み，データの概要を確認します．データの読み込みは，関数data()により行います．

```
> # ケチャップデータを読み込み
> data(Catsup)
> head(Catsup)
  id disp.heinz41 disp.heinz32 disp.heinz28 disp.hunts32
1  1            0            0            0            0
2  1            0            0            0            0
3  1            0            0            0            0
4  1            0            0            0            0
5  1            0            0            0            0
6  1            0            0            0            0
  feat.heinz41 feat.heinz32 feat.heinz28 feat.hunts32
1            0            0            0            0
2            0            0            0            0
3            0            1            0            0
4            0            0            0            0
5            0            0            1            0
6            0            0            0            0
  price.heinz41 price.heinz32 price.heinz28 price.hunts32
1           4.6           3.7           5.2           3.4
2           4.6           4.3           5.2           4.4
3           4.6           2.5           4.6           4.8
4           4.6           3.7           5.2           3.4
```

---

[*2] 2015年8月時点では，「Japan (Tokyo)」と「Japan (Yamagata)」が国内のサイトです．

```
5          4.6              3.0            4.6           4.8
6          5.0              3.0            4.7           3.0
    choice
1 heinz28
2 heinz28
3 heinz28
4 heinz28
5 heinz28
6 heinz28
```

このデータは，本書の「ブランド選択データ」と同じ形式であり，ある顧客がある購買機会において，どのブランドを購買したか，また，そのときに各ブランドに特別陳列やチラシはあったか，価格はいくらであったかという情報が1行に記録されています．ブランドの選択肢は，「heinz41」，「heinz32」，「heinz28」，「hunts32」の4種類であり，変数 choice に購買ブランドが記録されています．disp は特別陳列の有無，feat はチラシの有無，price は価格を意味しており，たとえば，変数 disp.heinz41 は「heinz41」の特別陳列があれば1，なければ0の値をとります．また，変数 price.heinz41 は「heinz41」の価格を示しており，単位はドルです．

Rで多項ロジットモデルの分析を行うためには，このデータをそれ用に加工する必要があります．データの加工は，パッケージ「mlogit」に含まれる関数 mlogit.data() を用います[*3]．この関数では，以下の引数を指定します．

● mlogit.data() の引数

    data ：加工するデータのデータ名
  choice ：目的変数の変数名
   shape ：加工するデータの形式
 varying ：説明変数の列番号
     sep ：説明変数と選択肢を分ける記号

この分析では，目的変数はどのブランドが購買されたかなので，choice="choice" と指定します．元のデータのように，1回の選択に関する情報を1行に記述している形式は，wide 型とよばれます．したがって，データの形式を shape="wide" と指定します．元のデータの2列目から13列目を説明変数として使用するため，varying=c(2:13) と指定します．説明変数の変数名は，disp.heinz41 のように，ドットにより，説明変数と選択肢を分けているので，sep="." と指定します．

---

[*3] 「関数"mlogit.data"を見つけることができませんでした」というエラーメッセージが表示される場合は，パッケージ「mlogit」が正しく読み込まれていません．

## 第 15 章 多項ロジットモデル―ブランド選択行動の要因を探る―

```
> # 多項ロジット分析用のデータの作成
> Catsup.2 <- mlogit.data(Catsup, choice="choice",
+                   shape="wide", varying=c(2:13), sep=".")
> head(Catsup.2)
          id choice   alt disp feat price chid
1.heinz28  1   TRUE heinz28    0    0   5.2    1
1.heinz32  1  FALSE heinz32    0    0   3.7    1
1.heinz41  1  FALSE heinz41    0    0   4.6    1
1.hunts32  1  FALSE hunts32    0    0   3.4    1
2.heinz28  2   TRUE heinz28    0    0   5.2    2
2.heinz32  2  FALSE heinz32    0    0   4.3    2
```

新たに作成されたデータは，元のデータを縦に展開したものであり，加工前に1行で書かれていたことが，ブランド数分だけ，つまり4行に分けて書かれています．加工後の最初の4行が，加工前の最初の購買機会を表しており，加工後の1行目は，ID番号1番の最初の購買機会のheinz28に関する情報で，heinz28が購買されたということを変数 choice の値を TRUE とすることで示しています．

これで，多項ロジット分析の推定の準備が整いました．多項ロジット分析を行う関数は，mlogit() です．では，多項ロジット分析を実行し，推定結果を見てみましょう．

```
> # 多項ロジット分析
> model <- mlogit(choice ~ disp+feat+price, data=Catsup.2)
> summary(model)

Call:
mlogit(formula = choice ~ disp + feat + price, data = Catsup.2,
    method = "nr", print.level = 0)

Frequencies of alternatives:
 heinz28  heinz32  heinz41  hunts32
0.304146 0.521086 0.065046 0.109721

nr method
5 iterations, 0h:0m:0s
g'(-H)^-1g = 0.00292
successive function values within tolerance limits

Coefficients :
                     Estimate Std. Error  t-value  Pr(>|t|)
heinz32:(intercept) -0.924723   0.077218 -11.9755 < 2.2e-16 ***
heinz41:(intercept) -1.072272   0.087321 -12.2796 < 2.2e-16 ***
```

```
hunts32:(intercept) -2.425974    0.096189 -25.2209 < 2.2e-16 ***
disp                 0.875593    0.097014   9.0254 < 2.2e-16 ***
feat                 0.908559    0.114030   7.9677 1.554e-15 ***
price               -1.402405    0.057991 -24.1832 < 2.2e-16 ***
---
Signif. codes:  0 '***' 0.001 '**' 0.01 '*' 0.05 '.' 0.1 ' ' 1

Log-Likelihood: -2517.9
McFadden R^2:  0.19788
Likelihood ratio test : chisq = 1242.3 (p.value = < 2.22e-16)
```

Frequencies of alternatives は，各選択肢が選択された割合を示しています．Coefficients は，パラメータの推定結果を示しており，見方は一般化線形モデルと同じです．Log-Likelihood は，対数尤度を示しています．

Coefficients の上から 3 つがブランド固有の魅力度 $\alpha$ の推定結果を示しています．自動的に「heinz28」の $\alpha$ が 0 に固定されており，他のブランドの $\alpha$ の推定値がいずれも負の値をとっていることから（$-0.924723, -1.072272, -2.425974$），説明変数の値がブランド間ですべて等しいとき，「heinz28」が最も購買される確率が高いことがわかります．その下の 3 つが説明変数のパラメータ $\beta$ の推定結果を示しており，Pr(>|t|) の下の値が $p$ 値です．特別陳列の有無，チラシの有無，価格に対応する $p$ 値はいずれも 0.05 より小さいため，有意水準 5% で帰無仮説は棄却されます．したがって，すべての説明変数は，ブランド選択に影響を与えるといえます．

## 練習問題

「ブランド選択データ」の購買ブランドを目的変数，価格と特別陳列の有無を説明変数として多項ロジット分析を行い，各説明変数は目的変数に影響を与えるといえるか有意水準 5% で検定せよ．

## 付表1　正規分布表：上側確率 $\alpha$

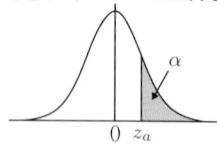

| $z$ | .00 | .01 | .02 | .03 | .04 | .05 | .06 | .07 | .08 | .09 |
|---|---|---|---|---|---|---|---|---|---|---|
| .0 | .500000 | .496011 | .492022 | .488034 | .484047 | .480061 | .476078 | .472097 | .468119 | .464144 |
| .1 | .460172 | .456205 | .452242 | .448283 | .444330 | .440382 | .436441 | .432505 | .428576 | .424655 |
| .2 | .420740 | .416834 | .412936 | .409046 | .405165 | .401294 | .397432 | .393580 | .389739 | .385908 |
| .3 | .382089 | .378280 | .374484 | .370700 | .366928 | .363169 | .359424 | .355691 | .351973 | .348268 |
| .4 | .344578 | .340903 | .337243 | .333598 | .329969 | .326355 | .322758 | .319178 | .315614 | .312067 |
| .5 | .308538 | .305026 | .301532 | .298056 | .294599 | .291160 | .287740 | .284339 | .280957 | .277595 |
| .6 | .274253 | .270931 | .267629 | .264347 | .261086 | .257846 | .254627 | .251429 | .248252 | .245097 |
| .7 | .241964 | .238852 | .235762 | .232695 | .229650 | .226627 | .223627 | .220650 | .217695 | .214764 |
| .8 | .211855 | .208970 | .206108 | .203269 | .200454 | .197663 | .194895 | .192150 | .189430 | .186733 |
| .9 | .184060 | .181411 | .178786 | .176186 | .173609 | .171056 | .168528 | .166023 | .163543 | .161087 |
| 1.0 | .158655 | .156248 | .153864 | .151505 | .149170 | .146859 | .144572 | .142310 | .140071 | .137857 |
| 1.1 | .135666 | .133500 | .131357 | .129238 | .127143 | .125072 | .123024 | .121000 | .119000 | .117023 |
| 1.2 | .115070 | .113139 | .111232 | .109349 | .107488 | .105650 | .103835 | .102042 | .100273 | .098525 |
| 1.3 | .096800 | .095098 | .093418 | .091759 | .090123 | .088508 | .086915 | .085343 | .083793 | .082264 |
| 1.4 | .080757 | .079270 | .077804 | .076359 | .074934 | .073529 | .072145 | .070781 | .069437 | .068112 |
| 1.5 | .066807 | .065522 | .064255 | .063008 | .061780 | .060571 | .059380 | .058208 | .057053 | .055917 |
| 1.6 | .054799 | .053699 | .052616 | .051551 | .050503 | .049471 | .048457 | .047460 | .046479 | .045514 |
| 1.7 | .044565 | .043633 | .042716 | .041815 | .040930 | .040059 | .039204 | .038364 | .037538 | .036727 |
| 1.8 | .035930 | .035148 | .034380 | .033625 | .032884 | .032157 | .031443 | .030742 | .030054 | .029379 |
| 1.9 | .028717 | .028067 | .027429 | .026803 | .026190 | .025588 | .024998 | .024419 | .023852 | .023295 |
| 2.0 | .022750 | .022216 | .021692 | .021178 | .020675 | .020182 | .019699 | .019226 | .018763 | .018309 |
| 2.1 | .017864 | .017429 | .017003 | .016586 | .016177 | .015778 | .015386 | .015003 | .014629 | .014262 |
| 2.2 | .013903 | .013553 | .013209 | .012874 | .012545 | .012224 | .011911 | .011604 | .011304 | .011011 |
| 2.3 | .010724 | .010444 | .010170 | .009903 | .009642 | .009387 | .009137 | .008894 | .008656 | .008424 |
| 2.4 | .008198 | .007976 | .007760 | .007549 | .007344 | .007143 | .006947 | .006756 | .006569 | .006387 |
| 2.5 | .006210 | .006037 | .005868 | .005703 | .005543 | .005386 | .005234 | .005085 | .004940 | .004799 |
| 2.6 | .004661 | .004527 | .004396 | .004269 | .004145 | .004025 | .003907 | .003793 | .003681 | .003573 |
| 2.7 | .003467 | .003364 | .003264 | .003167 | .003072 | .002980 | .002890 | .002803 | .002718 | .002635 |
| 2.8 | .002555 | .002477 | .002401 | .002327 | .002256 | .002186 | .002118 | .002052 | .001988 | .001926 |
| 2.9 | .001866 | .001807 | .001750 | .001695 | .001641 | .001589 | .001538 | .001489 | .001441 | .001395 |
| 3.0 | .001350 | .001306 | .001264 | .001223 | .001183 | .001144 | .001107 | .001070 | .001035 | .001001 |
| 3.1 | .000968 | .000935 | .000904 | .000874 | .000845 | .000816 | .000789 | .000762 | .000736 | .000711 |
| 3.2 | .000687 | .000664 | .000641 | .000619 | .000598 | .000577 | .000557 | .000538 | .000519 | .000501 |
| 3.3 | .000483 | .000466 | .000450 | .000434 | .000419 | .000404 | .000390 | .000376 | .000362 | .000349 |
| 3.4 | .000337 | .000325 | .000313 | .000302 | .000291 | .000280 | .000270 | .000260 | .000251 | .000242 |
| 3.5 | .000233 | .000224 | .000216 | .000208 | .000200 | .000193 | .000185 | .000178 | .000172 | .000165 |
| 3.6 | .000159 | .000153 | .000147 | .000142 | .000136 | .000131 | .000126 | .000121 | .000117 | .000112 |
| 3.7 | .000108 | .000104 | .000100 | .000096 | .000092 | .000088 | .000085 | .000082 | .000078 | .000075 |
| 3.8 | .000072 | .000069 | .000067 | .000064 | .000062 | .000059 | .000057 | .000054 | .000052 | .000050 |
| 3.9 | .000048 | .000046 | .000044 | .000042 | .000041 | .000039 | .000037 | .000036 | .000034 | .000033 |
| 4.0 | .000032 | .000030 | .000029 | .000028 | .000027 | .000026 | .000025 | .000024 | .000023 | .000022 |

# 付表2　$t$ 分布表：パーセント点 $t_\alpha(n)$

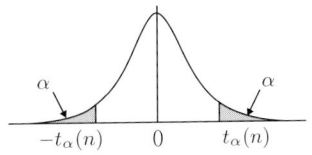

| $n$ \ $\alpha$ | .250 | .200 | .150 | .100 | .050 | .025 | .010 | .005 | .0005 |
|---|---|---|---|---|---|---|---|---|---|
| 1 | 1.000 | 1.376 | 1.963 | 3.078 | 6.314 | 12.706 | 31.821 | 63.657 | 636.619 |
| 2 | .816 | 1.061 | 1.386 | 1.886 | 2.920 | 4.303 | 6.965 | 9.925 | 31.599 |
| 3 | .765 | .978 | 1.250 | 1.638 | 2.353 | 3.182 | 4.541 | 5.841 | 12.924 |
| 4 | .741 | .941 | 1.190 | 1.533 | 2.132 | 2.776 | 3.747 | 4.604 | 8.610 |
| 5 | .727 | .920 | 1.156 | 1.476 | 2.015 | 2.571 | 3.365 | 4.032 | 6.869 |
| 6 | .718 | .906 | 1.134 | 1.440 | 1.943 | 2.447 | 3.143 | 3.707 | 5.959 |
| 7 | .711 | .896 | 1.119 | 1.415 | 1.895 | 2.365 | 2.998 | 3.499 | 5.408 |
| 8 | .706 | .889 | 1.108 | 1.397 | 1.860 | 2.306 | 2.896 | 3.355 | 5.041 |
| 9 | .703 | .883 | 1.100 | 1.383 | 1.833 | 2.262 | 2.821 | 3.250 | 4.781 |
| 10 | .700 | .879 | 1.093 | 1.372 | 1.812 | 2.228 | 2.764 | 3.169 | 4.587 |
| 11 | .697 | .876 | 1.088 | 1.363 | 1.796 | 2.201 | 2.718 | 3.106 | 4.437 |
| 12 | .695 | .873 | 1.083 | 1.356 | 1.782 | 2.179 | 2.681 | 3.055 | 4.318 |
| 13 | .694 | .870 | 1.079 | 1.350 | 1.771 | 2.160 | 2.650 | 3.012 | 4.221 |
| 14 | .692 | .868 | 1.076 | 1.345 | 1.761 | 2.145 | 2.624 | 2.977 | 4.140 |
| 15 | .691 | .866 | 1.074 | 1.341 | 1.753 | 2.131 | 2.602 | 2.947 | 4.073 |
| 16 | .690 | .865 | 1.071 | 1.337 | 1.746 | 2.120 | 2.583 | 2.921 | 4.015 |
| 17 | .689 | .863 | 1.069 | 1.333 | 1.740 | 2.110 | 2.567 | 2.898 | 3.965 |
| 18 | .688 | .862 | 1.067 | 1.330 | 1.734 | 2.101 | 2.552 | 2.878 | 3.922 |
| 19 | .688 | .861 | 1.066 | 1.328 | 1.729 | 2.093 | 2.539 | 2.861 | 3.883 |
| 20 | .687 | .860 | 1.064 | 1.325 | 1.725 | 2.086 | 2.528 | 2.845 | 3.850 |
| 21 | .686 | .859 | 1.063 | 1.323 | 1.721 | 2.080 | 2.518 | 2.831 | 3.819 |
| 22 | .686 | .858 | 1.061 | 1.321 | 1.717 | 2.074 | 2.508 | 2.819 | 3.792 |
| 23 | .685 | .858 | 1.060 | 1.319 | 1.714 | 2.069 | 2.500 | 2.807 | 3.768 |
| 24 | .685 | .857 | 1.059 | 1.318 | 1.711 | 2.064 | 2.492 | 2.797 | 3.745 |
| 25 | .684 | .856 | 1.058 | 1.316 | 1.708 | 2.060 | 2.485 | 2.787 | 3.725 |
| 26 | .684 | .856 | 1.058 | 1.315 | 1.706 | 2.056 | 2.479 | 2.779 | 3.707 |
| 27 | .684 | .855 | 1.057 | 1.314 | 1.703 | 2.052 | 2.473 | 2.771 | 3.690 |
| 28 | .683 | .855 | 1.056 | 1.313 | 1.701 | 2.048 | 2.467 | 2.763 | 3.674 |
| 29 | .683 | .854 | 1.055 | 1.311 | 1.699 | 2.045 | 2.462 | 2.756 | 3.659 |
| 30 | .683 | .854 | 1.055 | 1.310 | 1.697 | 2.042 | 2.457 | 2.750 | 3.646 |
| 31 | .682 | .853 | 1.054 | 1.309 | 1.696 | 2.040 | 2.453 | 2.744 | 3.633 |
| 32 | .682 | .853 | 1.054 | 1.309 | 1.694 | 2.037 | 2.449 | 2.738 | 3.622 |
| 33 | .682 | .853 | 1.053 | 1.308 | 1.692 | 2.035 | 2.445 | 2.733 | 3.611 |
| 34 | .682 | .852 | 1.052 | 1.307 | 1.691 | 2.032 | 2.441 | 2.728 | 3.601 |
| 35 | .682 | .852 | 1.052 | 1.306 | 1.690 | 2.030 | 2.438 | 2.724 | 3.591 |
| 36 | .681 | .852 | 1.052 | 1.306 | 1.688 | 2.028 | 2.434 | 2.719 | 3.582 |
| 37 | .681 | .851 | 1.051 | 1.305 | 1.687 | 2.026 | 2.431 | 2.715 | 3.574 |
| 38 | .681 | .851 | 1.051 | 1.304 | 1.686 | 2.024 | 2.429 | 2.712 | 3.566 |
| 39 | .681 | .851 | 1.050 | 1.304 | 1.685 | 2.023 | 2.426 | 2.708 | 3.558 |
| 40 | .681 | .851 | 1.050 | 1.303 | 1.684 | 2.021 | 2.423 | 2.704 | 3.551 |
| 60 | .679 | .848 | 1.045 | 1.296 | 1.671 | 2.000 | 2.390 | 2.660 | 3.460 |
| 80 | .678 | .846 | 1.043 | 1.292 | 1.664 | 1.990 | 2.374 | 2.639 | 3.416 |
| 120 | .677 | .845 | 1.041 | 1.289 | 1.658 | 1.980 | 2.358 | 2.617 | 3.373 |
| 240 | .676 | .843 | 1.039 | 1.285 | 1.651 | 1.970 | 2.342 | 2.596 | 3.332 |
| ∞ | .674 | .842 | 1.036 | 1.282 | 1.645 | 1.960 | 2.326 | 2.576 | 3.291 |

## 付表3　$\chi^2$分布表：パーセント点 $\chi^2_\alpha(n)$

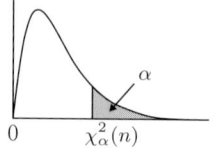

| $n$ \ $\alpha$ | .995 | .990 | .975 | .950 | .900 | .800 | .700 | .600 | .500 |
|---|---|---|---|---|---|---|---|---|---|
| 1 | $.0^4 4$ | $.0^3 2$ | .001 | .004 | .016 | .064 | .148 | .275 | .455 |
| 2 | .010 | .020 | .051 | .103 | .211 | .446 | .713 | 1.022 | 1.386 |
| 3 | .072 | .115 | .216 | .352 | .584 | 1.005 | 1.424 | 1.869 | 2.366 |
| 4 | .207 | .297 | .484 | .711 | 1.064 | 1.649 | 2.195 | 2.753 | 3.357 |
| 5 | .412 | .554 | .831 | 1.145 | 1.610 | 2.343 | 3.000 | 3.655 | 4.351 |
| 6 | .676 | .872 | 1.237 | 1.635 | 2.204 | 3.070 | 3.828 | 4.570 | 5.348 |
| 7 | .989 | 1.239 | 1.690 | 2.167 | 2.833 | 3.822 | 4.671 | 5.493 | 6.346 |
| 8 | 1.344 | 1.646 | 2.180 | 2.733 | 3.490 | 4.594 | 5.527 | 6.423 | 7.344 |
| 9 | 1.735 | 2.088 | 2.700 | 3.325 | 4.168 | 5.380 | 6.393 | 7.357 | 8.343 |
| 10 | 2.156 | 2.558 | 3.247 | 3.940 | 4.865 | 6.179 | 7.267 | 8.295 | 9.342 |
| 11 | 2.603 | 3.053 | 3.816 | 4.575 | 5.578 | 6.989 | 8.148 | 9.237 | 10.341 |
| 12 | 3.074 | 3.571 | 4.404 | 5.226 | 6.304 | 7.807 | 9.034 | 10.182 | 11.340 |
| 13 | 3.565 | 4.107 | 5.009 | 5.892 | 7.042 | 8.634 | 9.926 | 11.129 | 12.340 |
| 14 | 4.075 | 4.660 | 5.629 | 6.571 | 7.790 | 9.467 | 10.821 | 12.078 | 13.339 |
| 15 | 4.601 | 5.229 | 6.262 | 7.261 | 8.547 | 10.307 | 11.721 | 13.030 | 14.339 |
| 16 | 5.142 | 5.812 | 6.908 | 7.962 | 9.312 | 11.152 | 12.624 | 13.983 | 15.338 |
| 17 | 5.697 | 6.408 | 7.564 | 8.672 | 10.085 | 12.002 | 13.531 | 14.937 | 16.338 |
| 18 | 6.265 | 7.015 | 8.231 | 9.390 | 10.865 | 12.857 | 14.440 | 15.893 | 17.338 |
| 19 | 6.844 | 7.633 | 8.907 | 10.117 | 11.651 | 13.716 | 15.352 | 16.850 | 18.338 |
| 20 | 7.434 | 8.260 | 9.591 | 10.851 | 12.443 | 14.578 | 16.266 | 17.809 | 19.337 |
| 21 | 8.034 | 8.897 | 10.283 | 11.591 | 13.240 | 15.445 | 17.182 | 18.768 | 20.337 |
| 22 | 8.643 | 9.542 | 10.982 | 12.338 | 14.041 | 16.314 | 18.101 | 19.729 | 21.337 |
| 23 | 9.260 | 10.196 | 11.689 | 13.091 | 14.848 | 17.187 | 19.021 | 20.690 | 22.337 |
| 24 | 9.886 | 10.856 | 12.401 | 13.848 | 15.659 | 18.062 | 19.943 | 21.652 | 23.337 |
| 25 | 10.520 | 11.524 | 13.120 | 14.611 | 16.473 | 18.940 | 20.867 | 22.616 | 24.337 |
| 26 | 11.160 | 12.198 | 13.844 | 15.379 | 17.292 | 19.820 | 21.792 | 23.579 | 25.336 |
| 27 | 11.808 | 12.879 | 14.573 | 16.151 | 18.114 | 20.703 | 22.719 | 24.544 | 26.336 |
| 28 | 12.461 | 13.565 | 15.308 | 16.928 | 18.939 | 21.588 | 23.647 | 25.509 | 27.336 |
| 29 | 13.121 | 14.256 | 16.047 | 17.708 | 19.768 | 22.475 | 24.577 | 26.475 | 28.336 |
| 30 | 13.787 | 14.953 | 16.791 | 18.493 | 20.599 | 23.364 | 25.508 | 27.442 | 29.336 |
| 31 | 14.458 | 15.655 | 17.539 | 19.281 | 21.434 | 24.255 | 26.440 | 28.409 | 30.336 |
| 32 | 15.134 | 16.362 | 18.291 | 20.072 | 22.271 | 25.148 | 27.373 | 29.376 | 31.336 |
| 33 | 15.815 | 17.074 | 19.047 | 20.867 | 23.110 | 26.042 | 28.307 | 30.344 | 32.336 |
| 34 | 16.501 | 17.789 | 19.806 | 21.664 | 23.952 | 26.938 | 29.242 | 31.313 | 33.336 |
| 35 | 17.192 | 18.509 | 20.569 | 22.465 | 24.797 | 27.836 | 30.178 | 32.282 | 34.336 |
| 36 | 17.887 | 19.233 | 21.336 | 23.269 | 25.643 | 28.735 | 31.115 | 33.252 | 35.336 |
| 37 | 18.586 | 19.960 | 22.106 | 24.075 | 26.492 | 29.635 | 32.053 | 34.222 | 36.336 |
| 38 | 19.289 | 20.691 | 22.878 | 24.884 | 27.343 | 30.537 | 32.992 | 35.192 | 37.335 |
| 39 | 19.996 | 21.426 | 23.654 | 25.695 | 28.196 | 31.441 | 33.932 | 36.163 | 38.335 |
| 40 | 20.707 | 22.164 | 24.433 | 26.509 | 29.051 | 32.345 | 34.872 | 37.134 | 39.335 |
| 50 | 27.991 | 29.707 | 32.357 | 34.764 | 37.689 | 41.449 | 44.313 | 46.864 | 49.335 |
| 60 | 35.534 | 37.485 | 40.482 | 43.188 | 46.459 | 50.641 | 53.809 | 56.620 | 59.335 |
| 70 | 43.275 | 45.442 | 48.758 | 51.739 | 55.329 | 59.898 | 63.346 | 66.396 | 69.334 |
| 80 | 51.172 | 53.540 | 57.153 | 60.391 | 64.278 | 69.207 | 72.915 | 76.188 | 79.334 |
| 90 | 59.196 | 61.754 | 65.647 | 69.126 | 73.291 | 78.558 | 82.511 | 85.993 | 89.334 |
| 100 | 67.328 | 70.065 | 74.222 | 77.929 | 82.358 | 87.945 | 92.129 | 95.808 | 99.334 |

| $n$ \ $\alpha$ | .400 | .300 | .200 | .100 | .050 | .025 | .010 | .005 | .001 |
|---|---|---|---|---|---|---|---|---|---|
| 1 | .708 | 1.074 | 1.642 | 2.706 | 3.841 | 5.024 | 6.635 | 7.879 | 10.828 |
| 2 | 1.833 | 2.408 | 3.219 | 4.605 | 5.991 | 7.378 | 9.210 | 10.597 | 13.816 |
| 3 | 2.946 | 3.665 | 4.642 | 6.251 | 7.815 | 9.348 | 11.345 | 12.838 | 16.266 |
| 4 | 4.045 | 4.878 | 5.989 | 7.779 | 9.488 | 11.143 | 13.277 | 14.860 | 18.467 |
| 5 | 5.132 | 6.064 | 7.289 | 9.236 | 11.070 | 12.833 | 15.086 | 16.750 | 20.515 |
| 6 | 6.211 | 7.231 | 8.558 | 10.645 | 12.592 | 14.449 | 16.812 | 18.548 | 22.458 |
| 7 | 7.283 | 8.383 | 9.803 | 12.017 | 14.067 | 16.013 | 18.475 | 20.278 | 24.322 |
| 8 | 8.351 | 9.524 | 11.030 | 13.362 | 15.507 | 17.535 | 20.090 | 21.955 | 26.124 |
| 9 | 9.414 | 10.656 | 12.242 | 14.684 | 16.919 | 19.023 | 21.666 | 23.589 | 27.877 |
| 10 | 10.473 | 11.781 | 13.442 | 15.987 | 18.307 | 20.483 | 23.209 | 25.188 | 29.588 |
| 11 | 11.530 | 12.899 | 14.631 | 17.275 | 19.675 | 21.920 | 24.725 | 26.757 | 31.264 |
| 12 | 12.584 | 14.011 | 15.812 | 18.549 | 21.026 | 23.337 | 26.217 | 28.300 | 32.909 |
| 13 | 13.636 | 15.119 | 16.985 | 19.812 | 22.362 | 24.736 | 27.688 | 29.819 | 34.528 |
| 14 | 14.685 | 16.222 | 18.151 | 21.064 | 23.685 | 26.119 | 29.141 | 31.319 | 36.123 |
| 15 | 15.733 | 17.322 | 19.311 | 22.307 | 24.996 | 27.488 | 30.578 | 32.801 | 37.697 |
| 16 | 16.780 | 18.418 | 20.465 | 23.542 | 26.296 | 28.845 | 32.000 | 34.267 | 39.252 |
| 17 | 17.824 | 19.511 | 21.615 | 24.769 | 27.587 | 30.191 | 33.409 | 35.718 | 40.790 |
| 18 | 18.868 | 20.601 | 22.760 | 25.989 | 28.869 | 31.526 | 34.805 | 37.156 | 42.312 |
| 19 | 19.910 | 21.689 | 23.900 | 27.204 | 30.144 | 32.852 | 36.191 | 38.582 | 43.820 |
| 20 | 20.951 | 22.775 | 25.038 | 28.412 | 31.410 | 34.170 | 37.566 | 39.997 | 45.315 |
| 21 | 21.991 | 23.858 | 26.171 | 29.615 | 32.671 | 35.479 | 38.932 | 41.401 | 46.797 |
| 22 | 23.031 | 24.939 | 27.301 | 30.813 | 33.924 | 36.781 | 40.289 | 42.796 | 48.268 |
| 23 | 24.069 | 26.018 | 28.429 | 32.007 | 35.172 | 38.076 | 41.638 | 44.181 | 49.728 |
| 24 | 25.106 | 27.096 | 29.553 | 33.196 | 36.415 | 39.364 | 42.980 | 45.559 | 51.179 |
| 25 | 26.143 | 28.172 | 30.675 | 34.382 | 37.652 | 40.646 | 44.314 | 46.928 | 52.620 |
| 26 | 27.179 | 29.246 | 31.795 | 35.563 | 38.885 | 41.923 | 45.642 | 48.290 | 54.052 |
| 27 | 28.214 | 30.319 | 32.912 | 36.741 | 40.113 | 43.195 | 46.963 | 49.645 | 55.476 |
| 28 | 29.249 | 31.391 | 34.027 | 37.916 | 41.337 | 44.461 | 48.278 | 50.993 | 56.892 |
| 29 | 30.283 | 32.461 | 35.139 | 39.087 | 42.557 | 45.722 | 49.588 | 52.336 | 58.301 |
| 30 | 31.316 | 33.530 | 36.250 | 40.256 | 43.773 | 46.979 | 50.892 | 53.672 | 59.703 |
| 31 | 32.349 | 34.598 | 37.359 | 41.422 | 44.985 | 48.232 | 52.191 | 55.003 | 61.098 |
| 32 | 33.381 | 35.665 | 38.466 | 42.585 | 46.194 | 49.480 | 53.486 | 56.328 | 62.487 |
| 33 | 34.413 | 36.731 | 39.572 | 43.745 | 47.400 | 50.725 | 54.776 | 57.648 | 63.870 |
| 34 | 35.444 | 37.795 | 40.676 | 44.903 | 48.602 | 51.966 | 56.061 | 58.964 | 65.247 |
| 35 | 36.475 | 38.859 | 41.778 | 46.059 | 49.802 | 53.203 | 57.342 | 60.275 | 66.619 |
| 36 | 37.505 | 39.922 | 42.879 | 47.212 | 50.998 | 54.437 | 58.619 | 61.581 | 67.985 |
| 37 | 38.535 | 40.984 | 43.978 | 48.363 | 52.192 | 55.668 | 59.893 | 62.883 | 69.346 |
| 38 | 39.564 | 42.045 | 45.076 | 49.513 | 53.384 | 56.896 | 61.162 | 64.181 | 70.703 |
| 39 | 40.593 | 43.105 | 46.173 | 50.660 | 54.572 | 58.120 | 62.428 | 65.476 | 72.055 |
| 40 | 41.622 | 44.165 | 47.269 | 51.805 | 55.758 | 59.342 | 63.691 | 66.766 | 73.402 |
| 50 | 51.892 | 54.723 | 58.164 | 63.167 | 67.505 | 71.420 | 76.154 | 79.490 | 86.661 |
| 60 | 62.135 | 65.227 | 68.972 | 74.397 | 79.082 | 83.298 | 88.379 | 91.952 | 99.607 |
| 70 | 72.358 | 75.689 | 79.715 | 85.527 | 90.531 | 95.023 | 100.425 | 104.215 | 112.317 |
| 80 | 82.566 | 86.120 | 90.405 | 96.578 | 101.879 | 106.629 | 112.329 | 116.321 | 124.839 |
| 90 | 92.761 | 96.524 | 101.054 | 107.565 | 113.145 | 118.136 | 124.116 | 128.299 | 137.208 |
| 100 | 102.946 | 106.906 | 111.667 | 118.498 | 124.342 | 129.561 | 135.807 | 140.169 | 149.449 |

## 付表4　$F$分布表（1）：パーセント点 $F_{0.05}(n_1, n_2)$

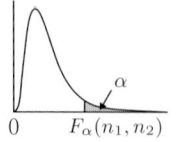

$\alpha = 0.05$

| $n_2 \backslash n_1$ | 1 | 2 | 3 | 4 | 5 | 6 | 7 | 8 | 9 | 10 |
|---|---|---|---|---|---|---|---|---|---|---|
| 1 | 161.448 | 199.500 | 215.707 | 224.583 | 230.162 | 233.986 | 236.768 | 238.883 | 240.543 | 241.882 |
| 2 | 18.513 | 19.000 | 19.164 | 19.247 | 19.296 | 19.330 | 19.353 | 19.371 | 19.385 | 19.396 |
| 3 | 10.128 | 9.552 | 9.277 | 9.117 | 9.013 | 8.941 | 8.887 | 8.845 | 8.812 | 8.786 |
| 4 | 7.709 | 6.944 | 6.591 | 6.388 | 6.256 | 6.163 | 6.094 | 6.041 | 5.999 | 5.964 |
| 5 | 6.608 | 5.786 | 5.409 | 5.192 | 5.050 | 4.950 | 4.876 | 4.818 | 4.772 | 4.735 |
| 6 | 5.987 | 5.143 | 4.757 | 4.534 | 4.387 | 4.284 | 4.207 | 4.147 | 4.099 | 4.060 |
| 7 | 5.591 | 4.737 | 4.347 | 4.120 | 3.972 | 3.866 | 3.787 | 3.726 | 3.677 | 3.637 |
| 8 | 5.318 | 4.459 | 4.066 | 3.838 | 3.687 | 3.581 | 3.500 | 3.438 | 3.388 | 3.347 |
| 9 | 5.117 | 4.256 | 3.863 | 3.633 | 3.482 | 3.374 | 3.293 | 3.230 | 3.179 | 3.137 |
| 10 | 4.965 | 4.103 | 3.708 | 3.478 | 3.326 | 3.217 | 3.135 | 3.072 | 3.020 | 2.978 |
| 11 | 4.844 | 3.982 | 3.587 | 3.357 | 3.204 | 3.095 | 3.012 | 2.948 | 2.896 | 2.854 |
| 12 | 4.747 | 3.885 | 3.490 | 3.259 | 3.106 | 2.996 | 2.913 | 2.849 | 2.796 | 2.753 |
| 13 | 4.667 | 3.806 | 3.411 | 3.179 | 3.025 | 2.915 | 2.832 | 2.767 | 2.714 | 2.671 |
| 14 | 4.600 | 3.739 | 3.344 | 3.112 | 2.958 | 2.848 | 2.764 | 2.699 | 2.646 | 2.602 |
| 15 | 4.543 | 3.682 | 3.287 | 3.056 | 2.901 | 2.790 | 2.707 | 2.641 | 2.588 | 2.544 |
| 16 | 4.494 | 3.634 | 3.239 | 3.007 | 2.852 | 2.741 | 2.657 | 2.591 | 2.538 | 2.494 |
| 17 | 4.451 | 3.592 | 3.197 | 2.965 | 2.810 | 2.699 | 2.614 | 2.548 | 2.494 | 2.450 |
| 18 | 4.414 | 3.555 | 3.160 | 2.928 | 2.773 | 2.661 | 2.577 | 2.510 | 2.456 | 2.412 |
| 19 | 4.381 | 3.522 | 3.127 | 2.895 | 2.740 | 2.628 | 2.544 | 2.477 | 2.423 | 2.378 |
| 20 | 4.351 | 3.493 | 3.098 | 2.866 | 2.711 | 2.599 | 2.514 | 2.447 | 2.393 | 2.348 |
| 21 | 4.325 | 3.467 | 3.072 | 2.840 | 2.685 | 2.573 | 2.488 | 2.420 | 2.366 | 2.321 |
| 22 | 4.301 | 3.443 | 3.049 | 2.817 | 2.661 | 2.549 | 2.464 | 2.397 | 2.342 | 2.297 |
| 23 | 4.279 | 3.422 | 3.028 | 2.796 | 2.640 | 2.528 | 2.442 | 2.375 | 2.320 | 2.275 |
| 24 | 4.260 | 3.403 | 3.009 | 2.776 | 2.621 | 2.508 | 2.423 | 2.355 | 2.300 | 2.255 |
| 25 | 4.242 | 3.385 | 2.991 | 2.759 | 2.603 | 2.490 | 2.405 | 2.337 | 2.282 | 2.236 |
| 26 | 4.225 | 3.369 | 2.975 | 2.743 | 2.587 | 2.474 | 2.388 | 2.321 | 2.265 | 2.220 |
| 27 | 4.210 | 3.354 | 2.960 | 2.728 | 2.572 | 2.459 | 2.373 | 2.305 | 2.250 | 2.204 |
| 28 | 4.196 | 3.340 | 2.947 | 2.714 | 2.558 | 2.445 | 2.359 | 2.291 | 2.236 | 2.190 |
| 29 | 4.183 | 3.328 | 2.934 | 2.701 | 2.545 | 2.432 | 2.346 | 2.278 | 2.223 | 2.177 |
| 30 | 4.171 | 3.316 | 2.922 | 2.690 | 2.534 | 2.421 | 2.334 | 2.266 | 2.211 | 2.165 |
| 31 | 4.160 | 3.305 | 2.911 | 2.679 | 2.523 | 2.409 | 2.323 | 2.255 | 2.199 | 2.153 |
| 32 | 4.149 | 3.295 | 2.901 | 2.668 | 2.512 | 2.399 | 2.313 | 2.244 | 2.189 | 2.142 |
| 33 | 4.139 | 3.285 | 2.892 | 2.659 | 2.503 | 2.389 | 2.303 | 2.235 | 2.179 | 2.133 |
| 34 | 4.130 | 3.276 | 2.883 | 2.650 | 2.494 | 2.380 | 2.294 | 2.225 | 2.170 | 2.123 |
| 35 | 4.121 | 3.267 | 2.874 | 2.641 | 2.485 | 2.372 | 2.285 | 2.217 | 2.161 | 2.114 |
| 36 | 4.113 | 3.259 | 2.866 | 2.634 | 2.477 | 2.364 | 2.277 | 2.209 | 2.153 | 2.106 |
| 37 | 4.105 | 3.252 | 2.859 | 2.626 | 2.470 | 2.356 | 2.270 | 2.201 | 2.145 | 2.098 |
| 38 | 4.098 | 3.245 | 2.852 | 2.619 | 2.463 | 2.349 | 2.262 | 2.194 | 2.138 | 2.091 |
| 39 | 4.091 | 3.238 | 2.845 | 2.612 | 2.456 | 2.342 | 2.255 | 2.187 | 2.131 | 2.084 |
| 40 | 4.085 | 3.232 | 2.839 | 2.606 | 2.449 | 2.336 | 2.249 | 2.180 | 2.124 | 2.077 |
| 60 | 4.001 | 3.150 | 2.758 | 2.525 | 2.368 | 2.254 | 2.167 | 2.097 | 2.040 | 1.993 |
| 80 | 3.960 | 3.111 | 2.719 | 2.486 | 2.329 | 2.214 | 2.126 | 2.056 | 1.999 | 1.951 |
| 120 | 3.920 | 3.072 | 2.680 | 2.447 | 2.290 | 2.175 | 2.087 | 2.016 | 1.959 | 1.910 |
| 240 | 3.880 | 3.033 | 2.642 | 2.409 | 2.252 | 2.136 | 2.048 | 1.977 | 1.919 | 1.870 |
| $\infty$ | 3.841 | 2.996 | 2.605 | 2.372 | 2.214 | 2.099 | 2.010 | 1.938 | 1.880 | 1.831 |

$\alpha = 0.05$

| $n_1$ \ $n_2$ | 12 | 15 | 20 | 24 | 30 | 40 | 60 | 120 | $\infty$ |
|---|---|---|---|---|---|---|---|---|---|
| 1 | 243.906 | 245.950 | 248.013 | 249.052 | 250.095 | 251.143 | 252.196 | 253.253 | 254.314 |
| 2 | 19.413 | 19.429 | 19.446 | 19.454 | 19.462 | 19.471 | 19.479 | 19.487 | 19.496 |
| 3 | 8.745 | 8.703 | 8.660 | 8.639 | 8.617 | 8.594 | 8.572 | 8.549 | 8.526 |
| 4 | 5.912 | 5.858 | 5.803 | 5.774 | 5.746 | 5.717 | 5.688 | 5.658 | 5.628 |
| 5 | 4.678 | 4.619 | 4.558 | 4.527 | 4.496 | 4.464 | 4.431 | 4.398 | 4.365 |
| 6 | 4.000 | 3.938 | 3.874 | 3.841 | 3.808 | 3.774 | 3.740 | 3.705 | 3.669 |
| 7 | 3.575 | 3.511 | 3.445 | 3.410 | 3.376 | 3.340 | 3.304 | 3.267 | 3.230 |
| 8 | 3.284 | 3.218 | 3.150 | 3.115 | 3.079 | 3.043 | 3.005 | 2.967 | 2.928 |
| 9 | 3.073 | 3.006 | 2.936 | 2.900 | 2.864 | 2.826 | 2.787 | 2.748 | 2.707 |
| 10 | 2.913 | 2.845 | 2.774 | 2.737 | 2.700 | 2.661 | 2.621 | 2.580 | 2.538 |
| 11 | 2.788 | 2.719 | 2.646 | 2.609 | 2.570 | 2.531 | 2.490 | 2.448 | 2.404 |
| 12 | 2.687 | 2.617 | 2.544 | 2.505 | 2.466 | 2.426 | 2.384 | 2.341 | 2.296 |
| 13 | 2.604 | 2.533 | 2.459 | 2.420 | 2.380 | 2.339 | 2.297 | 2.252 | 2.206 |
| 14 | 2.534 | 2.463 | 2.388 | 2.349 | 2.308 | 2.266 | 2.223 | 2.178 | 2.131 |
| 15 | 2.475 | 2.403 | 2.328 | 2.288 | 2.247 | 2.204 | 2.160 | 2.114 | 2.066 |
| 16 | 2.425 | 2.352 | 2.276 | 2.235 | 2.194 | 2.151 | 2.106 | 2.059 | 2.010 |
| 17 | 2.381 | 2.308 | 2.230 | 2.190 | 2.148 | 2.104 | 2.058 | 2.011 | 1.960 |
| 18 | 2.342 | 2.269 | 2.191 | 2.150 | 2.107 | 2.063 | 2.017 | 1.968 | 1.917 |
| 19 | 2.308 | 2.234 | 2.155 | 2.114 | 2.071 | 2.026 | 1.980 | 1.930 | 1.878 |
| 20 | 2.278 | 2.203 | 2.124 | 2.082 | 2.039 | 1.994 | 1.946 | 1.896 | 1.843 |
| 21 | 2.250 | 2.176 | 2.096 | 2.054 | 2.010 | 1.965 | 1.916 | 1.866 | 1.812 |
| 22 | 2.226 | 2.151 | 2.071 | 2.028 | 1.984 | 1.938 | 1.889 | 1.838 | 1.783 |
| 23 | 2.204 | 2.128 | 2.048 | 2.005 | 1.961 | 1.914 | 1.865 | 1.813 | 1.757 |
| 24 | 2.183 | 2.108 | 2.027 | 1.984 | 1.939 | 1.892 | 1.842 | 1.790 | 1.733 |
| 25 | 2.165 | 2.089 | 2.007 | 1.964 | 1.919 | 1.872 | 1.822 | 1.768 | 1.711 |
| 26 | 2.148 | 2.072 | 1.990 | 1.946 | 1.901 | 1.853 | 1.803 | 1.749 | 1.691 |
| 27 | 2.132 | 2.056 | 1.974 | 1.930 | 1.884 | 1.836 | 1.785 | 1.731 | 1.672 |
| 28 | 2.118 | 2.041 | 1.959 | 1.915 | 1.869 | 1.820 | 1.769 | 1.714 | 1.654 |
| 29 | 2.104 | 2.027 | 1.945 | 1.901 | 1.854 | 1.806 | 1.754 | 1.698 | 1.638 |
| 30 | 2.092 | 2.015 | 1.932 | 1.887 | 1.841 | 1.792 | 1.740 | 1.683 | 1.622 |
| 31 | 2.080 | 2.003 | 1.920 | 1.875 | 1.828 | 1.779 | 1.726 | 1.670 | 1.608 |
| 32 | 2.070 | 1.992 | 1.908 | 1.864 | 1.817 | 1.767 | 1.714 | 1.657 | 1.594 |
| 33 | 2.060 | 1.982 | 1.898 | 1.853 | 1.806 | 1.756 | 1.702 | 1.645 | 1.581 |
| 34 | 2.050 | 1.972 | 1.888 | 1.843 | 1.795 | 1.745 | 1.691 | 1.633 | 1.569 |
| 35 | 2.041 | 1.963 | 1.878 | 1.833 | 1.786 | 1.735 | 1.681 | 1.623 | 1.558 |
| 36 | 2.033 | 1.954 | 1.870 | 1.824 | 1.776 | 1.726 | 1.671 | 1.612 | 1.547 |
| 37 | 2.025 | 1.946 | 1.861 | 1.816 | 1.768 | 1.717 | 1.662 | 1.603 | 1.537 |
| 38 | 2.017 | 1.939 | 1.853 | 1.808 | 1.760 | 1.708 | 1.653 | 1.594 | 1.527 |
| 39 | 2.010 | 1.931 | 1.846 | 1.800 | 1.752 | 1.700 | 1.645 | 1.585 | 1.518 |
| 40 | 2.003 | 1.924 | 1.839 | 1.793 | 1.744 | 1.693 | 1.637 | 1.577 | 1.509 |
| 60 | 1.917 | 1.836 | 1.748 | 1.700 | 1.649 | 1.594 | 1.534 | 1.467 | 1.389 |
| 80 | 1.875 | 1.793 | 1.703 | 1.654 | 1.602 | 1.545 | 1.482 | 1.411 | 1.325 |
| 120 | 1.834 | 1.750 | 1.659 | 1.608 | 1.554 | 1.495 | 1.429 | 1.352 | 1.254 |
| 240 | 1.793 | 1.708 | 1.614 | 1.563 | 1.507 | 1.445 | 1.375 | 1.290 | 1.170 |
| $\infty$ | 1.752 | 1.666 | 1.571 | 1.517 | 1.459 | 1.394 | 1.318 | 1.221 | 1.000 |

# 付表5　F分布表 (2)：パーセント点 $F_{0.025}(n_1, n_2)$

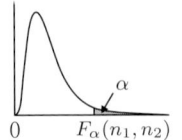

$\alpha = 0.025$

| $n_2$ \ $n_1$ | 1 | 2 | 3 | 4 | 5 | 6 | 7 | 8 | 9 |
|---|---|---|---|---|---|---|---|---|---|
| 1 | 647.789 | 799.500 | 864.163 | 899.583 | 921.848 | 937.111 | 948.217 | 956.656 | 963.285 |
| 2 | 38.506 | 39.000 | 39.165 | 39.248 | 39.298 | 39.331 | 39.355 | 39.373 | 39.387 |
| 3 | 17.443 | 16.044 | 15.439 | 15.101 | 14.885 | 14.735 | 14.624 | 14.540 | 14.473 |
| 4 | 12.218 | 10.649 | 9.979 | 9.605 | 9.364 | 9.197 | 9.074 | 8.980 | 8.905 |
| 5 | 10.007 | 8.434 | 7.764 | 7.388 | 7.146 | 6.978 | 6.853 | 6.757 | 6.681 |
| 6 | 8.813 | 7.260 | 6.599 | 6.227 | 5.988 | 5.820 | 5.695 | 5.600 | 5.523 |
| 7 | 8.073 | 6.542 | 5.890 | 5.523 | 5.285 | 5.119 | 4.995 | 4.899 | 4.823 |
| 8 | 7.571 | 6.059 | 5.416 | 5.053 | 4.817 | 4.652 | 4.529 | 4.433 | 4.357 |
| 9 | 7.209 | 5.715 | 5.078 | 4.718 | 4.484 | 4.320 | 4.197 | 4.102 | 4.026 |
| 10 | 6.937 | 5.456 | 4.826 | 4.468 | 4.236 | 4.072 | 3.950 | 3.855 | 3.779 |
| 11 | 6.724 | 5.256 | 4.630 | 4.275 | 4.044 | 3.881 | 3.759 | 3.664 | 3.588 |
| 12 | 6.554 | 5.096 | 4.474 | 4.121 | 3.891 | 3.728 | 3.607 | 3.512 | 3.436 |
| 13 | 6.414 | 4.965 | 4.347 | 3.996 | 3.767 | 3.604 | 3.483 | 3.388 | 3.312 |
| 14 | 6.298 | 4.857 | 4.242 | 3.892 | 3.663 | 3.501 | 3.380 | 3.285 | 3.209 |
| 15 | 6.200 | 4.765 | 4.153 | 3.804 | 3.576 | 3.415 | 3.293 | 3.199 | 3.123 |
| 16 | 6.115 | 4.687 | 4.077 | 3.729 | 3.502 | 3.341 | 3.219 | 3.125 | 3.049 |
| 17 | 6.042 | 4.619 | 4.011 | 3.665 | 3.438 | 3.277 | 3.156 | 3.061 | 2.985 |
| 18 | 5.978 | 4.560 | 3.954 | 3.608 | 3.382 | 3.221 | 3.100 | 3.005 | 2.929 |
| 19 | 5.922 | 4.508 | 3.903 | 3.559 | 3.333 | 3.172 | 3.051 | 2.956 | 2.880 |
| 20 | 5.871 | 4.461 | 3.859 | 3.515 | 3.289 | 3.128 | 3.007 | 2.913 | 2.837 |
| 21 | 5.827 | 4.420 | 3.819 | 3.475 | 3.250 | 3.090 | 2.969 | 2.874 | 2.798 |
| 22 | 5.786 | 4.383 | 3.783 | 3.440 | 3.215 | 3.055 | 2.934 | 2.839 | 2.763 |
| 23 | 5.750 | 4.349 | 3.750 | 3.408 | 3.183 | 3.023 | 2.902 | 2.808 | 2.731 |
| 24 | 5.717 | 4.319 | 3.721 | 3.379 | 3.155 | 2.995 | 2.874 | 2.779 | 2.703 |
| 25 | 5.686 | 4.291 | 3.694 | 3.353 | 3.129 | 2.969 | 2.848 | 2.753 | 2.677 |
| 26 | 5.659 | 4.265 | 3.670 | 3.329 | 3.105 | 2.945 | 2.824 | 2.729 | 2.653 |
| 27 | 5.633 | 4.242 | 3.647 | 3.307 | 3.083 | 2.923 | 2.802 | 2.707 | 2.631 |
| 28 | 5.610 | 4.221 | 3.626 | 3.286 | 3.063 | 2.903 | 2.782 | 2.687 | 2.611 |
| 29 | 5.588 | 4.201 | 3.607 | 3.267 | 3.044 | 2.884 | 2.763 | 2.669 | 2.592 |
| 30 | 5.568 | 4.182 | 3.589 | 3.250 | 3.026 | 2.867 | 2.746 | 2.651 | 2.575 |
| 31 | 5.549 | 4.165 | 3.573 | 3.234 | 3.010 | 2.851 | 2.730 | 2.635 | 2.558 |
| 32 | 5.531 | 4.149 | 3.557 | 3.218 | 2.995 | 2.836 | 2.715 | 2.620 | 2.543 |
| 33 | 5.515 | 4.134 | 3.543 | 3.204 | 2.981 | 2.822 | 2.701 | 2.606 | 2.529 |
| 34 | 5.499 | 4.120 | 3.529 | 3.191 | 2.968 | 2.808 | 2.688 | 2.593 | 2.516 |
| 35 | 5.485 | 4.106 | 3.517 | 3.179 | 2.956 | 2.796 | 2.676 | 2.581 | 2.504 |
| 36 | 5.471 | 4.094 | 3.505 | 3.167 | 2.944 | 2.785 | 2.664 | 2.569 | 2.492 |
| 37 | 5.458 | 4.082 | 3.493 | 3.156 | 2.933 | 2.774 | 2.653 | 2.558 | 2.481 |
| 38 | 5.446 | 4.071 | 3.483 | 3.145 | 2.923 | 2.763 | 2.643 | 2.548 | 2.471 |
| 39 | 5.435 | 4.061 | 3.473 | 3.135 | 2.913 | 2.754 | 2.633 | 2.538 | 2.461 |
| 40 | 5.424 | 4.051 | 3.463 | 3.126 | 2.904 | 2.744 | 2.624 | 2.529 | 2.452 |
| 60 | 5.286 | 3.925 | 3.343 | 3.008 | 2.786 | 2.627 | 2.507 | 2.412 | 2.334 |
| 80 | 5.218 | 3.864 | 3.284 | 2.950 | 2.730 | 2.571 | 2.450 | 2.355 | 2.277 |
| 120 | 5.152 | 3.805 | 3.227 | 2.894 | 2.674 | 2.515 | 2.395 | 2.299 | 2.222 |
| 240 | 5.088 | 3.746 | 3.171 | 2.839 | 2.620 | 2.461 | 2.341 | 2.245 | 2.167 |
| $\infty$ | 5.024 | 3.689 | 3.116 | 2.786 | 2.567 | 2.408 | 2.288 | 2.192 | 2.114 |

$\alpha = 0.025$

| $n_2$ \ $n_1$ | 10 | 12 | 15 | 20 | 24 | 30 | 40 | 60 | 120 | $\infty$ |
|---|---|---|---|---|---|---|---|---|---|---|
| 1 | 968.627 | 976.708 | 984.867 | 993.103 | 997.249 | 1001.414 | 1005.598 | 1009.800 | 1014.020 | 1018.258 |
| 2 | 39.398 | 39.415 | 39.431 | 39.448 | 39.456 | 39.465 | 39.473 | 39.481 | 39.490 | 39.498 |
| 3 | 14.419 | 14.337 | 14.253 | 14.167 | 14.124 | 14.081 | 14.037 | 13.992 | 13.947 | 13.902 |
| 4 | 8.844 | 8.751 | 8.657 | 8.560 | 8.511 | 8.461 | 8.411 | 8.360 | 8.309 | 8.257 |
| 5 | 6.619 | 6.525 | 6.428 | 6.329 | 6.278 | 6.227 | 6.175 | 6.123 | 6.069 | 6.015 |
| 6 | 5.461 | 5.366 | 5.269 | 5.168 | 5.117 | 5.065 | 5.012 | 4.959 | 4.904 | 4.849 |
| 7 | 4.761 | 4.666 | 4.568 | 4.467 | 4.415 | 4.362 | 4.309 | 4.254 | 4.199 | 4.142 |
| 8 | 4.295 | 4.200 | 4.101 | 3.999 | 3.947 | 3.894 | 3.840 | 3.784 | 3.728 | 3.670 |
| 9 | 3.964 | 3.868 | 3.769 | 3.667 | 3.614 | 3.560 | 3.505 | 3.449 | 3.392 | 3.333 |
| 10 | 3.717 | 3.621 | 3.522 | 3.419 | 3.365 | 3.311 | 3.255 | 3.198 | 3.140 | 3.080 |
| 11 | 3.526 | 3.430 | 3.330 | 3.226 | 3.173 | 3.118 | 3.061 | 3.004 | 2.944 | 2.883 |
| 12 | 3.374 | 3.277 | 3.177 | 3.073 | 3.019 | 2.963 | 2.906 | 2.848 | 2.787 | 2.725 |
| 13 | 3.250 | 3.153 | 3.053 | 2.948 | 2.893 | 2.837 | 2.780 | 2.720 | 2.659 | 2.595 |
| 14 | 3.147 | 3.050 | 2.949 | 2.844 | 2.789 | 2.732 | 2.674 | 2.614 | 2.552 | 2.487 |
| 15 | 3.060 | 2.963 | 2.862 | 2.756 | 2.701 | 2.644 | 2.585 | 2.524 | 2.461 | 2.395 |
| 16 | 2.986 | 2.889 | 2.788 | 2.681 | 2.625 | 2.568 | 2.509 | 2.447 | 2.383 | 2.316 |
| 17 | 2.922 | 2.825 | 2.723 | 2.616 | 2.560 | 2.502 | 2.442 | 2.380 | 2.315 | 2.247 |
| 18 | 2.866 | 2.769 | 2.667 | 2.559 | 2.503 | 2.445 | 2.384 | 2.321 | 2.256 | 2.187 |
| 19 | 2.817 | 2.720 | 2.617 | 2.509 | 2.452 | 2.394 | 2.333 | 2.270 | 2.203 | 2.133 |
| 20 | 2.774 | 2.676 | 2.573 | 2.464 | 2.408 | 2.349 | 2.287 | 2.223 | 2.156 | 2.085 |
| 21 | 2.735 | 2.637 | 2.534 | 2.425 | 2.368 | 2.308 | 2.246 | 2.182 | 2.114 | 2.042 |
| 22 | 2.700 | 2.602 | 2.498 | 2.389 | 2.331 | 2.272 | 2.210 | 2.145 | 2.076 | 2.003 |
| 23 | 2.668 | 2.570 | 2.466 | 2.357 | 2.299 | 2.239 | 2.176 | 2.111 | 2.041 | 1.968 |
| 24 | 2.640 | 2.541 | 2.437 | 2.327 | 2.269 | 2.209 | 2.146 | 2.080 | 2.010 | 1.935 |
| 25 | 2.613 | 2.515 | 2.411 | 2.300 | 2.242 | 2.182 | 2.118 | 2.052 | 1.981 | 1.906 |
| 26 | 2.590 | 2.491 | 2.387 | 2.276 | 2.217 | 2.157 | 2.093 | 2.026 | 1.954 | 1.878 |
| 27 | 2.568 | 2.469 | 2.364 | 2.253 | 2.195 | 2.133 | 2.069 | 2.002 | 1.930 | 1.853 |
| 28 | 2.547 | 2.448 | 2.344 | 2.232 | 2.174 | 2.112 | 2.048 | 1.980 | 1.907 | 1.829 |
| 29 | 2.529 | 2.430 | 2.325 | 2.213 | 2.154 | 2.092 | 2.028 | 1.959 | 1.886 | 1.807 |
| 30 | 2.511 | 2.412 | 2.307 | 2.195 | 2.136 | 2.074 | 2.009 | 1.940 | 1.866 | 1.787 |
| 31 | 2.495 | 2.396 | 2.291 | 2.178 | 2.119 | 2.057 | 1.991 | 1.922 | 1.848 | 1.768 |
| 32 | 2.480 | 2.381 | 2.275 | 2.163 | 2.103 | 2.041 | 1.975 | 1.905 | 1.831 | 1.750 |
| 33 | 2.466 | 2.366 | 2.261 | 2.148 | 2.088 | 2.026 | 1.960 | 1.890 | 1.815 | 1.733 |
| 34 | 2.453 | 2.353 | 2.248 | 2.135 | 2.075 | 2.012 | 1.946 | 1.875 | 1.799 | 1.717 |
| 35 | 2.440 | 2.341 | 2.235 | 2.122 | 2.062 | 1.999 | 1.932 | 1.861 | 1.785 | 1.702 |
| 36 | 2.429 | 2.329 | 2.223 | 2.110 | 2.049 | 1.986 | 1.919 | 1.848 | 1.772 | 1.687 |
| 37 | 2.418 | 2.318 | 2.212 | 2.098 | 2.038 | 1.974 | 1.907 | 1.836 | 1.759 | 1.674 |
| 38 | 2.407 | 2.307 | 2.201 | 2.088 | 2.027 | 1.963 | 1.896 | 1.824 | 1.747 | 1.661 |
| 39 | 2.397 | 2.298 | 2.191 | 2.077 | 2.017 | 1.953 | 1.885 | 1.813 | 1.735 | 1.649 |
| 40 | 2.388 | 2.288 | 2.182 | 2.068 | 2.007 | 1.943 | 1.875 | 1.803 | 1.724 | 1.637 |
| 60 | 2.270 | 2.169 | 2.061 | 1.944 | 1.882 | 1.815 | 1.744 | 1.667 | 1.581 | 1.482 |
| 80 | 2.213 | 2.111 | 2.003 | 1.884 | 1.820 | 1.752 | 1.679 | 1.599 | 1.508 | 1.400 |
| 120 | 2.157 | 2.055 | 1.945 | 1.825 | 1.760 | 1.690 | 1.614 | 1.530 | 1.433 | 1.310 |
| 240 | 2.102 | 1.999 | 1.888 | 1.766 | 1.700 | 1.628 | 1.549 | 1.460 | 1.354 | 1.206 |
| $\infty$ | 2.048 | 1.945 | 1.833 | 1.708 | 1.640 | 1.566 | 1.484 | 1.388 | 1.268 | 1.000 |

## 付表6　$F$ 分布表 (3)：パーセント点 $F_{0.01}(n_1, n_2)$

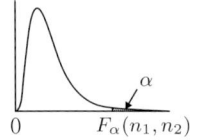

$\alpha = 0.01$

| $n_2$ \ $n_1$ | 1 | 2 | 3 | 4 | 5 | 6 | 7 | 8 | 9 |
|---|---|---|---|---|---|---|---|---|---|
| 1 | 4052.181 | 4999.500 | 5403.352 | 5624.583 | 5763.650 | 5858.986 | 5928.356 | 5981.070 | 6022.473 |
| 2 | 98.503 | 99.000 | 99.166 | 99.249 | 99.299 | 99.333 | 99.356 | 99.374 | 99.388 |
| 3 | 34.116 | 30.817 | 29.457 | 28.710 | 28.237 | 27.911 | 27.672 | 27.489 | 27.345 |
| 4 | 21.198 | 18.000 | 16.694 | 15.977 | 15.522 | 15.207 | 14.976 | 14.799 | 14.659 |
| 5 | 16.258 | 13.274 | 12.060 | 11.392 | 10.967 | 10.672 | 10.456 | 10.289 | 10.158 |
| 6 | 13.745 | 10.925 | 9.780 | 9.148 | 8.746 | 8.466 | 8.260 | 8.102 | 7.976 |
| 7 | 12.246 | 9.547 | 8.451 | 7.847 | 7.460 | 7.191 | 6.993 | 6.840 | 6.719 |
| 8 | 11.259 | 8.649 | 7.591 | 7.006 | 6.632 | 6.371 | 6.178 | 6.029 | 5.911 |
| 9 | 10.561 | 8.022 | 6.992 | 6.422 | 6.057 | 5.802 | 5.613 | 5.467 | 5.351 |
| 10 | 10.044 | 7.559 | 6.552 | 5.994 | 5.636 | 5.386 | 5.200 | 5.057 | 4.942 |
| 11 | 9.646 | 7.206 | 6.217 | 5.668 | 5.316 | 5.069 | 4.886 | 4.744 | 4.632 |
| 12 | 9.330 | 6.927 | 5.953 | 5.412 | 5.064 | 4.821 | 4.640 | 4.499 | 4.388 |
| 13 | 9.074 | 6.701 | 5.739 | 5.205 | 4.862 | 4.620 | 4.441 | 4.302 | 4.191 |
| 14 | 8.862 | 6.515 | 5.564 | 5.035 | 4.695 | 4.456 | 4.278 | 4.140 | 4.030 |
| 15 | 8.683 | 6.359 | 5.417 | 4.893 | 4.556 | 4.318 | 4.142 | 4.004 | 3.895 |
| 16 | 8.531 | 6.226 | 5.292 | 4.773 | 4.437 | 4.202 | 4.026 | 3.890 | 3.780 |
| 17 | 8.400 | 6.112 | 5.185 | 4.669 | 4.336 | 4.102 | 3.927 | 3.791 | 3.682 |
| 18 | 8.285 | 6.013 | 5.092 | 4.579 | 4.248 | 4.015 | 3.841 | 3.705 | 3.597 |
| 19 | 8.185 | 5.926 | 5.010 | 4.500 | 4.171 | 3.939 | 3.765 | 3.631 | 3.523 |
| 20 | 8.096 | 5.849 | 4.938 | 4.431 | 4.103 | 3.871 | 3.699 | 3.564 | 3.457 |
| 21 | 8.017 | 5.780 | 4.874 | 4.369 | 4.042 | 3.812 | 3.640 | 3.506 | 3.398 |
| 22 | 7.945 | 5.719 | 4.817 | 4.313 | 3.988 | 3.758 | 3.587 | 3.453 | 3.346 |
| 23 | 7.881 | 5.664 | 4.765 | 4.264 | 3.939 | 3.710 | 3.539 | 3.406 | 3.299 |
| 24 | 7.823 | 5.614 | 4.718 | 4.218 | 3.895 | 3.667 | 3.496 | 3.363 | 3.256 |
| 25 | 7.770 | 5.568 | 4.675 | 4.177 | 3.855 | 3.627 | 3.457 | 3.324 | 3.217 |
| 26 | 7.721 | 5.526 | 4.637 | 4.140 | 3.818 | 3.591 | 3.421 | 3.288 | 3.182 |
| 27 | 7.677 | 5.488 | 4.601 | 4.106 | 3.785 | 3.558 | 3.388 | 3.256 | 3.149 |
| 28 | 7.636 | 5.453 | 4.568 | 4.074 | 3.754 | 3.528 | 3.358 | 3.226 | 3.120 |
| 29 | 7.598 | 5.420 | 4.538 | 4.045 | 3.725 | 3.499 | 3.330 | 3.198 | 3.092 |
| 30 | 7.562 | 5.390 | 4.510 | 4.018 | 3.699 | 3.473 | 3.304 | 3.173 | 3.067 |
| 31 | 7.530 | 5.362 | 4.484 | 3.993 | 3.675 | 3.449 | 3.281 | 3.149 | 3.043 |
| 32 | 7.499 | 5.336 | 4.459 | 3.969 | 3.652 | 3.427 | 3.258 | 3.127 | 3.021 |
| 33 | 7.471 | 5.312 | 4.437 | 3.948 | 3.630 | 3.406 | 3.238 | 3.106 | 3.000 |
| 34 | 7.444 | 5.289 | 4.416 | 3.927 | 3.611 | 3.386 | 3.218 | 3.087 | 2.981 |
| 35 | 7.419 | 5.268 | 4.396 | 3.908 | 3.592 | 3.368 | 3.200 | 3.069 | 2.963 |
| 36 | 7.396 | 5.248 | 4.377 | 3.890 | 3.574 | 3.351 | 3.183 | 3.052 | 2.946 |
| 37 | 7.373 | 5.229 | 4.360 | 3.873 | 3.558 | 3.334 | 3.167 | 3.036 | 2.930 |
| 38 | 7.353 | 5.211 | 4.343 | 3.858 | 3.542 | 3.319 | 3.152 | 3.021 | 2.915 |
| 39 | 7.333 | 5.194 | 4.327 | 3.843 | 3.528 | 3.305 | 3.137 | 3.006 | 2.901 |
| 40 | 7.314 | 5.179 | 4.313 | 3.828 | 3.514 | 3.291 | 3.124 | 2.993 | 2.888 |
| 60 | 7.077 | 4.977 | 4.126 | 3.649 | 3.339 | 3.119 | 2.953 | 2.823 | 2.718 |
| 80 | 6.963 | 4.881 | 4.036 | 3.563 | 3.255 | 3.036 | 2.871 | 2.742 | 2.637 |
| 120 | 6.851 | 4.787 | 3.949 | 3.480 | 3.174 | 2.956 | 2.792 | 2.663 | 2.559 |
| 240 | 6.742 | 4.695 | 3.864 | 3.398 | 3.094 | 2.878 | 2.714 | 2.586 | 2.482 |
| ∞ | 6.635 | 4.605 | 3.782 | 3.319 | 3.017 | 2.802 | 2.639 | 2.511 | 2.407 |

$\alpha = 0.01$

| $n_2$ \ $n_1$ | 10 | 12 | 15 | 20 | 24 | 30 | 40 | 60 | 120 | $\infty$ |
|---|---|---|---|---|---|---|---|---|---|---|
| 1 | 6055.847 | 6106.321 | 6157.285 | 6208.730 | 6234.631 | 6260.649 | 6286.782 | 6313.030 | 6339.391 | 6365.864 |
| 2 | 99.399 | 99.416 | 99.433 | 99.449 | 99.458 | 99.466 | 99.474 | 99.482 | 99.491 | 99.499 |
| 3 | 27.229 | 27.052 | 26.872 | 26.690 | 26.598 | 26.505 | 26.411 | 26.316 | 26.221 | 26.125 |
| 4 | 14.546 | 14.374 | 14.198 | 14.020 | 13.929 | 13.838 | 13.745 | 13.652 | 13.558 | 13.463 |
| 5 | 10.051 | 9.888 | 9.722 | 9.553 | 9.466 | 9.379 | 9.291 | 9.202 | 9.112 | 9.020 |
| 6 | 7.874 | 7.718 | 7.559 | 7.396 | 7.313 | 7.229 | 7.143 | 7.057 | 6.969 | 6.880 |
| 7 | 6.620 | 6.469 | 6.314 | 6.155 | 6.074 | 5.992 | 5.908 | 5.824 | 5.737 | 5.650 |
| 8 | 5.814 | 5.667 | 5.515 | 5.359 | 5.279 | 5.198 | 5.116 | 5.032 | 4.946 | 4.859 |
| 9 | 5.257 | 5.111 | 4.962 | 4.808 | 4.729 | 4.649 | 4.567 | 4.483 | 4.398 | 4.311 |
| 10 | 4.849 | 4.706 | 4.558 | 4.405 | 4.327 | 4.247 | 4.165 | 4.082 | 3.996 | 3.909 |
| 11 | 4.539 | 4.397 | 4.251 | 4.099 | 4.021 | 3.941 | 3.860 | 3.776 | 3.690 | 3.602 |
| 12 | 4.296 | 4.155 | 4.010 | 3.858 | 3.780 | 3.701 | 3.619 | 3.535 | 3.449 | 3.361 |
| 13 | 4.100 | 3.960 | 3.815 | 3.665 | 3.587 | 3.507 | 3.425 | 3.341 | 3.255 | 3.165 |
| 14 | 3.939 | 3.800 | 3.656 | 3.505 | 3.427 | 3.348 | 3.266 | 3.181 | 3.094 | 3.004 |
| 15 | 3.805 | 3.666 | 3.522 | 3.372 | 3.294 | 3.214 | 3.132 | 3.047 | 2.959 | 2.868 |
| 16 | 3.691 | 3.553 | 3.409 | 3.259 | 3.181 | 3.101 | 3.018 | 2.933 | 2.845 | 2.753 |
| 17 | 3.593 | 3.455 | 3.312 | 3.162 | 3.084 | 3.003 | 2.920 | 2.835 | 2.746 | 2.653 |
| 18 | 3.508 | 3.371 | 3.227 | 3.077 | 2.999 | 2.919 | 2.835 | 2.749 | 2.660 | 2.566 |
| 19 | 3.434 | 3.297 | 3.153 | 3.003 | 2.925 | 2.844 | 2.761 | 2.674 | 2.584 | 2.489 |
| 20 | 3.368 | 3.231 | 3.088 | 2.938 | 2.859 | 2.778 | 2.695 | 2.608 | 2.517 | 2.421 |
| 21 | 3.310 | 3.173 | 3.030 | 2.880 | 2.801 | 2.720 | 2.636 | 2.548 | 2.457 | 2.360 |
| 22 | 3.258 | 3.121 | 2.978 | 2.827 | 2.749 | 2.667 | 2.583 | 2.495 | 2.403 | 2.305 |
| 23 | 3.211 | 3.074 | 2.931 | 2.781 | 2.702 | 2.620 | 2.535 | 2.447 | 2.354 | 2.256 |
| 24 | 3.168 | 3.032 | 2.889 | 2.738 | 2.659 | 2.577 | 2.492 | 2.403 | 2.310 | 2.211 |
| 25 | 3.129 | 2.993 | 2.850 | 2.699 | 2.620 | 2.538 | 2.453 | 2.364 | 2.270 | 2.169 |
| 26 | 3.094 | 2.958 | 2.815 | 2.664 | 2.585 | 2.503 | 2.417 | 2.327 | 2.233 | 2.131 |
| 27 | 3.062 | 2.926 | 2.783 | 2.632 | 2.552 | 2.470 | 2.384 | 2.294 | 2.198 | 2.097 |
| 28 | 3.032 | 2.896 | 2.753 | 2.602 | 2.522 | 2.440 | 2.354 | 2.263 | 2.167 | 2.064 |
| 29 | 3.005 | 2.868 | 2.726 | 2.574 | 2.495 | 2.412 | 2.325 | 2.234 | 2.138 | 2.034 |
| 30 | 2.979 | 2.843 | 2.700 | 2.549 | 2.469 | 2.386 | 2.299 | 2.208 | 2.111 | 2.006 |
| 31 | 2.955 | 2.820 | 2.677 | 2.525 | 2.445 | 2.362 | 2.275 | 2.183 | 2.086 | 1.980 |
| 32 | 2.934 | 2.798 | 2.655 | 2.503 | 2.423 | 2.340 | 2.252 | 2.160 | 2.062 | 1.956 |
| 33 | 2.913 | 2.777 | 2.634 | 2.482 | 2.402 | 2.319 | 2.231 | 2.139 | 2.040 | 1.933 |
| 34 | 2.894 | 2.758 | 2.615 | 2.463 | 2.383 | 2.299 | 2.211 | 2.118 | 2.019 | 1.911 |
| 35 | 2.876 | 2.740 | 2.597 | 2.445 | 2.364 | 2.281 | 2.193 | 2.099 | 2.000 | 1.891 |
| 36 | 2.859 | 2.723 | 2.580 | 2.428 | 2.347 | 2.263 | 2.175 | 2.082 | 1.981 | 1.872 |
| 37 | 2.843 | 2.707 | 2.564 | 2.412 | 2.331 | 2.247 | 2.159 | 2.065 | 1.964 | 1.854 |
| 38 | 2.828 | 2.692 | 2.549 | 2.397 | 2.316 | 2.232 | 2.143 | 2.049 | 1.947 | 1.837 |
| 39 | 2.814 | 2.678 | 2.535 | 2.382 | 2.302 | 2.217 | 2.128 | 2.034 | 1.932 | 1.820 |
| 40 | 2.801 | 2.665 | 2.522 | 2.369 | 2.288 | 2.203 | 2.114 | 2.019 | 1.917 | 1.805 |
| 60 | 2.632 | 2.496 | 2.352 | 2.198 | 2.115 | 2.028 | 1.936 | 1.836 | 1.726 | 1.601 |
| 80 | 2.551 | 2.415 | 2.271 | 2.115 | 2.032 | 1.944 | 1.849 | 1.746 | 1.630 | 1.494 |
| 120 | 2.472 | 2.336 | 2.192 | 2.035 | 1.950 | 1.860 | 1.763 | 1.656 | 1.533 | 1.381 |
| 240 | 2.395 | 2.260 | 2.114 | 1.956 | 1.870 | 1.778 | 1.677 | 1.565 | 1.432 | 1.250 |
| $\infty$ | 2.321 | 2.185 | 2.039 | 1.878 | 1.791 | 1.696 | 1.592 | 1.473 | 1.325 | 1.000 |

# 付表7　$F$ 分布表 (4)：パーセント点 $F_{0.005}(n_1, n_2)$

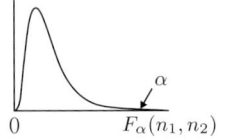

$\alpha = 0.005$

| $n_2$ \ $n_1$ | 1 | 2 | 3 | 4 | 5 | 6 | 7 | 8 | 9 | 10 |
|---|---|---|---|---|---|---|---|---|---|---|
| 1 | 16210.723 | 19999.500 | 21614.741 | 22499.583 | 23055.798 | 23437.111 | 23714.566 | 23925.406 | 24091.004 | 24224.487 |
| 2 | 198.501 | 199.000 | 199.166 | 199.250 | 199.300 | 199.333 | 199.357 | 199.375 | 199.388 | 199.400 |
| 3 | 55.552 | 49.799 | 47.467 | 46.195 | 45.392 | 44.838 | 44.434 | 44.126 | 43.882 | 43.686 |
| 4 | 31.333 | 26.284 | 24.259 | 23.155 | 22.456 | 21.975 | 21.622 | 21.352 | 21.139 | 20.967 |
| 5 | 22.785 | 18.314 | 16.530 | 15.556 | 14.940 | 14.513 | 14.200 | 13.961 | 13.772 | 13.618 |
| 6 | 18.635 | 14.544 | 12.917 | 12.028 | 11.464 | 11.073 | 10.786 | 10.566 | 10.391 | 10.250 |
| 7 | 16.236 | 12.404 | 10.882 | 10.050 | 9.522 | 9.155 | 8.885 | 8.678 | 8.514 | 8.380 |
| 8 | 14.688 | 11.042 | 9.596 | 8.805 | 8.302 | 7.952 | 7.694 | 7.496 | 7.339 | 7.211 |
| 9 | 13.614 | 10.107 | 8.717 | 7.956 | 7.471 | 7.134 | 6.885 | 6.693 | 6.541 | 6.417 |
| 10 | 12.826 | 9.427 | 8.081 | 7.343 | 6.872 | 6.545 | 6.302 | 6.116 | 5.968 | 5.847 |
| 11 | 12.226 | 8.912 | 7.600 | 6.881 | 6.422 | 6.102 | 5.865 | 5.682 | 5.537 | 5.418 |
| 12 | 11.754 | 8.510 | 7.226 | 6.521 | 6.071 | 5.757 | 5.525 | 5.345 | 5.202 | 5.085 |
| 13 | 11.374 | 8.186 | 6.926 | 6.233 | 5.791 | 5.482 | 5.253 | 5.076 | 4.935 | 4.820 |
| 14 | 11.060 | 7.922 | 6.680 | 5.998 | 5.562 | 5.257 | 5.031 | 4.857 | 4.717 | 4.603 |
| 15 | 10.798 | 7.701 | 6.476 | 5.803 | 5.372 | 5.071 | 4.847 | 4.674 | 4.536 | 4.424 |
| 16 | 10.575 | 7.514 | 6.303 | 5.638 | 5.212 | 4.913 | 4.692 | 4.521 | 4.384 | 4.272 |
| 17 | 10.384 | 7.354 | 6.156 | 5.497 | 5.075 | 4.779 | 4.559 | 4.389 | 4.254 | 4.142 |
| 18 | 10.218 | 7.215 | 6.028 | 5.375 | 4.956 | 4.663 | 4.445 | 4.276 | 4.141 | 4.030 |
| 19 | 10.073 | 7.093 | 5.916 | 5.268 | 4.853 | 4.561 | 4.345 | 4.177 | 4.043 | 3.933 |
| 20 | 9.944 | 6.986 | 5.818 | 5.174 | 4.762 | 4.472 | 4.257 | 4.090 | 3.956 | 3.847 |
| 21 | 9.830 | 6.891 | 5.730 | 5.091 | 4.681 | 4.393 | 4.179 | 4.013 | 3.880 | 3.771 |
| 22 | 9.727 | 6.806 | 5.652 | 5.017 | 4.609 | 4.322 | 4.109 | 3.944 | 3.812 | 3.703 |
| 23 | 9.635 | 6.730 | 5.582 | 4.950 | 4.544 | 4.259 | 4.047 | 3.882 | 3.750 | 3.642 |
| 24 | 9.551 | 6.661 | 5.519 | 4.890 | 4.486 | 4.202 | 3.991 | 3.826 | 3.695 | 3.587 |
| 25 | 9.475 | 6.598 | 5.462 | 4.835 | 4.433 | 4.150 | 3.939 | 3.776 | 3.645 | 3.537 |
| 26 | 9.406 | 6.541 | 5.409 | 4.785 | 4.384 | 4.103 | 3.893 | 3.730 | 3.599 | 3.492 |
| 27 | 9.342 | 6.489 | 5.361 | 4.740 | 4.340 | 4.059 | 3.850 | 3.687 | 3.557 | 3.450 |
| 28 | 9.284 | 6.440 | 5.317 | 4.698 | 4.300 | 4.020 | 3.811 | 3.649 | 3.519 | 3.412 |
| 29 | 9.230 | 6.396 | 5.276 | 4.659 | 4.262 | 3.983 | 3.775 | 3.613 | 3.483 | 3.377 |
| 30 | 9.180 | 6.355 | 5.239 | 4.623 | 4.228 | 3.949 | 3.742 | 3.580 | 3.450 | 3.344 |
| 31 | 9.133 | 6.317 | 5.204 | 4.590 | 4.196 | 3.918 | 3.711 | 3.549 | 3.420 | 3.314 |
| 32 | 9.090 | 6.281 | 5.171 | 4.559 | 4.166 | 3.889 | 3.682 | 3.521 | 3.392 | 3.286 |
| 33 | 9.050 | 6.248 | 5.141 | 4.531 | 4.138 | 3.861 | 3.655 | 3.495 | 3.366 | 3.260 |
| 34 | 9.012 | 6.217 | 5.113 | 4.504 | 4.112 | 3.836 | 3.630 | 3.470 | 3.341 | 3.235 |
| 35 | 8.976 | 6.188 | 5.086 | 4.479 | 4.088 | 3.812 | 3.607 | 3.447 | 3.318 | 3.212 |
| 36 | 8.943 | 6.161 | 5.062 | 4.455 | 4.065 | 3.790 | 3.585 | 3.425 | 3.296 | 3.191 |
| 37 | 8.912 | 6.135 | 5.038 | 4.433 | 4.043 | 3.769 | 3.564 | 3.404 | 3.276 | 3.171 |
| 38 | 8.882 | 6.111 | 5.016 | 4.412 | 4.023 | 3.749 | 3.545 | 3.385 | 3.257 | 3.152 |
| 39 | 8.854 | 6.088 | 4.995 | 4.392 | 4.004 | 3.731 | 3.526 | 3.367 | 3.239 | 3.134 |
| 40 | 8.828 | 6.066 | 4.976 | 4.374 | 3.986 | 3.713 | 3.509 | 3.350 | 3.222 | 3.117 |
| 60 | 8.495 | 5.795 | 4.729 | 4.140 | 3.760 | 3.492 | 3.291 | 3.134 | 3.008 | 2.904 |
| 80 | 8.335 | 5.665 | 4.611 | 4.029 | 3.652 | 3.387 | 3.188 | 3.032 | 2.907 | 2.803 |
| 120 | 8.179 | 5.539 | 4.497 | 3.921 | 3.548 | 3.285 | 3.087 | 2.933 | 2.808 | 2.705 |
| 240 | 8.027 | 5.417 | 4.387 | 3.816 | 3.447 | 3.187 | 2.991 | 2.837 | 2.713 | 2.610 |
| $\infty$ | 7.879 | 5.298 | 4.279 | 3.715 | 3.350 | 3.091 | 2.897 | 2.744 | 2.621 | 2.519 |

## $\alpha = 0.005$

| $n_2$ \ $n_1$ | 12 | 15 | 20 | 24 | 30 | 40 | 60 | 120 | $\infty$ |
|---|---|---|---|---|---|---|---|---|---|
| 1 | 24426.366 | 24630.205 | 24835.971 | 24939.565 | 25043.628 | 25148.153 | 25253.137 | 25358.573 | 25464.458 |
| 2 | 199.416 | 199.433 | 199.450 | 199.458 | 199.466 | 199.475 | 199.483 | 199.491 | 199.500 |
| 3 | 43.387 | 43.085 | 42.778 | 42.622 | 42.466 | 42.308 | 42.149 | 41.989 | 41.828 |
| 4 | 20.705 | 20.438 | 20.167 | 20.030 | 19.892 | 19.752 | 19.611 | 19.468 | 19.325 |
| 5 | 13.384 | 13.146 | 12.903 | 12.780 | 12.656 | 12.530 | 12.402 | 12.274 | 12.144 |
| 6 | 10.034 | 9.814 | 9.589 | 9.474 | 9.358 | 9.241 | 9.122 | 9.001 | 8.879 |
| 7 | 8.176 | 7.968 | 7.754 | 7.645 | 7.534 | 7.422 | 7.309 | 7.193 | 7.076 |
| 8 | 7.015 | 6.814 | 6.608 | 6.503 | 6.396 | 6.288 | 6.177 | 6.065 | 5.951 |
| 9 | 6.227 | 6.032 | 5.832 | 5.729 | 5.625 | 5.519 | 5.410 | 5.300 | 5.188 |
| 10 | 5.661 | 5.471 | 5.274 | 5.173 | 5.071 | 4.966 | 4.859 | 4.750 | 4.639 |
| 11 | 5.236 | 5.049 | 4.855 | 4.756 | 4.654 | 4.551 | 4.445 | 4.337 | 4.226 |
| 12 | 4.906 | 4.721 | 4.530 | 4.431 | 4.331 | 4.228 | 4.123 | 4.015 | 3.904 |
| 13 | 4.643 | 4.460 | 4.270 | 4.173 | 4.073 | 3.970 | 3.866 | 3.758 | 3.647 |
| 14 | 4.428 | 4.247 | 4.059 | 3.961 | 3.862 | 3.760 | 3.655 | 3.547 | 3.436 |
| 15 | 4.250 | 4.070 | 3.883 | 3.786 | 3.687 | 3.585 | 3.480 | 3.372 | 3.260 |
| 16 | 4.099 | 3.920 | 3.734 | 3.638 | 3.539 | 3.437 | 3.332 | 3.224 | 3.112 |
| 17 | 3.971 | 3.793 | 3.607 | 3.511 | 3.412 | 3.311 | 3.206 | 3.097 | 2.984 |
| 18 | 3.860 | 3.683 | 3.498 | 3.402 | 3.303 | 3.201 | 3.096 | 2.987 | 2.873 |
| 19 | 3.763 | 3.587 | 3.402 | 3.306 | 3.208 | 3.106 | 3.000 | 2.891 | 2.776 |
| 20 | 3.678 | 3.502 | 3.318 | 3.222 | 3.123 | 3.022 | 2.916 | 2.806 | 2.690 |
| 21 | 3.602 | 3.427 | 3.243 | 3.147 | 3.049 | 2.947 | 2.841 | 2.730 | 2.614 |
| 22 | 3.535 | 3.360 | 3.176 | 3.081 | 2.982 | 2.880 | 2.774 | 2.663 | 2.545 |
| 23 | 3.475 | 3.300 | 3.116 | 3.021 | 2.922 | 2.820 | 2.713 | 2.602 | 2.484 |
| 24 | 3.420 | 3.246 | 3.062 | 2.967 | 2.868 | 2.765 | 2.658 | 2.546 | 2.428 |
| 25 | 3.370 | 3.196 | 3.013 | 2.918 | 2.819 | 2.716 | 2.609 | 2.496 | 2.377 |
| 26 | 3.325 | 3.151 | 2.968 | 2.873 | 2.774 | 2.671 | 2.563 | 2.450 | 2.330 |
| 27 | 3.284 | 3.110 | 2.928 | 2.832 | 2.733 | 2.630 | 2.522 | 2.408 | 2.287 |
| 28 | 3.246 | 3.073 | 2.890 | 2.794 | 2.695 | 2.592 | 2.483 | 2.369 | 2.247 |
| 29 | 3.211 | 3.038 | 2.855 | 2.759 | 2.660 | 2.557 | 2.448 | 2.333 | 2.210 |
| 30 | 3.179 | 3.006 | 2.823 | 2.727 | 2.628 | 2.524 | 2.415 | 2.300 | 2.176 |
| 31 | 3.149 | 2.976 | 2.793 | 2.697 | 2.598 | 2.494 | 2.385 | 2.269 | 2.144 |
| 32 | 3.121 | 2.948 | 2.766 | 2.670 | 2.570 | 2.466 | 2.356 | 2.240 | 2.114 |
| 33 | 3.095 | 2.922 | 2.740 | 2.644 | 2.544 | 2.440 | 2.330 | 2.213 | 2.087 |
| 34 | 3.071 | 2.898 | 2.716 | 2.620 | 2.520 | 2.415 | 2.305 | 2.188 | 2.060 |
| 35 | 3.048 | 2.876 | 2.693 | 2.597 | 2.497 | 2.392 | 2.282 | 2.164 | 2.036 |
| 36 | 3.027 | 2.854 | 2.672 | 2.576 | 2.475 | 2.371 | 2.260 | 2.141 | 2.013 |
| 37 | 3.007 | 2.834 | 2.652 | 2.556 | 2.455 | 2.350 | 2.239 | 2.120 | 1.991 |
| 38 | 2.988 | 2.816 | 2.633 | 2.537 | 2.436 | 2.331 | 2.220 | 2.100 | 1.970 |
| 39 | 2.970 | 2.798 | 2.615 | 2.519 | 2.418 | 2.313 | 2.201 | 2.081 | 1.950 |
| 40 | 2.953 | 2.781 | 2.598 | 2.502 | 2.401 | 2.296 | 2.184 | 2.064 | 1.932 |
| 60 | 2.742 | 2.570 | 2.387 | 2.290 | 2.187 | 2.079 | 1.962 | 1.834 | 1.689 |
| 80 | 2.641 | 2.470 | 2.286 | 2.188 | 2.084 | 1.974 | 1.854 | 1.720 | 1.563 |
| 120 | 2.544 | 2.373 | 2.188 | 2.089 | 1.984 | 1.871 | 1.747 | 1.606 | 1.431 |
| 240 | 2.450 | 2.278 | 2.093 | 1.993 | 1.886 | 1.770 | 1.640 | 1.488 | 1.281 |
| $\infty$ | 2.358 | 2.187 | 2.000 | 1.898 | 1.789 | 1.669 | 1.533 | 1.364 | 1.000 |

# 練習問題解答

## 第2章
### 2.1

```
> # 顧客データの読み込み
> customer <- read.table("customer.txt", header=T)
>
> # 顧客データの最初の 6 行
> head(customer)
  ID gender age freq DM
1  1      0  36    2  0
2  2      1  31    5  1
3  3      0  34    1  0
4  4      1  26    4  1
5  5      0  28    3  0
6  6      0  25    1  0
```

### 2.2

```
> # サイトアクセス回数
> customer$freq
 [1] 2 5 1 4 3 1 1 1 2 6 2 1 2 1 0 2 0 2 5 2
```

### 2.3

```
> # サイトアクセス回数の最大値
> max(customer$freq)
[1] 6
>
> # サイトアクセス回数の最小値
> min(customer$freq)
[1] 0
>
> # サイトアクセス回数の合計値
> sum(customer$freq)
[1] 43
```

# 第3章

## 3.1

```
> # 売上データの読み込み
> sales <- read.table("sales.txt", header=T)
>
> # 最高気温を temp に代入
> temp <- sales$temp
>
> # 最高気温のヒストグラム
> hist(temp)
```

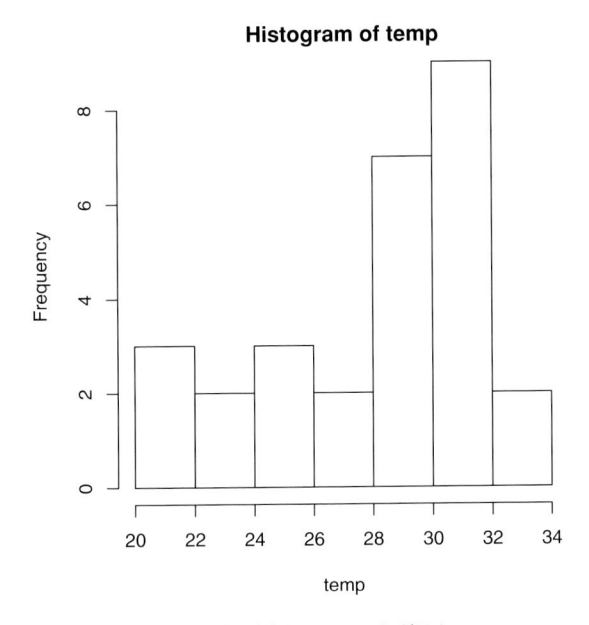

**Histogram of temp**

図 15.1 「最高気温」のヒストグラム

## 3.2

```
> # 最高気温の平均値
> mean(temp)
[1] 28.60714
>
> # 最高気温の中央値
```

```
> median(temp)
[1] 29.5
```

## 3.3

```
> # 最高気温の分散
> mean((temp-mean(temp))^2)
[1] 13.23852
>
> # 最高気温の標準偏差
> sqrt(mean((temp-mean(temp))^2))
[1] 3.638478
```

# 第4章
## 4.1

```
> # 顧客データの読み込み
> customer <- read.table("customer.txt", header=T)
>
> # 年齢を age, サイトアクセス回数を freq に代入
> age  <- customer$age
> freq <- customer$freq
>
> # 年齢とサイトアクセス回数の散布図
> plot(age, freq)
```

## 4.2

```
> # 年齢とサイトアクセス回数の相関係数
> cor(age, freq)
[1] -0.04772511
```

相関係数は，−0.04772511 でほぼ 0 であるため，年齢とサイトアクセス回数の間に相関はないといえる．

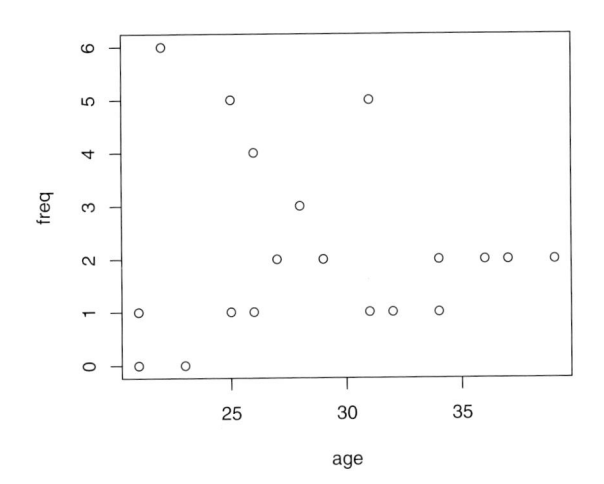

図 15.2 「年齢」と「サイトアクセス回数」の散布図

# 第 5 章
## 5.1
$E(X) = 0 \times 0.7 + 1 \times 0.3 = 0.3$
$V(X) = (0 - 0.3)^2 \times 0.7 + (1 - 0.3)^2 \times 0.3 = 0.21$

## 5.2
1 日あたりの売上金額を確率変数 $X$ とすると，$E(X) = \mu = 50$, $V(X) = \sigma^2 = 100$（単位は万円）．よって，10 日間の売上金額の平均の期待値と分散は，

$$E(\bar{X}) = \mu = 50,$$
$$V(\bar{X}) = \sigma^2/n = 100/10 = 10.$$

# 第 6 章
## 6.1
(1)
1 来店あたりの購買金額を確率変数 $X$ とすると，1 来店あたりの購買金額が 600 円より高いの人の割合は

$$P(X > 600) = P\left(Z > \frac{600 - 500}{\sqrt{10000}}\right) = P(Z > 1)$$

$$= 0.16.$$

(2)

1 来店あたりの購買金額が 400 円より高く 600 円より低い人の割合は

$$P(400 < X < 600) = P\left(\frac{400-500}{\sqrt{10000}} < Z < \frac{600-500}{\sqrt{10000}}\right) = P(-1 < Z < 1)$$
$$= P(Z < 1) - P(Z < -1) = 0.84 - 0.16$$
$$= 0.68.$$

## 6.2

(1)

```
> # 自由度 10 のカイ二乗分布において 20 より大きい値をとる確率
> 1-pchisq(q=20, df=10)
[1] 0.02925269
```

(2)

```
> # 自由度 20 の t 分布において-1 より小さい値をとる確率
> pt(q=-1, df=20)
[1] 0.1646283
```

(3)

```
> # 自由度 (3,6) の F 分布において 5 より大きい値をとる確率
> 1-pf(q=5, df=3, df2=6)
[1] 0.04519745
```

## 6.3

(1)

```
> # 平均 20, 分散 100 の正規乱数 1,000 個を x に代入
> x <- rnorm(n=1000, mean=20, sd=sqrt(100))
>
> # 乱数のヒストグラム
> hist(x)
```

```
>
> # 乱数の平均値
> mean(x)
[1] 20.2702
>
> # 乱数の分散
> mean((x-mean(x))^2)
[1] 102.2733
```

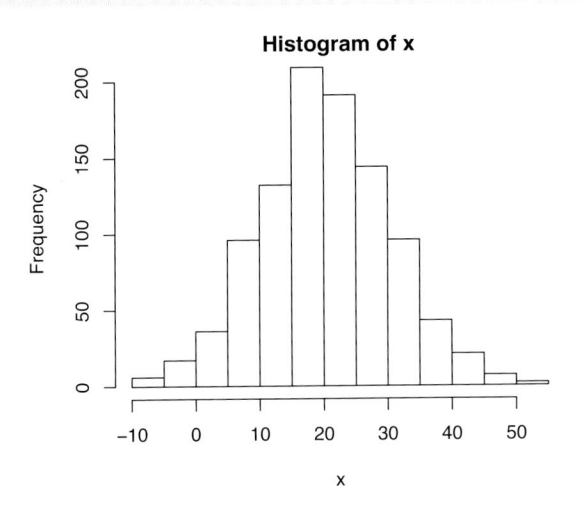

**Histogram of x**

(2)

```
> # 平均 3 のポアソン乱数 1,000 個を x に代入
> x <- rpois(n=1000, lambda=3)
>
> # 乱数のヒストグラム
> hist(x)
>
> # 乱数の平均値
> mean(x)
[1] 2.987
>
> # 乱数の分散
> mean((x-mean(x))^2)
[1] 2.966831
```

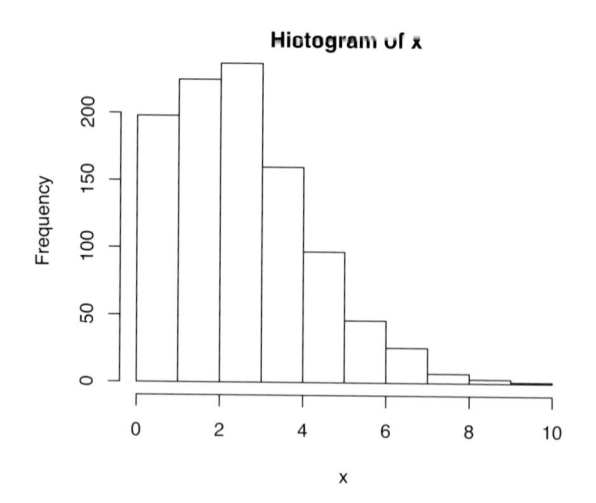

## 第7章

### 7.1

ポアソン分布の分散は期待値と等しい．よって，$\bar{X}$ の分布は $N(3, 3/100) = N(3, 0.03)$ に近似できる．

### 7.2

```
> # シミュレーションの条件の設定
> n <- 100      # 乱数の個数
> k <- 1000     # 繰り返し数
> lambda <- 3   # ポアソン分布の期待値
>
> # 乱数の平均値を代入するための要素数 k のベクトルを用意
> x.bar <- numeric(k)
>
> # (1) と (2) のステップを k 回繰り返す
> for (i in 1:k) {
+   # 期待値 λ のポアソン乱数を n 個発生
+   x <- rpois(n, lambda)
+
+   # 乱数の平均値を計算
+   x.bar[i] <- mean(x)
+ }
>
> # 乱数の平均値の平均値を計算
> mean(x.bar)
```

```
[1] 3.00794
>
> # 乱数の平均値の分散を計算
> sum((x.bar-mean(x.bar))^2) / k
[1] 0.03012836
>
> # 乱数の平均値のヒストグラムを作成
> hist(x.bar)
```

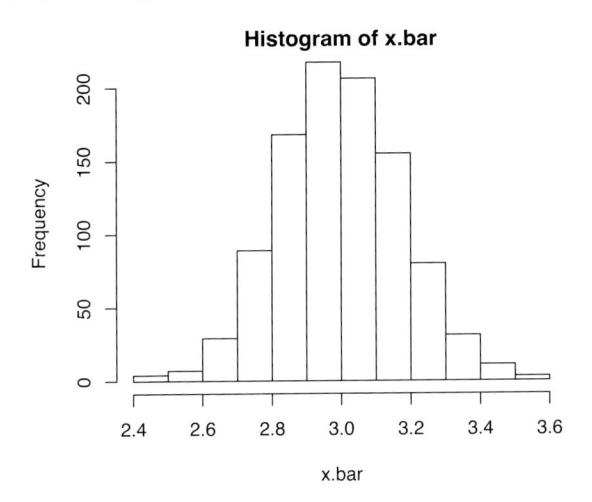

**Histogram of x.bar**

## 第8章

### 8.1

(1)

$N(500, 10000/4) = N(500, 2500)$

(2)

無作為に抽出される顧客 4 人の 1 来店あたりの購買金額の平均を $\bar{X}$ とすると，$\bar{X} \sim N(500, 2500)$ より，

$$P(\bar{X} > 600) = P\left(Z > \frac{600 - 500}{\sqrt{2500}}\right) = P(Z > 2)$$
$$= 0.023.$$

### 8.2

(1)

$N(0.2, 0.2(1 - 0.2)/100) = N(0.2, 0.0016)$ に近似できる．

(2)
関東地区から抽出される 100 世帯の標本の視聴率 $\bar{X}$ とすると，$\bar{X}$ の分布は $N(0.2, 0.0016)$ に近似できるため，

$$P(\bar{X} > 0.22) \approx P\left(Z > \frac{0.22 - 0.2}{\sqrt{0.0016}}\right) = P(Z > 0.5)$$
$$\approx 0.31.$$

# 第 9 章

## 9.1

$t_{0.025}(9) = 2.26$ より，母平均の信頼係数 95% の信頼区間は

$$\left[600 \pm 2.26 \times \sqrt{16000/10}\right] = [509.6,\ 690.4].$$

## 9.2

$z_{0.025} = 1.96$ より，母比率の信頼係数 95% の信頼区間は

$$\left[0.2 \pm 1.96 \times \sqrt{\frac{0.2(1-0.2)}{400}}\right] = [0.16,\ 0.24].$$

# 第 10 章

## 10.1

帰無仮説と対立仮説を

$$H_0 : \mu = 500, \quad H_1 : \mu > 500$$

として，右片側検定を行う．検定統計量の実現値は

$$t_0 = \frac{600 - 500}{\sqrt{16000/10}} = 2.5.$$

$t_{0.05}(9) = 1.83$ であるから，$t_0 > t_{0.025}(9)$ より，有意水準 5% で帰無仮説は棄却される．よって，母平均は 500 円より高いといえる．

## 10.2

帰無仮説と対立仮説を

$$H_0: p = 0.2, \quad H_1: p < 0.2$$

として，左片側検定を行う．検定統計量の実現値は

$$z_0 = \frac{0.16 - 0.2}{\sqrt{0.2(1-0.2)/400}} = -2.$$

$z_{0.05} = 1.64$ であるから，$z_0 < -z_{0.05}$ より，有意水準 5% で帰無仮説は棄却される．よって，関東地区全体の視聴率は 20% より低いといえる．

## 10.3

```
> # 顧客データの読み込み
> customer <- read.table("customer.txt", header=T)
>
> # 観測度数を o に代入
> o <- table(customer$gender, customer$DM)
> o
  
   0 1
 0 9 1
 1 3 7
>
> # 独立性の検定
> chisq.test(o)

        Pearson's Chi-squared test with Yates' continuity correction

data:  o
X-squared = 5.2083, df = 1, p-value = 0.02248

Warning message:
In chisq.test(o) :  カイ自乗近似は不正確かもしれません
```

独立性の検定の結果，$p$ 値が 0.02248 で有意水準 5% より小さいため，性別によって DM への反応の有無に違いがあるといえる．

ここで，「カイ自乗近似は不正確かもしれません」という警告メッセージが表示されています．これは，観測度数が少ないために正確な近似ができないということを意味しており，とくに何も指定しなければ，イェーツの補正とよばれる補正が行われます．イェーツの補正を行わない検定をするには，引数に correct=F と指定します．

```
> # 独立性の検定（イェーツの補正を行わない）
> chisq.test(o, correct=F)

        Pearson's Chi-squared test

data:  o
X-squared = 7.5, df = 1, p-value = 0.00617

Warning message:
In chisq.test(o, correct = F) :  カイ自乗近似は不正確かもしれません
```

# 第11章
## 11.1

```
> # 売上データの読み込み
> sales <- read.table("sales.txt", header=T)
>
> # 特別陳列があるときの売上数量
> disp.1 <- sales$units[sales$disp==1]
> disp.1
 [1] 41 39 38 37 41 46 49 47 41 37 36 34 32
>
> # 特別陳列がないときの売上数量
> disp.0 <- sales$units[sales$disp==0]
> disp.0
 [1] 27 23 18 24 29 32 35 37 44 39 34 32 25 32 26
>
> # 2 標本 t 検定
> t.test(disp.1, disp.0, var.equal=T)

        Two Sample t-test

data:  disp.1 and disp.0
t = 4.0663, df = 26, p-value = 0.0003932
alternative hypothesis: true difference in means is not equal to 0
95 percent confidence interval:
  4.638074 14.120901
sample estimates:
mean of x mean of y
 39.84615  30.46667
```

2 標本 $t$ 検定の結果，$p$ 値が 0.0003932 で有意水準 5% より小さいため，特別陳列があるときとないときで売上数量は異なるといえる．

## 11.2

```
> # ウェルチの t 検定
> t.test(disp.1, disp.0)

        Welch Two Sample t-test

data:  disp.1 and disp.0
t = 4.1554, df = 25.433, p-value = 0.0003229
alternative hypothesis: true difference in means is not equal to 0
95 percent confidence interval:
  4.734721 14.024253
sample estimates:
mean of x mean of y
 39.84615  30.46667
```

ウェルチの $t$ 検定の結果，$p$ 値が 0.0003229 で有意水準 5% より小さいため，特別陳列があるときとないときで売上数量は異なるといえる．

## 11.3

```
> # 等分散性の検定
> var.test(disp.1, disp.0)

        F test to compare two variances

data:  disp.1 and disp.0
F = 0.54744, num df = 12, denom df = 14, p-value = 0.3019
alternative hypothesis: true ratio of variances is not equal to 1
95 percent confidence interval:
 0.1794793 1.7552071
sample estimates:
ratio of variances
         0.5474395
```

等分散性の検定の結果，$p$ 値が 0.3019 で有意水準 5% より大きいため，特別陳列があるときとないときで売上数量の分散は異なるとはいえない．

# 第12章
## 12.1

```
> # 売上データの読み込み
> sales <- read.table("sales.txt", header=T)
>
> # 一元配置分散分析
> model.feat <- aov(units ~ feat, data=sales)
> summary(model.feat)
            Df Sum Sq Mean Sq F value  Pr(>F)
feat         3  652.4  217.46   5.65 0.00448 **
Residuals   24  923.7   38.49
---
Signif. codes:  0 '***' 0.001 '**' 0.01 '*' 0.05 '.' 0.1 ' ' 1
```

一元配置分散分析の結果, $p$ 値が 0.00448 で有意水準 5% より小さいため, チラシの種類によって売上数量は異なるといえる.

## 12.2

```
> # 二元配置分散分析
> model.feat.disp <- aov(units ~ feat*disp, data=sales)
> summary(model.feat.disp)
            Df Sum Sq Mean Sq F value   Pr(>F)
feat         3  652.4   217.5  12.815 6.76e-05 ***
disp         1  353.6   353.6  20.836 0.000188 ***
feat:disp    3  230.8    76.9   4.533 0.013981 *
Residuals   20  339.4    17.0
---
Signif. codes:  0 '***' 0.001 '**' 0.01 '*' 0.05 '.' 0.1 ' ' 1
```

二元配置分散分析の結果, 交互作用効果の $p$ 値が 0.01398 で有意水準 5% より小さいため, チラシと特別陳列による交互作用はあるといえる.

# 第13章
## 13.1

```
> # 売上データの読み込み
> sales <- read.table("sales.txt", header=T)
>
> # 価格を price, 売上数量を units に代入
```

```
> price <- sales$price
> units <- sales$units
>
> # 無相関検定
> cor.test(price, units)

        Pearson's product-moment correlation

data:  price and units
t = -5.3339, df = 26, p-value = 1.395e-05
alternative hypothesis: true correlation is not equal to 0
95 percent confidence interval:
 -0.8631496 -0.4789201
sample estimates:
       cor
-0.7228437
```

　無相関検定の結果，$p$ 値が 1.395e-05 で有意水準 5% より小さいため，価格と売上数量の間に負の相関があるといえる．

## 13.2

```
> # 重回帰分析
> model.units <- lm(units ~ price + disp + temp, data=sales)
> summary(model.units)

Call:
lm(formula = units ~ price + disp + temp, data = sales)

Residuals:
    Min      1Q  Median      3Q     Max
-7.6810 -2.2590 -0.6408  2.8390  9.3331

Coefficients:
            Estimate Std. Error t value Pr(>|t|)
(Intercept) 51.26755   14.46492   3.544  0.00165 **
price       -0.34906    0.09559  -3.652  0.00126 **
disp         5.85765    1.81381   3.229  0.00358 **
temp         0.75940    0.21986   3.454  0.00206 **
---
Signif. codes:  0 '***' 0.001 '**' 0.01 '*' 0.05 '.' 0.1 ' ' 1

Residual standard error: 4.119 on 24 degrees of freedom
```

```
Multiple R-squared:  0.7416,    Adjusted R-squared:  0.7094
F-statistic: 22.97 on 3 and 24 DF,  p-value: 3.109e-07
```

重回帰分析の結果，説明変数の $p$ 値はそれぞれ 0.00126, 0.00358, 0.00206 で有意水準 5% より小さいため，価格，特別陳列，最高気温はいずれも売上数量に影響を与えるといえる．

### 13.3

```
> # パラメータの推定値
> b0 <- model.units$coefficients[[1]]
> b1 <- model.units$coefficients[[2]]
> b2 <- model.units$coefficients[[3]]
> b3 <- model.units$coefficients[[4]]
> b0
[1] 51.26755
> b1
[1] -0.3490616
> b2
[1] 5.857649
> b3
[1] 0.7594023
>
> # 価格が 120 円，特別陳列があり，最高気温が 30 度のときの売上数量の予測値
> b0+b1*120+b2*1+b3*30
[1] 38.01987
```

価格が 120 円，特別陳列があり，最高気温が 30 度のときの売上数量の予測値は 38 個である．

## 第 14 章
### 14.1

```
> # 顧客データの読み込み
> customer <- read.table("customer.txt", header=T)
>
> # ロジスティック回帰分析
> model.DM <- glm(DM ~ gender + age + freq, family="binomial",
+                 data=customer)
>
> # AIC による変数選択
```

```
> step(model.DM)
Start:  AIC=22.72
DM ~ gender + age + freq

          Df Deviance    AIC
- freq     1   15.659 21.659
<none>         14.721 22.721
- age      1   17.663 23.663
- gender   1   19.380 25.380

Step:  AIC=21.66
DM ~ gender + age

          Df Deviance    AIC
<none>         15.659 21.659
- age      1   18.719 22.719
- gender   1   24.766 28.766

Call:  glm(formula = DM ~ gender + age, family = "binomial", data = customer)

Coefficients:
(Intercept)       gender          age
     3.3402       3.6341      -0.2034

Degrees of Freedom: 19 Total (i.e. Null);  17 Residual
Null Deviance:      26.92
Residual Deviance: 15.66        AIC: 21.66
```

AICによる変数選択の結果，性別と年齢が最も予測能力が高い説明変数といえる．

## 14.2

```
> # 性別と年齢を説明変数とするロジスティック回帰分析
> model.DM <- glm(DM ~ gender + age, family="binomial", data=customer)
>
> # パラメータの推定値
> b0 <- model.DM$coefficients[[1]]
> b1 <- model.DM$coefficients[[2]]
> b2 <- model.DM$coefficients[[3]]
>
> # 30歳女性のダイレクトメールへの反応確率
> exp(b0+b1+b2*30)/(1+exp(b0+b1+b2*30))
[1] 0.7050661
```

30歳女性のダイレクトメールへの反応確率は70.5%である．

# 第15章

```
> # パッケージ「mlogit」の読み込み
> library(mlogit)
>
> # ブランド選択データの読み込み
> brand <- read.table("brand.txt", header=T)
>
> # 多項ロジット分析用データの作成
> brand.2 <- mlogit.data(data=brand, choice="buy",
+                        shape="wide", varying=c(2:7), sep=".")
>
> # 多項ロジット分析
> model.logit <- mlogit(buy ~ price + disp, data=brand.2)
> summary(model.logit)

Call:
mlogit(formula = buy ~ price + disp, data = brand.2, method = "nr",
    print.level = 0)

Frequencies of alternatives:
  A   B   C
0.5 0.4 0.1

nr method
6 iterations, 0h:0m:0s
g'(-H)^-1g = 2.74E-06
successive function values within tolerance limits

Coefficients :
                Estimate Std. Error t-value Pr(>|t|)
B:(intercept)  -3.855770   1.574512 -2.4489 0.014331 *
C:(intercept)  -1.444215   0.712270 -2.0276 0.042599 *
price          -0.134800   0.051158 -2.6350 0.008414 **
disp            1.391985   0.640064  2.1748 0.029648 *
---
Signif. codes:  0 '***' 0.001 '**' 0.01 '*' 0.05 '.' 0.1 ' ' 1

Log-Likelihood: -19.81
McFadden R^2:  0.30002
Likelihood ratio test : chisq = 16.981 (p.value = 0.00020537)
```

多項ロジット分析の結果,価格と特別陳列の $p$ 値はそれぞれ 0.008414, 0.029648 で有意水準 5% より小さいため,価格と特別陳列はブランド選択に影響を与えるといえる.

# 参考文献

**統計学の理論に関する書籍**

1. 赤池弘次，甘利俊一，北川源四郎，樺島祥介，下平英寿，室田一雄，土谷隆 (編)，2007，『赤池情報量規準 AIC―モデリング・予測・知識発見』，共立出版．
2. 北川源四郎，2005，『時系列解析入門』，岩波書店．
3. 倉田博史，星野崇宏，2009，『入門統計解析』，サイエンス社．
4. 栗原伸一，2011，『入門 統計学―検定から多変量解析・実験計画法まで―』，オーム社．
5. 小島寛之，2006，『完全独習 統計学入門』，ダイヤモンド社．
6. 石井俊全，2012，『まずはこの一冊から 意味がわかる統計学』，ベレ出版．
7. 立花俊一，田川正賢，成田清正，1996，『エクササイズ確率・統計』，共立出版．
8. 東京大学教養学部統計学教室 (編)，1991，『統計学入門』，東京大学出版会．
9. 東京大学教養学部統計学教室 (編)，1992，『自然科学の統計学』，東京大学出版会．
10. 東京大学教養学部統計学教室 (編)，1994，『人文・社会科学の統計学』，東京大学出版会．
11. 鳥居泰彦，1994，『はじめての統計学』，日本経済新聞出版社．
12. 永田靖，1996，『統計的方法のしくみ 正しく理解するための 30 の急所』，日科技連．
13. 藤田康範，2013，『金融・経済のための統計学入門』，日本実業出版社．
14. 伏見正則，2004，『確率と確率過程』，朝倉書店．
15. 松原望 (監)，森崎初男 (著)，2014，『経済データの統計学』，オーム社．
16. 宮川公男，1999，『基本統計学 第 3 版』，有斐閣．
17. 山田剛史，村井潤一郎，2004，『よくわかる心理統計』，ミネルヴァ書房．

**統計手法に関する書籍**

1. Alan Agresti (著)，渡邉裕之，菅波秀規，吉田光宏，角野修司，寒水孝司，松永信人 (訳)，2003，『カテゴリカルデータ解析入門』，サイエンティスト社．
2. 恩蔵直人，冨田健司 (編著)，2011，『1 からのマーケティング分析』，碩学舎．
3. 久保拓弥，2012，『データ解析のための統計モデリング入門―一般化線形モデル・階層ベイズモデル・MCMC』，岩波書店．

4. 酒巻隆治，里洋平，2014，『ビジネス活用で学ぶ データサイエンス入門』，SB クリエイティブ．
5. 金明哲（編），里村卓也，2015，『マーケティング・モデル 第 2 版』，共立出版．
6. 永田靖，1992，『入門 統計解析法』，日科技連．
7. 樋口知之，2011，『予測に活かす統計モデリングの基本―ベイズ統計入門から応用まで』，講談社．
8. 守口剛，2002，『プロモーション効果分析』，朝倉書店．

## R を使った書籍

1. 青木繁伸，2009，『R による統計解析』，オーム社．
2. 内田治，西澤英子，2012，『R による統計的検定と推定』，オーム社．
3. 金明哲，2007，『R によるデータサイエンス』，森北出版．
4. 末吉正成，里洋平，酒巻隆治，小林雄一郎，大城信晃，2014，『R ではじめるビジネス統計分析』，翔泳社．
5. 豊澤栄治，2015，『楽しい R』，翔泳社．
6. 長畑秀和，中川豊隆，國米充之，2013，『R コマンダーで学ぶ統計学』，共立出版．
7. 舟尾暢男，2014，『R で学ぶプログラミングの基礎の基礎』，カットシステム．
8. 間瀬茂，2007，『R プログラミングマニュアル』，数理工学社．
9. 村井潤一郎，2013，『はじめての R』，北大路書房．
10. 山田剛史，杉澤武俊，村井潤一郎，2008，『R によるやさしい統計学』，オーム社．

# 索 引

### ■数字・記号
- ♯ ............................................. 24
- != ............................................ 46
- < ............................................. 46
- <= ............................................ 46
- == ............................................ 46
- > ............................................. 46
- >= ............................................ 46
- 2 標本 $t$ 検定 ........................... 160
- 2 標本検定 ................................ 158

### ■A
- AIC .......................................... 217

### ■F
- $F$ 検定 ..................................... 166
- $F$ 値 ........................................ 166
- $F$ 分布 ..................................... 86

### ■P
- $p$ 値 ........................................ 137

### ■T
- $t$ 検定 ..................................... 140
- $t$ 値 ........................................ 140
- $t$ 分布 ..................................... 84

### ■Z
- $z$ 得点 ..................................... 37

### ■あ
- 赤池情報量規準 ........................ 217
- 一元配置分散分析 .................... 170
- 一様分布 .................................... 74
- 一致推定量 ............................... 117
- 一致性 ...................................... 117
- 一般化線形モデル ..................... 203
- 因果関係 ................................... 41
- ウェルチの近似法 ........ 110, 128, 160
- ウェルチの $t$ 検定 .................... 161
- 上側確率 ................................... 75
- 上側信頼限界 ........................... 118
- オッズ ...................................... 204

### ■か
- 回帰 ......................................... 188
- 回帰残差 ................................... 194
- 回帰値 ...................................... 194
- 階級 ......................................... 29
- 階級値 ...................................... 29
- $\chi^2$ 検定 ................................... 143
- $\chi^2$ 値 ..................................... 143
- $\chi^2$ 分布 ................................... 82
- 確率 ......................................... 50
- 確率質量関数 ........................... 67
- 確率分布 ................................... 51
- 確率変数 ................................... 50
- 確率密度関数 ........................... 52
- 仮説検定 ................................... 135
- 片側検定 ................................... 135
- 観測度数 ................................... 148
- 棄却域 ...................................... 137
- 疑似乱数 ................................... 94
- 期待値 ...................................... 54
- 期待値の加法性 ........................ 63
- 期待度数 ................................... 148

帰無仮説 .................................., 135
共分散 ...............................42, 62
区間推定 ................................ 116
群間変動 ................................ 172
群内変動 ................................ 172
系統的成分 ............................ 203
決定係数 ................................ 194
検定統計量 ............................ 136
合計値 .................................... 22
交互作用効果 ........................ 179
恒等リンク ............................ 204
誤差項 .................................. 192
コマンド ................................ 18
コンソール ............................ 17

■さ

最小二乗推定量 ..................... 193
最小二乗法 ............................ 193
最小値 .................................... 22
最小分散不偏推定量 ............. 118
再生性 .................................... 79
再生的 .................................... 79
最大値 .................................... 22
採択域 .................................. 137
最頻値 .................................... 33
最尤推定量 ............................ 206
最尤法 .................................. 206
作業ディレクトリ ................. 19
散布図 .................................... 39
サンプルサイズ ..................... 101
下側確率 ................................ 75
下側信頼限界 ........................ 118
重回帰分析 ............................ 188
重回帰モデル ........................ 198
重相関係数 ............................ 199
従属変数 ................................ 192
周辺確率分布 .......................... 61
周辺確率密度関数 ................. 62

周辺度数 ................................ 151
主効果 .................................. 179
信頼区間 ................................ 118
信頼係数 ................................ 118
水準 ...................................... 179
推定 ...................................... 116
推定値 .................................. 116
推定量 .................................. 116
正規分布 ................................ 76
正規母集団 ............................ 105
正規乱数 ................................ 81
説明変数 ................................ 192
全数調査 ................................ 101
相関係数 ...............................42, 63
総変動 .................................. 172

■た

大数の法則 ............................ 93
対数尤度 ................................ 206
対数リンク ............................ 204
代表値 .................................... 31
対立仮説 ................................ 135
多項分布 ................................ 147
多項ロジットモデル ............. 221
ダミー変数 ............................ 196
単回帰分析 ............................ 188
単回帰モデル ........................ 192
単純無作為抽出 ..................... 102
中央値 ...............................22, 32
中心極限定理 ........................ 98
適合度の検定 ........................ 147
点推定 .................................. 116
統計量 .................................. 104
同時確率分布 .......................... 60
同時確率密度関数 ................. 62
等分散性の検定 ..................... 166
独立 ...................................... 60
独立性の検定 ........................ 147

独立変数 .................................. 192
度数 ........................................ 27
度数分布表 ............................... 27

■な
二元配置分散分析 ..................... 179
二項分布 .................................. 69
二値変数 .................................. 47

■は
パーセント点 ............................ 75
パラメータ ............................... 53
範囲 ........................................ 34
比較演算子 ............................... 46
引数 ........................................ 22
ヒストグラム ............................ 29
非復元抽出 ............................... 102
標準化 ................................. 37, 60
標準化変数 ............................... 60
標準残差 .................................. 195
標準正規分布 ............................ 76
標準得点 .................................. 37
標準偏差 .................................. 37
標本回帰係数 ............................ 193
標本回帰直線 ............................ 193
標本誤差 .................................. 116
標本調査 .................................. 101
標本比率 .................................. 113
標本分布 .................................. 104
標本平均 .................................. 104
ファイ係数 ............................... 47
復元抽出 .................................. 102
複合仮説 .................................. 200
不偏推定量 ............................... 117
不偏性 ..................................... 117
不偏分散 .................................. 104
ブランド選択確率 ..................... 222
ブランド選択モデル .................. 221

プロンプト ............................... 18
分割表 ..................................... 44
分散 .................................... 36, 57
分散分析 .................................. 170
分散分析表 ............................... 175
平均値 .............................. 22, 31, 54
平均平方 .................................. 173
平均偏差 .................................. 35
ベクトル .................................. 21
ベルヌーイ試行 ......................... 67
ベルヌーイ分布 ......................... 67
ベルヌーイ乱数 ......................... 68
偏差 ........................................ 35
変数 ........................................ 20
変数選択 .................................. 217
変量成分 .................................. 203
ポアソン回帰モデル .................. 211
ポアソン分布 ............................ 72
棒グラフ .................................. 27
母回帰係数 ............................... 192
母集団 ..................................... 101
母集団分布 ............................... 103
母数 ........................................ 103
母相関係数 ............................... 188
母分散 ..................................... 103
母平均 ..................................... 103

■ま
無限母集団 ............................... 103
無相関 ..................................... 63
無相関検定 ............................... 189
目的変数 .................................. 192

■や
有意水準 .................................. 137
有限母集団 ............................... 103
有効推定量 ............................... 118
尤度 ........................................ 206

要因 .............,,,,,.......... ............... 179
要素数 ................................... 22
予測値 ................................ 194

## ■ら

乱数 ....................................... 68
両側検定 ............................... 135
臨界値 ,,,......... .................... 137
リンク関数 ............................ 204
累乗 ....................................... 20
レンジ ................................... 34
ロジスティック回帰モデル ......... 204
ロジット ................................ 205
ロジットリンク ....................... 205

## ■わ

ワークスペースファイル ................ 18

## ■Rの関数

abs() .................................20, 35
aov() ............................. 175, 185
c() ......................................... 21
dbinom() ...........................70, 90
dchisq() ................................ 90
df() ........................................ 90
dnorm() ............................80, 90
dpois() .............................73, 90
dt() ........................................ 90
dunif() .............................74, 90
exp() ..................................... 20
for() ....................................... 95
glm() ................................... 208
install.packages() .............. 223
length() ................................. 22
library() ............................. 224
lm() ..................................... 202

log() ...................................... 20
log10() .................................. 20
matrix() .............................. 178
max() ...............................22, 34
mean() .................................. 22
median() ............................... 22
min() ................................22, 34
mlogit() .............................. 226
mlogit.data() ..................... 225
pbinom() ............................... 90
pchisq() ................................ 90
pf() ....................................... 90
pnorm() ................................. 90
ppois() .................................. 90
pt() ....................................... 90
punif() .................................. 90
qbinom() ............................... 90
qchisq() ................................ 90
qf() ....................................... 90
qnorm() ................................. 90
qpois() .................................. 90
qt() ....................................... 90
qunif() .................................. 90
range() .................................. 34
rbinom() ...........................68, 90
rchisq() ................................ 90
rf() ........................................ 90
rnorm() ................................. 90
rowMeans() ........................ 177
rpois() .................................. 90
rt() ........................................ 90
runif() .............................74, 90
sqrt() .................................... 20
sum() .................................... 22
summary() .......................... 176